压铸模具
典型结构图册

黄勇 黄尧 等编著

化学工业出版社

·北京·

图书在版编目（CIP）数据

压铸模具典型结构图册/黄勇等编著. —北京：化学
工业出版社，2018.4
ISBN 978-7-122-31736-0

Ⅰ.①压… Ⅱ.①黄… Ⅲ.①压铸模-设计-结构图-
图集 Ⅳ.①TG241-64

中国版本图书馆 CIP 数据核字（2018）第 049784 号

责任编辑：贾　娜

责任校对：边　涛　　　　　　　　　　装帧设计：刘丽华

出版发行：化学工业出版社（北京市东城区青年湖南街 13 号　邮政编码 100011）
印　　装：大厂聚鑫印刷有限责任公司
880mm×1230mm　1/16　印张 18　插页 10　字数 571 千字　2018 年 11 月北京第 1 版第 1 次印刷

购书咨询：010-64518888　　售后服务：010-64518899
网　　址：http://www.cip.com.cn
凡购买本书，如有缺损质量问题，本社销售中心负责调换。

定　　价：98.00 元

前　言

　　金属压铸模是压铸成型的重要工艺装备，压铸模设计涉及的内容较多，包括分型面的选择、浇注系统和排溢系统的设计、压铸机的选择等较多因素，而压铸模设计难在结构。压铸模结构因零件而异，千变万化，不同形状、不同结构的压铸件需采用不同的压铸机和不同的模具结构，设计上难度较大。压铸件可以划分为几大类：简单件和复杂件、平板类、圆筒类、接插类、罩壳类、框架类、底座类和其他类。每类压铸件浇注系统和压铸模结构的设计都有一定的经验和规律可循。

　　压铸技术现在正飞速发展，在车辆制造、电工与机械制造、航空航天产品制造等多个制造业领域取得了广泛应用，从业人员众多。因此，编写一本具有代表性的压铸模结构图册很有必要，可以帮助压铸模设计人员和学习压铸模设计的大学院校学生广开思路、扩大眼界、少走弯路，为压铸模结构设计者提供更新和更多的参考资料。模具设计主要是靠经验来完成，参考本图册，比照套用，仿照结构设计，可更好地完成压铸模具设计。书稿中的图例结构主要收集于国内压铸企业设计、科研项目，以及其他典型的压铸模结构和浇注系统图等。本图册收集182套各类压铸模结构图和96套各类压铸件浇注系统图，可供压铸模设计技术人员和相关专业的大学院校师生学习、使用和参考。

　　由于篇幅限制，一些典型结构及具有推广实用价值的压铸模结构无法一一列入本书。本图册第1章和第4章由沈阳理工大学黄勇、吕树国和李刚编写；第2章和第6章由北京化工大学黄尧和沈阳理工大学李成吾、段占强编写；第3章由沈阳理工大学黄勇、金光和吴成东编写；第5章由沈阳理工大学黄勇、周金华编写；第7章由沈阳理工大学张学萍和北京化工大学黄尧编写；第8章由北京化工大学黄尧和沈阳理工大学马明编写；第9章由沈阳理工大学商艳和马明编写。黄勇、黄尧负责全书统稿工作。沈阳理工大学研究生李鑫、韩志强、刁元元、高野、魏晋田参与了部分绘图工作。参加本图册资料收集、整理等工作的还有沈阳理工大学教师李艳娟、徐淑姣、刘凤国、常军、李东辉、贾玉贤、赵铁钧。沈阳兴华航空电器有限责任公司压铸厂厂长闻绍玲、沈阳压铸技术研究所所长梁文德、沈阳乐航特种铸造有限责任公司经理许明海等给予了大力的帮助，在此一并表示衷心的感谢。

　　由于编者水平所限，图册中难免有疏漏之处，恳请业界同仁和专家不吝指教。

编　者

目　录

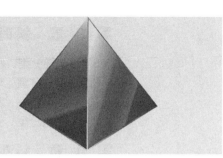

图 例 索 引

第7章　特殊脱模抽芯结构

7.1　三角块机构

7.2　复合抽芯机构

7.3　强制脱模机构

7.4　其他型芯抽拔机构

第8章　通用母子模结构

8.1　卧式压铸机通用母模

8.2　立式压铸机通用母模

第9章　各类典型压铸件浇注系统图

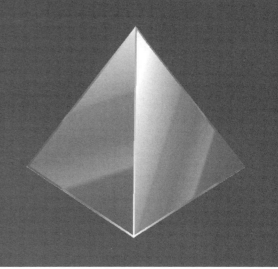

第1章

压铸模设计综述

1.1 压铸模概述

在压铸生产中，正确采用各种压铸工艺参数是获得优质压铸件的重要措施，而金属压铸模则是提供正确的选择和调整有关工艺参数的基础。可以说，能否顺利进行压铸生产、压铸件质量的优劣、压铸成型效率以及综合成本高低等，在很大程度上取决于金属压铸模结构的合理性和技术的先进性以及模具的制造质量。

金属压铸模在压铸生产过程中的作用是：

① 确定浇注系统，特别是内浇口位置和导流方向以及排溢系统的位置，这些都决定着熔融金属的填充条件和成型状况。

② 压铸模是压铸件的翻版，它决定了压铸件的形状和精度。

③ 模具成型表面的质量影响压铸件的表面质量以及压铸件脱模阻力的大小。

④ 压铸件在压铸成型后，能否易于从压铸模中脱出，在推出模体后是否会有变形、破损等现象的发生。

⑤ 使模具的强度和刚度能承受压射力及以内浇口速度对模具的冲击。

⑥ 控制和调节在压铸过程中模具的热交换和热平衡。

⑦ 使压铸机成型效率得到最大限度的发挥。

在压铸生产中，压铸模与压铸工艺、生产操作存在着相互制约、相互影响的密切关系。所以，金属压铸模的设计，实质上是对压铸生产过程中预计产生的结构和可能出现的各种问题的综合反映。因此，在设计过程中，必须通过分析压铸件的结构特点，了解压铸工艺参数能够实施的可能程度，掌握在不同情况下的填充条件以及考虑对经济效果的影响等因素，设计出结构合理、运行可靠、满足生产要求的压铸模来。

同时，由于金属压铸模结构较为复杂，制造精度要求较高，当压铸模设计并制造完成后，其修改的余地不大，所以在模具设计时应周密思考，谨慎细腻，力争不出现原则性错误，以达到最经济的设计目标。

1.1.1 压铸的特点和应用范围

（1）压铸的特点

由于压铸工艺是在极短时间内将压铸型腔填充完毕，且在高压、高速下成型，因此压铸法与其他成型方法相比有其自身的特点。

① 压铸的优点

a. 压铸件的尺寸精度较高，可达 IT13～IT11 级，最高可达 IT9 级，表面粗糙度达 $Ra0.8～3.2\mu m$，

甚至可达 $Ra0.4\,\mu m$，互换性好。

b. 可以制造形状复杂、轮廓清晰、薄壁深腔的金属零件。压铸锌合金时最小壁厚达 0.3mm，铝合金可达 0.5mm，最小铸出孔径为 0.7mm。同时可以铸出清晰的文字和图案。

c. 压铸件具有较高的强度和硬度，因为液态金属是在压力下凝固的，又因填充时间很短，冷却时间较快。所以组织致密，晶粒细化，使铸件具有较高的强度和硬度，同时具有良好的耐磨性和耐蚀性。

d. 材料利用率高。由于压铸件的精度较高，只需经过少量机械加工即可装配使用，有的压铸件可直接装配使用，其材料利用率约为 60%～80%，毛坯利用率达 90%。

e. 可以实现自动化生产。因为压铸工艺大都为机械化和自动化操作，生产周期短，效率高，可适合大批量生产。一般冷压室压铸机平均每小时可压铸 80～100 次，而热压室压铸机平均每小时可压铸 400～1000 次。

② 压铸的缺点

a. 由于快速冷却，型腔中气体来不及排出，致使压铸件常有气孔及氧化夹杂物存在，从而降低了压铸件质量。有气孔的压铸件不能进行热处理。

b. 压铸机和压铸模费用昂贵，不适合小批量生产。

c. 模具的寿命低。高熔点合金压铸时，模具的寿命较低，影响了压铸生产的扩大应用。但随着新型模具材料的不断涌现，模具的寿命也有很大的提高。

d. 压铸件尺寸受到限制，因受到压铸机锁模力及装模尺寸的限制而不能压铸大型压铸件。

e. 压铸合金种类受到限制。由于压铸模具受到使用温度的限制，目前主要用来压铸锌合金、铝合金、镁合金及铜合金。

（2）压铸的应用范围

压铸件主要用于汽车和摩托车、仪表、电器、农机、通信、机床、纺织器械等行业。其中，汽车约占 70%，摩托车约占 10%。

目前用压铸方法可以生产铝、锌、镁和铜等合金。铝合金占比例最高，约占 60%～80%；锌合金次之，约占 10%～20%；铜合金压铸件比例仅占压铸件总量的 1%～3%。镁合金压铸件过去应用很少，但近年来随着汽车工业、通信工业的发展和产品轻量化的要求，镁合金压铸件的应用逐渐增多，其产量有明显增加，预计将来还会有较大发展。

压铸零件的形状多种多样，大体上可以分为以下五类：

① 圆盖、圆盘类。表盖、机盖、底盘、盘座等。

② 圆环类。接插件、轴承保持器、方向盘等。

③ 筒体类。凸缘外套、导管、壳体形状的罩壳、仪表盖、上盖、深腔仪表罩、照相机壳与盖、化油器等。

④ 多孔缸体、壳体类。气缸体、气缸盖及油泵体等多腔的结构较为复杂的壳体，例如汽车与摩托车的气缸体、气缸盖等。

⑤ 特殊形状类。叶轮、喇叭、字体由筋条组成的装饰性压铸件等。

1.1.2 压铸模的结构形式

（1）压铸模的基本结构

压铸模由定模和动模两个主要部分组成。定模固定在压铸机定模安装板上，与压铸机压室连接，浇注系统与压室相通。动模则安装在压铸机的动模安装板上，并随动模安装板移动而与定模合模或开模。

如图 1-1 所示是一副典型的压铸模具。按照模具上各零件所起的作用不同，压铸模的结构组成可以分成以下几个部分。

① 成型部分。成型部分是模具决定压铸件几何形状和尺寸精度的部位。成型压铸件外表面的零件称为型腔，成型压铸件内表面的零件称为型芯。如图 1-1 中的零件动模镶块 13、侧型芯 14、定模镶块 15 和型芯 21 等。

② 浇道系统。浇道系统是沟通模具型腔与压铸机压室的部分，即金属液进入型腔的通道。图 1-1 中的

动模镶块 13、定模镶块 15 和浇口套 18 等零件组成浇道系统。

　　③ 排溢系统。排溢系统是溢流系统和排气系统的总称，它是根据金属液在模具内的填充情况而开设的。排溢系统一般开设在成型零件上。

　　④ 推出机构。推出机构是将压铸件从模具中推出的机构，如图 1-1 中由推板 1，推杆固定板 2，推杆 25、28、31，推板导套 33 和推板导柱 34 等零件组成推出机构。

　　⑤ 侧抽芯机构。侧抽芯机构是抽动与开合模方向运动不一致的成型零件的机构，在压铸件推出前完成抽芯动作。如图 1-1 中由侧滑块 9、楔紧块 10、斜销 11、侧型芯 14 和限位挡块 4、拉杆 5、垫片 6、螺母 7、弹簧 8 等零件组成侧抽芯机构。

　　⑥ 导向零件。导向零件是引导定模和动模在开模与合模时可靠地按照一定方向进行运动的零件。如图 1-1 中由导柱 19 和导套 20 等零件组成导向零件。

　　⑦ 支承部分。支承部分是模具各部分按一定的规律和位置组合和固定后，安装到压铸机上的零件。如图 1-1 中由垫块 3、定模座板 16、定模套板 22、动模套板 23、支承板 24 和动模座板 35 等零件组成支承部分。

　　⑧ 其他。除前述各部分零件外，模具内还有其他紧固件、定位件等，如螺钉、销钉、限位钉等。

　　除上述各部分外，有些模具还设有安全装置、冷却系统和加热系统等。

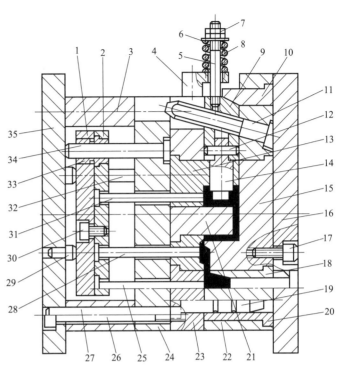

图 1-1　压铸模的结构组成

1—推板；2—推杆固定板；3—垫块；4—限位挡块；5—拉杆；6—垫片；7—螺母；8—弹簧；9—侧滑块；10—楔紧块；11—斜销；12,27—圆柱销；13—动模镶块；14—侧型芯；15—定模镶块；16—定模座板；17,26,30—内六角螺钉；18—浇口套；19—导柱；20—导套；21—型芯；22—定模套板；23—动模套板；24—支承板；25,28,31—推杆；29—限位钉；32—复位杆；33—推板导套；34—推板导柱；35—动模座板

（2）压铸模的分类

　　根据所使用的压铸机类型的不同，压铸模的结构形式也略有不同，大体上可分为以下几种形式。

　　① 热压室铸机用压铸模的典型结构。如图 1-2 所示。

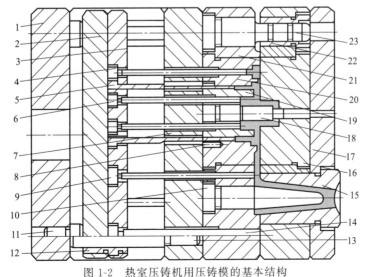

图 1-2　热室压铸机用压铸模的基本结构

1—动模座板；2—推板；3—推杆固定板；4,6,9—推杆；5—扇形推杆；7—支承板；8—止转销；10—分流锥；11—限位钉；12—推板导套；13—推板导柱；14—复位杆；15—浇口套；16—定模镶块；17—定模座板；18—型芯；19,20—动模镶块；21—动模套板；22—导套；23—导柱

② 立式冷压室压铸机用压铸模的典型结构。如图 1-3 所示。

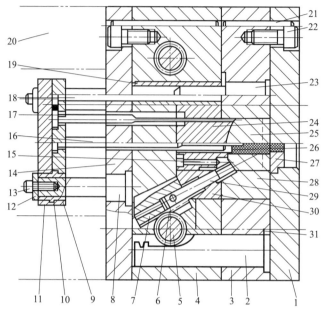

图 1-3　立式冷室压铸机用压铸模的基本结构

1—定模座板；2—传动齿条；3—定模套板；4—动模套板；5—齿轴；6,21—销；7—齿条滑块；8—推板导柱；9—推杆固定板；
10—推板导套；11—推板；12—限位垫圈；13,22—螺钉；14 支承板；15—型芯；16—中心推杆；17—成型推杆；18—复位杆；
19—导套；20—通用模座；23—导柱；24,30—动模镶块；25,28—定模镶块；26—分流锥；27—浇口套；29—活动型芯；31—止转块

③ 卧式冷压室压铸机用压铸模的典型结构

a. 卧式冷压室压铸机偏心浇口压铸模的基本结构如图 1-4 所示。

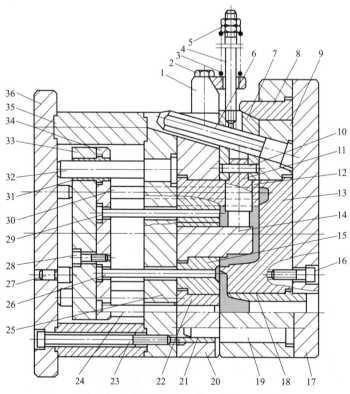

图 1-4　卧式冷压室压铸机偏心浇口压铸模的基本结构

1—限位块；2,16,23,28—螺钉；3—弹簧；4—螺栓；5—螺母；6—斜销；7—滑块；8—楔紧块；9—定模套板；10—销；11—活动型芯；
12,15—动模镶块；13—定模镶块；14—型芯；17—定模座板；18—浇口套；19—导柱；20—动模套板；21—导套；22—浇道；24,26,29—推杆；
25—支承板；27—限位钉；30—复位杆；31—推板导套；32—推板导柱；33—推板；34—推板固定板；35—垫板；36—动模座板

b. 卧式冷压室压铸机中心浇口压铸模的基本结构如图 1-5 所示。

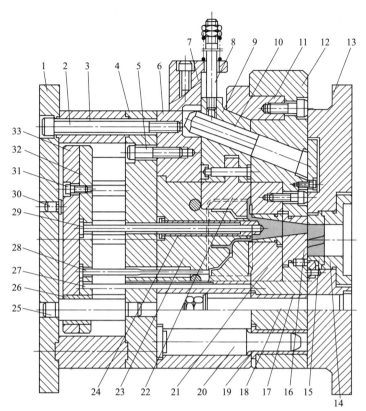

图 1-5　卧式冷压室压铸机中心浇口压铸模的基本结构

1—动模座板；2,5,31—螺钉；3—垫块；4—支承板；6—动模套板；7—限位块；8—螺栓；9—滑块；10—斜销；
11—楔紧块；12—定模活动套板；13—定模座板；14—浇口套；15—螺栓槽浇口套；16—浇道镶块；17,19—导套；
18—定模导柱；20—动模导柱；21—定模镶块；22—活动镶块；23—动模镶块；24—分流锥；25—推板导柱；26—推板导套；
27—复位杆；28—推杆；29—中心推杆；30—限位钉；32—推杆固定板；33—推板

c. 全立式压铸机用压铸模的基本结构如图 1-6 所示。

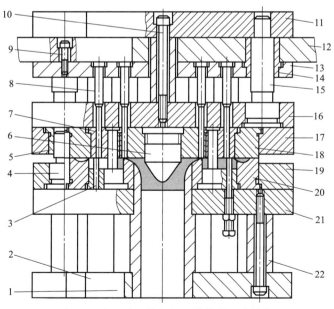

图 1-6　全立式压铸机用压铸模的基本结构

1—压室；2—座板；3—型芯；4—导柱；5—导套；6—分流锥；7—1#动模镶块；8—推杆；9,10—螺钉；
11—动模座板；12—推板；13—推杆固定板；14—推杆导套；15—推板导柱；16—支承板；17—动模套板；
18—2#动模镶块；19—定模套板；20—定模镶块；21—定模座板；22—支承柱

1.2 压铸模的设计

1.2.1 压铸模的设计原则

① 模具设计时，应充分了解压铸件的主要用途及其与其他结构件的装配关系，以便分清主次，突出模具结构的重点，获得符合技术要求和使用要求的压铸件。

② 结合实际，了解现场实际的模具加工能力，如现有的设备和可协作单位的装备情况，以及操作人员的技术水平，设计出符合现场实际的模具结构形式。

对于较复杂的成型零件，应重点考虑符合实际的加工方法，是采用普通的加工方法，还是采用特殊的加工方法。当因加工设备所限，必须采用传统的加工方法时，应考虑怎样分拆、镶拼才更易于加工、抛光，更能避免热处理的变形，以保证组装的尺寸精度。

③ 模具应适应压铸生产的各项工艺要求，选择符合压铸工艺要求的浇注系统，特别是内浇口位置和导向，应使金属液流动平稳、顺畅，并有序地排出型腔内的气体，以达到良好的填充效果和避免产生压铸缺陷。

④ 充分体现压铸成型的优越性能，尽量压铸成型出符合压铸工艺的结构，如孔、槽、侧凹、侧凸等部位，避免不必要的后加工。

⑤ 在保证压铸件质量稳定的前提下，压铸模应做到结构先进合理，运行准确可靠；操作方便，安全快捷。

⑥ 设计的压铸模应在安全生产的前提下，具有较高的压铸效率，实现充模快、开模快、脱模机构灵活可靠以及自动化程度高等特点。

⑦ 模具结构件应满足机械加工工艺和热处理工艺的要求。选材适当，尤其是各成型零件和其他与金属液直接接触的零件，应选用优质耐热钢，并进行淬硬处理，使其具有足够的抵抗热变形的能力，具有足够的疲劳强度和硬度等综合力学性能以及耐蚀性能。

⑧ 压铸模的设计和制造应符合压铸件所规定的形状和尺寸的各项技术要求，特别是保证高精度、高质量部位的技术要求。

⑨ 相对移动部位的配合精度，应考虑模具温度变化带来的影响。应选用适宜的移动公差，在模具温度较高的压铸环境下，仍能移动顺畅、灵活可靠地实现各项移动功能。

⑩ 根据压铸件的结构特点、使用性能及模具加工的工艺性，合理选择模具的分型面、型腔数量和布局形式、压铸件的推出形式和侧向脱模形式。

⑪ 模具设计应在保证可行性的基础上，综合考虑经济性。

a. 模具总体结构力求简单、实用，综合造价低廉。

b. 应选取经济、实用的尺寸配合精度；

c. 注意减少浇注余料的消耗量。

⑫ 设法提高模具的使用寿命。

a. 模具结构件应耐磨耐用，特别是受力较大的部位或相对移动部位的结构件，应具有足够的强度和刚性，并进行必要的强度计算。

b. 重要的、承载力较大的模体组合件应进行调质等热处理操作，并提出必要的技术要求。

c. 易损部位的结构件应易于局部更换，以提高整体的使用寿命。

⑬ 设置必要的模温调节装置，达到压铸生产的模具热平衡生产的效率。

⑭ 掌握压铸机的技术特性，充分发挥压铸机的技术功能和生产能力。模具安装应方便、可靠。

⑮ 设计时应留有充分的修模余地。

a. 某些结构形式可能有几种设计方案，当对拟采用的形式把握不大时，应在设计时，给改用其他的结构形式留出修正的空间，以免模具整体报废或出现工作量很大的修改。

b. 重要部位的成型零件的尺寸，应考虑到试模以后的尺寸修正余量补理论上难以避免的影响。

⑯ 模具设计应尽量采用标准化通用件，以缩短模具的制造周期。

⑰ 广泛听取各方面的意见，与模具制造和压铸生产的工艺人员商讨，吸取有益的建议，对模具结构加以充实和完善。

1.2.2　压铸模的设计程序

（1）研究、消化产品图

① 收集设计资料。设计前，要收集有关压铸件设计、压铸成型工艺、模具制造、压铸设备、机械加工及特种加工工艺等方面的资料，并进行整理、汇总和消化吸收，以便在以后的设计中借鉴和使用。

② 分析铸件蓝图、研究产品对象。产品零件图、技术条件及有关标准、实物模型等是绘制毛坯图及进行模具设计最重要的依据，首先对压铸件的蓝图进行充分的研讨和消化吸收，并了解产品零件的用途、主要功能以及相互配合关系、后续加工处理工序的内容、用户的年订货量及月需要量等。

③ 了解现场的实际情况。对现有的或确定购买的压铸机及其辅助装置的特性参数设计、安装配合等有关部分做细致的了解；对模具加工制造主要设备能力、水平、模具零部件标准化推广应用程度，坯料储备情况等加以了解；对进行压铸生产作业的现场设备、工艺流程，包括从熔炼、压铸到清理、光饰等各工序的操作方式、质量控制手段等要有基本的了解。这样才能在结合现场实际的基础上设计出立足生产、经济实用的压铸模。

（2）对压铸件进行工艺分析

首先从压铸工艺性的角度来分析产品零件的合金材料、形状结构、尺寸精度及其他特点。一般零件图的工艺分析，应注意以下几点：

① 合金种类能否满足要求的技术性能。

② 尺寸精度及形位精度。

③ 壁厚、壁的连接、肋和圆角。

④ 分型、出模方向与出模斜度。

⑤ 抽芯与型芯交叉、侧凹等。

⑥ 推出方向、推杆位置。

⑦ 镶嵌件的装夹定位。

⑧ 基准面和需要机械加工的部位。

⑨ 孔、螺纹和齿的压铸。

⑩ 图案、文字和符号。

⑪ 其他特殊质量要求。

（3）拟定模具总体设计的初步方案

总体的设计原则是让模具结构最大限度地满足压铸成型工艺要求和高效低耗的经济效益。压铸模设计主要内容如下。

① 确定模具分型面。分型面的选择在很大程度上影响模具结构的复杂程度，是模具设计成功与否的关键，很多情况下分型面也是模具设计和制造的基准面，选择时应注意以下几点。

a. 使该基准面既有利于模具加工，同时又兼顾压铸的成型性。

b. 确定型腔数量，合理的布局形式，并测算投影面积；确定压铸件的成型位置，分析定模和动模中所包含的成型部分的分配状况，成型零件的结构组合和固定形式。

c. 分析动模和定模零件所受包紧力的大小。应使动模上成型零件的包紧力大于在定模上的包紧力，以使开模时压铸件留在动模一侧。

② 拟定浇注系统设计总体布置方案。初步确定浇注系统的总体布局，应考虑以下几点。

a. 考虑压铸件的结构特点、几何形状、型腔的排气条件等因素。

b. 考虑所选用压铸机的形式。

c. 考虑直浇道、横浇道、内浇口的位置、形式、尺寸、导流方向、排溢系统的设置等。其中内浇口的位置和形式是决定金属液的填充效果和压铸件质量的重要因素。

③ 脱模方式的选择。在一般情况下，压铸成型后，在分型时，压铸件留在动模一侧。为使压铸件在不

损坏、不变形的状态下顺利脱模，应根据压铸件的结构特点，选择正确合理的脱模方式，并确定推出部位和复位杆的位置、尺寸。

对于复杂的压铸件，在一次推出动作后，不能完全脱模时，应采用二次或多次脱模机构，并确定分型次数和多次脱模的结构形式及动作顺序。这些结构形式都应在模具结构草图中反映出来。

④ 压铸件侧凹凸部位的处置。要形成压铸件的侧凹凸，一般采用侧抽芯机构。对于批量不大的产品，可采用手动抽芯机构和活动型芯的模外抽芯等简单的侧抽芯形式，可在开模后再用人工脱芯。当必须借用开模力或外力驱动的侧抽芯机构时，应首先计算抽芯力，再选择适宜的侧抽芯机构。

⑤ 确定主要零件的结构和尺寸。根据压铸合金的性能和压铸件的结构特点确定压射比压，并结合压铸件的投影面积和型腔深度，确定以下内容。

a. 确定型腔侧壁厚度、支承板厚度，确定型腔板、动模板、动模座板、定模座板的厚度及尺寸。

b. 确定模具导向形式位置、尺寸。

c. 确定压铸模的定位方式、安装位置、固定形式。

d. 确定各结构件的连接和固定形式。

e. 布置冷却或加热管道的位置、尺寸。

⑥ 选择压铸机的规格和型号。因模具与压铸机要配套使用，一般要根据压铸件的正投影面积和体积等参数选定压铸机，同时兼顾现场拥有的设备生产负荷的均衡性。

在选用压铸机时，应核算以下几个主要参数：

a. 根据所选定的压射比压和由正投影面积测算出的锁模力，并结合压铸件的体积和压铸机的压室直径，初步选定压铸机的规格和型号。

b. 模具的闭合高度应在压射机可调节的闭合高度范围内。为满足这项要求，可通过调节垫块的高度来解决。

c. 模具的脱模推出力和推出距离应在压铸机允许的范围内。

d. 动模座板行程应满足在开模时顺利取出压铸件。

e. 模体外形尺寸应能从压铸机拉杆内尺寸的空间装入。

f. 模具的定位尺寸应符合压铸机压室法兰偏心距离、直径和高度的要求。

⑦ 绘制模具装配草图。综合考虑以上内容，确定模具整体设计方案。绘制模具装配草图时，应注意：

a. 图纸严格按比例画出，尽量采用1：1比例绘制，以增强直观效果，容易发现问题。绘制模具装配图应遵循先内后外、先上后下的顺序，先从压铸件的成型部位开始，并围绕分型面、浇注系统等依次展开。

b. 注意投影和剖视等在图纸中的合理布局，正确表示所有相互配合部位零件的形状、大小以及装配关系。标注模具的立体尺寸，即将长×宽×高尺寸在装配图上标出，同时验证是否与所选用的压铸机匹配。

c. 适当留出修改空间，以便后期对不合理的结构形式进行修改。

d. 尽量选用通用件和标准件，如标准模架、推出元件、导向件及浇口套等，并标出它们的型号和规格。

e. 初步测算模具造价。

（4）方案的讨论与论证

拟定了初步方案后，现场调研，广泛征询压铸生产和模具制造工艺人员以及有实践经验的现场工作人员的意见，并对设计方案加以补充和修正，使所设计的压铸模结构更加合理、实用和经济。

（5）绘制主要零件工程图

首先绘制主要零件图，对装配草图中有些考虑不周的地方加以修正和补充。主要零件包括各成型零件及主要模板，如动模板、定模板等。在绘制零件图时，应注意如下几点。

a. 图面尽量按1：1的比例画出，以便于发现问题。

b. 合理选择各视图的视角，注意投影、剖视等的正确表达，避免繁琐、重复。

c. 标注尺寸，制造公差、形位精度、表面粗糙度以及热处理等技术要求。

（6）绘制模具装配图

主要零件的绘制过程也是对装配草图的自我检验和审定的过程，对发现和遗漏的问题，在装配草图的基础上加以修正和补充，注意以下几点。

a. 对零件正式编号，并列出完整的零件明细表、技术要求和标题栏。

b. 在装配图上，应标注模体的外形立体尺寸以及模具的定位安装尺寸，必要时应强调说明模具的安装方向。

c. 所选用压铸机的型号、压室的内径及喷嘴直径。

d. 压铸件合金种类、压射比压、推出机构的推出行程、冷却系统的进出口等。

e. 模具制造的技术要求。

（7）绘制其余全部自制零件的工程图

将绘制完的主要零件工程图按制图规范补充完整，并填写零件序号，然后将未绘制的自制零件图全部补齐，并校对所有图纸。

（8）编写设计说明书

主要包括以下内容。

a. 对压铸件结构特点进行分析。

b. 浇注系统的设计。包括压铸件成型位置，分型面的选择，内浇口的位置、形式和导流方向以及预测可能出现的压铸缺陷及处理方法。

c. 压铸件的成型条件和工艺参数。

d. 成型零部件的设计与计算。包括型腔和型芯的结构形式、尺寸计算；型腔侧壁厚度和支撑板厚度的计算和强度校核。

e. 脱模机构的设计。包括脱模力的计算；推出机构、复位机构、侧抽芯机构的形式、结构、尺寸配合以及主要强度、刚度或者稳定性的校核。

f. 模具温度调节系统的设计与计算。包括模具热平衡计算；模温调节系统的结构、位置和尺寸计算。

设计说明书要求文字简洁通顺，计算准确。计算部分只要求列出公式，代入数据，求出结果即可，运算过程可以省略。必要时要画出与设计计算有关的结构简图。

（9）审核

包括图纸的标准化审查与主管部门审核会签。

（10）试模、现场跟踪

模具投产后，模具设计者应跟踪模具加工制造和试模全过程，及时增补或更改设计的疏漏或不足之处，对现场出现的问题加以解决或予以变通。

（11）全面总结、积累经验

当压铸模制作和试模完成，并经过一定批量的连续生产后，应对压铸模设计、制作、试模过程进行全面的回顾，认真总结经验，以利于提高。

a. 从设计到试模成功这一全过程都出现哪些问题，采用什么措施加以修正和解决的。

b. 对那些取得优良效果的结构形式应予以肯定，进一步总结升华，有利于今后的应用。

c. 压铸模还存在哪些局部问题，比如压铸件质量、压铸效率等，还应该有哪些改进。

d. 从设计构思到现场实践都走了哪些弯路？其根本原因是什么？

e. 从现场跟踪发现哪些结构件在加工工艺上还存在问题，今后应从积累实践经验入手，设计出最容易加工和装配的模具结构件。

1.3　压铸模总装的技术要求

1.3.1　压铸模装配图上需注明技术要求

① 模具的最大外形尺寸（长×宽×高）。为了便于复核模具在工作时其滑动构件与机器构件是否有干扰，液压抽芯油缸的尺寸、位置行程及相关零件的安装关系，滑动抽芯机构的尺寸、位置及滑动到终点的

位置均应画出简图示意。

    ② 选用压铸机型号。

    ③ 压铸件所选用的合金材料。

    ④ 选用压室的内径、比压或喷嘴直径。

    ⑤ 最小开模行程（如开模最大行程有限制时，也应注明）。

    ⑥ 推出机构的推出行程。

    ⑦ 标明冷却系统、液压系统的进出口。

    ⑧ 压铸件主要尺寸及浇注系统尺寸。

    ⑨ 特殊机构的动作过程。

    ⑩ 模具有关附件规格、数量和工作程序。

1.3.2　压铸模外形和安装部位的技术要求

    ① 各模板的边缘均应倒角且不小于 $2 \times 45°$（C2），安装面应光滑平整，不应有突出的螺钉头、销钉以及毛刺和击伤等痕迹。

    ② 在模具非工作面上打上明显的标记，包括产品代号、模具编号、产品名称、制造日期及模具制造厂家名称或代号。

    ③ 在定、动模板上分别设置吊装螺钉，并确保起吊时模具平衡，重量大于 25kg 的零件也应设置起吊螺钉，螺孔有效螺纹深度不小于螺孔直径的 1.5 倍。

    ④ 模具安装部位的有关尺寸应符合所选用压铸机的相关对应的尺寸，在压铸机上，模具应拆装方便，压室安装孔径和深度必须严格检验。

    ⑤ 在模具分型面上，除导套孔、斜导柱孔外，所有模具制造过程中的工艺孔都应堵塞，并且与分型面平齐。

1.3.3　总装的技术要求

    ① 模具分型面对定、动模板安装平面的平行度见表 1-1。

    ② 导柱、导套对定、动模座板安装平面的垂直度见表 1-2。

    ③ 在分型面上，定模、动模镶块平面应分别与定模套板、动模套板齐平或略高，高出的尺寸控制在 0.05～0.10mm 范围以内。

    ④ 推杆、复位杆应分别与分型面平齐，推杆允许根据产品要求凹入或凸出型面，但不大于 0.1mm；复位杆允许低于分型面，但不大于 0.05mm。推杆在推杆固定板中应能灵活转动，但轴向间隙不大于 0.10mm。

表 1-1　模具分型面对定、动模板安装平面的平行度　　　　　　　　　　　mm

被测面最大直线长度	≤160	>160～250	>250～400	>400～630	>630～1000	>1000～1600
公差值	0.06	0.08	0.10	0.12	0.16	0.20

表 1-2　导柱、导套对定、动模座板安装平面的垂直度　　　　　　　　　　mm

导柱、导套有效导滑长度	≤40	>40～63	>63～100	>100～160	>160～250
公差值	0.015	0.020	0.025	0.030	0.040

    ⑤ 模具所有活动部件应保证位置准确、动作可靠，不得有歪斜和卡滞现象。相对固定的零件之间不允许出现窜动。

    ⑥ 滑动机构应导滑灵活、运动平稳、配合间隙适当。合模后滑块斜面与楔紧块的斜面应压紧，两者实际接触面积应大于或等于设计接触面积的 3/4，且具有一定预应力。抽芯结束后，定位准确可靠，抽出的型芯端面与铸件上相对应型面或孔的端面距离不小于 2mm。

    ⑦ 浇道表面粗糙度 Ra 不大于 0.4μm，转接处应光滑连接，镶拼处应密合，未注脱模斜度不小于 5°。

    ⑧ 合模时镶块分型面应紧密贴合，除排气槽外，局部间隙不大于 0.05mm。

    ⑨ 冷却水道和温控油道应畅通，不得有渗漏现象，进水口和出水口应有明显标记。

⑩ 所有成形表面粗糙度 Ra 不大于 $0.4\mu m$，所有表面都不允许有碰伤、擦伤、击伤和微裂纹。

1.4　压铸模结构零件的公差与配合

　　压铸模是在高温环境下进行工作，因此在选择结构零件的配合公差时，不仅要求在室温下达到一定的装配精度，而且要求在工作温度下，仍能保证各结构件的尺寸稳定性和动作可靠性。在模具中，与金属液直接接触的部位，在填充过程中受到高压、高速、高温金属液的冲击、摩擦和热交变应力的作用，所产生的位置偏移及配合间隙的变化，都会影响压铸件的产品质量和压铸生产的正常运行。

1.4.1　结构零件轴和孔的配合和精度

　　压铸模具零件配合间隙的变化除与温度有关外，还与零件本身的材料、形状、体积、工作部位受热程度以及加工装配后的配合性质有关。压铸模零件的配合间隙通常应满足以下要求。

　　（1）模具中固定零件的配合要求

　　① 在金属液冲击下，不致产生位置上的偏移。

　　② 受热膨胀变形后不能配合过紧，而使模具（主要是模套）受到过大的应力，导致模具因过载而开裂。

　　③ 维修和拆卸方便。

　　（2）模具中滑动零件的配合要求

　　① 在充填过程中金属液不致窜入配合处的间隙中去。

　　② 受热膨胀后，应能够维持间隙配合的性质，保证动作正常，不致使原有的配合间隙产生过盈，导致动作失灵。

　　（3）配合类别和精度等级

　　固定零件的配合类别和精度等级见表 1-3。

　　滑动零件的配合类别和精度等级见表 1-4。

表 1-3　固定零件的配合类别和精度等级

工作条件	配合类别和精度	典型配合零件举例
与金属液接触受热量较大	$\dfrac{H7}{h6}$（圆形）或 $\dfrac{H8}{h7}$	套板和镶块、镶块和型芯、套板和浇口套、镶块、分流锥、导流块等
	$\dfrac{H8}{h7}$（非圆形）	
不与金属液接触受热量较小	$\dfrac{H7}{k6}$	套板和导套的固定部位
	$\dfrac{H7}{m6}$	套板和导柱、斜销、楔紧块、定位销等固定部位

表 1-4　滑动零件的配合类别和精度等级

工作条件	压铸使用合金	配合类别和精度	典型配合零件举例
与金属液接触受热量较大	锌合金	$\dfrac{H7}{f7}$	推杆和推杆孔；型芯、分流锥和卸料板上的滑动配合部位；型芯和滑动配合的孔等
	铝合金、镁合金	$\dfrac{H7}{e8}$	
	铜合金	$\dfrac{H7}{d8}$	
	锌合金	$\dfrac{H7}{e8}$	成型滑块和镶块等
	铝合金、镁合金	$\dfrac{H7}{d8}$	
	铜合金	$\dfrac{H7}{c8}$	

工作条件	压铸使用合金	配合类别和精度	典型配合零件举例
受热量不大	各种合金	$\dfrac{H8}{e7}$	导柱和导套的导滑部位
		$\dfrac{H9}{e7}$	推板导柱和推板导套的导滑部位
		$\dfrac{H7}{e8}$	复位杆与孔

（4）压铸模零部件的配合精度选用示例

压铸模零部件的配合精度见图 1-7。

1.4.2 结构零件的轴向配合

① 镶块、型芯、导柱、导套、浇口套与套板的轴向偏差值见表 1-5。

② 推板导套、推杆、复位杆、推板垫圈和推杆固定板的轴向配合偏差值见表 1-6。

1.4.3 未注公差尺寸的有关规定

① 成型部位未注公差尺寸的极限偏差见表 1-7（GB/T 8844—2003）。

② 成型部位转接圆弧未注公差尺寸的极限偏差见表 1-8（GB/T 8844—2003）。

③ 成型部位未注角度和锥度偏差见表 1-9（GB/T 8844—2003）。

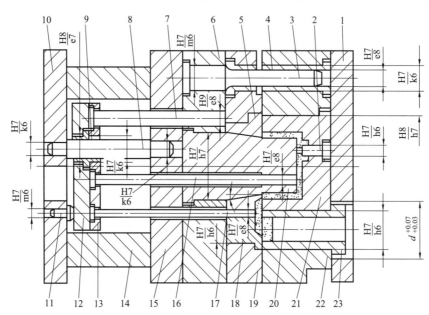

图 1-7 压铸模零部件的配合精度选用示例

1—定模座板；2—型芯；3—导柱；4—导套；5—卸料沿口；6—动模板；7—卸料推杆；8—推板导柱；9—推板导套；
10—动模座板；11—限位钉；12—推板；13—推杆固定板；14—垫块；15—支承板；16—推杆；17—浇道推杆；
18—浇道镶块；19—卸料板；20—主型芯；21—定模镶块；22—定模板；23—浇口套

表 1-5 镶块、型芯、导柱、导套、浇口套与套板的轴向偏差值   mm

装配方式	结构件名称	偏 差 值	装配方式	结构件名称	偏 差 值
台阶压紧式	镶块、型芯和套板	$H^{+0.05}_{0}$ $h^{0}_{-0.10}$ $H^{+0.05}_{0}$ $m^{+0.10}_{0}$	台阶压紧式	导柱、导套和套板	$h^{0}_{-0.10}$ $h_1^{+0.10}_{0}$

装配方式	结构件名称	偏 差 值	装配方式	结构件名称	偏 差 值
台阶压紧式	浇口套和套板	$h_2{}_{-0.035}^{0}$ $h_1{}_{+0.05}^{+0.03}$ 压室 浇口套	套板通孔、螺钉紧固式	镶块和套板	$H_{-0.05}^{0}$ $H_1{}_{0}^{+0.05}$ 支承板 套板
套板不通孔、螺钉紧固式	镶块和套板	$b_0^{+0.05}$ $h_{-0.05}^{0}$			

注：表中套板偏差值指零件单件加工的偏差。在装配中，型芯和镶块等零件的底面高出或低于套板底面时，应配磨平齐，镶块分型面允许高出套板分型面 0.05～0.10mm。

表 1-6 推板导套、推杆、复位杆、推板垫圈和推杆固定板的轴向配合偏差值 mm

装配方式	直接压紧式	推板导套台阶夹紧式	推板垫圈夹紧式
结构件名称	推杆固定板和推板导套、推杆(复位杆)	推杆固定板和推板导套、推杆(复位杆)	推杆固定板和推板导套推板垫圈、推杆(复位杆)
偏差值			

表 1-7 成型部位未注公差尺寸的极限偏差 mm

基本尺寸	≤10	>10～50	>50～180	>180～400	>400
极限偏差	±0.03	±0.05	±0.10	±0.15	±0.20

注：摘自 GB/T 8844—2003。

表 1-8 成型部位转接圆弧未注公差尺寸的极限偏差 mm

基本尺寸		≤6	>6～18	>18～30	>30～120	>120
极限偏差	凸圆弧	0 −0.15	0 −0.20	0 −0.30	0 −0.45	0 −0.60
	凹圆弧	+0.15 0	+0.20 0	+0.30 0	+0.45 0	+0.60 0

注：摘自 GB/T 8844—2003。

表 1-9 成型部位未注角度和锥度偏差

锥体母线或角度短边长度/mm	≤6	>6～18	>18～50	>50～120	>120
极限偏差值	±30′	±20′	±15′	±10′	±5′

注：摘自 GB/T 8844—2003。

④ 未注拔模斜度的角度规定　成型部位未注脱模斜度时，成型铸件内侧壁（承受铸件收缩力的侧面）的脱模斜度不应大于表 1-10 的规定值，对构成铸件外侧壁的脱模斜度应不大于表 1-10 规定值的二分之一（GB/T 8844—2003）。圆型芯的脱模斜度应大于表 1-11 的规定值（GB/T 8844—2003）。

文字符号的拔模斜度取 10°～15°。

当图样中未注拔模斜度方向时，按减少铸件壁厚方向制造。

表 1-10　成型部位内侧壁未注脱模斜度的规定

拔模高度/mm		≤3	>3～6	>6～10	>10～18	>18～30	>30～50	>50～80	>80～120	>120～180	>180～250
铸件材料	锌合金	3°	2°30′	2°	1°30′	1°15′	1°	0°45′	0°30′	0°30′	0°15′
	镁合金	4°	3°30′	3°	2°15′	1°30′	1°15′	1°	0°45′	0°30′	0°30′
	铝合金	5°30′	4°30′	3°30′	2°30′	1°45′	1°30′	1°15′	1°	0°45′	0°30′
	铜合金	6°30′	5°30′	4°	3°	2°	1°45′	1°30′	1°15′	1°	—

注：摘自 GB/T 8844—2003。

表 1-11　圆型芯未注脱模斜度的规定

拔模高度/mm		≤3	>3～6	>6～10	>10～18	>18～30	>30～50	>50～80	>80～120	>120～180	>180～250
铸件材料	锌合金	2°30′	2°	1°30′	1°15′	1°	0°45′	0°30′	0°30′	0°20′	0°15′
	镁合金	3°30′	3°	2°	1°45′	1°30′	1°	0°45′	0°45′	0°30′	0°30′
	铝合金	4°	3°30′	2°30′	2°	1°45′	1°15′	1°	0°45′	0°30′	0°30′
	铜合金	5°	4°	3°	2°30′	2°	1°30′	1°15′	1°	—	—

注：摘自 GB/T 8844—2003。

1.4.4　形位公差和表面粗糙度

（1）零件的形位公差

形位公差是零件表面形状和位置的偏差，模具成型部位或结构零件的基准部位，其形状和位置的偏差范围一般均要求在尺寸的公差范围内，在图样上不再另加标注。

① 模架结构零件的形位公差见表 1-12。

② 套板、镶块和有关固定结构部位的形位公差见表 1-13。

表 1-12　模架结构零件的形位公差和参数　　　　　　　　　　　　　mm

零件		简图	选用精度（GB/T 1184—1996）
导滑部位	带肩导柱		常用 5～6 级精度
	带头导柱		常用 5～6 级精度
	推板导柱		常用 5～6 级精度
	带头导套		常用 5～6 级精度

续表

零件		简　图	选用精度(GB/T 1184—1996)
模板和垫块	套板、座板、支承板	⊥ t_1 A ⊥ t_2 B B ∥ t_3 B A	作套板时,基准面的形位公差 t_1、t_3 为 5 级精度,t_2 为 7 级精度;作座板、支承板时,形位公差均按未注公差的规定,其等级为 C 级
	推板	∥ t A A	t 为 6 级精度
	垫块	∥ t A A	t 为 5 级精度

表 1-13　套板、镶块和有关固定结构部位的形位公差和参数

结构部位	有关要素的形位要求	简　图	选用精度(GB/T 1184—1996)
导柱或导套的固定孔	导柱或导套安装孔的轴线与套板分型面的垂直度	⊥ t A A	t 为 5~6 级精度
套板安装型芯和镶块的孔	套板上型芯固定孔的轴线与其他各板上孔的公共轴线的同轴度	◎ ϕt B-C ϕ_1 ϕ_2 ϕ_3 B C	圆型芯孔 t 为 6 级精度 非圆型芯孔 t 为 7~8 级精度
套板、固定孔	套板上镶块圆孔的轴线与分型面的端面圆跳动(以镶块孔外缘为测量基准)	A ↗ t A	t 为 6~7 级精度
	套板上镶块孔的表面与其分型面的垂直度	A ⊥ t A	t 为 7~8 级精度

续表

结构部位	有关要素的形位要求	简　图	选用精度(GB/T 1184—1996)
套板、固定孔	套板上镶块圆孔的轴线与分型面的端面圆跳动（以镶块孔外缘为测量基准）		t_1、t_2 为 6～7 级精度
	套板上镶块孔的表面与其分型面的垂直度		t_1、t_2 为 7～8 级精度
镶块	镶块上型芯固定孔的轴线对其分型面的垂直度		t 为 7～8 级精度
	镶块相邻两侧面的垂直度		t_1 为 6～7 级精度
	镶块相对两侧面的平行度		t_2 为 5 级精度
	镶块分型面对其侧面的垂直度		t_3 为 6～7 级精度
	镶块分型面对其底面的平行度		t_4 为 5 级精度
	圆形镶块的轴心线对其端面的圆跳动		t 为 6～7 级精度
	圆形镶块各成型台阶表面对安装表面的同轴度		t 为 5～6 级精度

（2）零件的表面粗糙度

　　压铸模零件表面粗糙度直接影响压铸件表面质量、模具机构的正常工作和使用寿命。成型零件的表面粗糙度以及加工后遗留的加工痕迹及方向，直接影响到铸件表面质量和脱模的难易程度，甚至导致成型零件表面产生裂纹。表面粗糙度也是产生金属黏附的原因之一。因此，压铸模具型腔、型芯的零件表面粗糙

度应在 $Ra0.40\sim0.10\mu m$，其抛光的方向应与铸件脱模方向一致，不允许存在凹陷、沟槽、划伤等缺陷。导滑部位（如推杆与推杆孔、导柱与导套孔、滑块与滑块槽等）的表面质量差，往往会使零件过早磨损或产生咬合。

各种结构件工作部位推荐的表面粗糙度，可参照表 1-14 选用。

表 1-14 各种结构件工作部位推荐的表面粗糙度

分　类	工 作 部 位	表面粗糙度 $Ra/\mu m$						
		6.3	3.2	1.6	0.80	0.40	0.20	0.100
成形表面	型腔和型芯					○	○	○
受金属液冲刷的表面	内浇口附近的型腔、型芯、内浇口及溢流槽流入口						○	○
浇注系统表面	直浇道、横浇道、溢流槽					○	○	
安装面	动模和定模座板，垫块与压铸机的安装面				○			
受压力较大的摩擦表面	分型面、滑块楔紧面				○	○		
导向部位表面	导柱、导套和斜销的导滑面					○		
与金属液不接触的滑动表面	复位杆与孔的配合面，滑块、斜滑块传动机构的滑动表面；导柱和导套			○	○	○		
与金属液接触的滑动件表面	推杆与孔的表面，卸料板镶块及型芯滑动面滑块的密封面等			△	○	△	○	
固定配合表面	导柱、导套、斜销、弯销、楔紧块和模套；型芯和镶块等固定部位				○	○		
组合镶块拼合面	成型镶块的拼合面精度要求较高的固定组合面					○		
加工基准面	划线的基准面、加工和测量基准面				○			
受压紧力的台阶表面	型芯、镶块的台阶表面				○			
不受压紧力的台阶表面	导柱、导套、推杆和复位杆台阶表面		○		○			
排气槽表面	排气槽				○	○		
非配合表面	其他	○	○					

注：○、△均表示适用的表面粗糙度，其中△表示还适用于异形零件。

1.5　压铸模零件材料选择及热处理技术要求

1.5.1　压铸模所处的工作状态及对模具的影响

① 熔融的金属液以高压、高速进入型腔，对模具成型零件的表面产生激烈的冲击和冲刷，使模具表面产生腐蚀和磨损，压力还会造成型芯的偏移和弯曲。

② 在填充过程中，金属液、杂质和熔渣对模具成型表面会产生复杂的化学作用，加速表面的腐蚀和裂纹的产生。

③ 压铸模具在较高的工作温度下进行生产，所产生的热应力是模具成型零件表面裂纹乃至整体开裂的主要原因，从而造成模具的报废。在每一个铸件生产过程中，型腔表面除了受到金属液的高速、高压冲刷外，还会吸收金属在凝固过程放出的热量，产生热交换，模具材料因热传导的限制，型腔表面首先达到较高温度而膨胀，而内层模具温度则相对较低，膨胀量相对较小，使表面产生压应力。开模后，型腔表面与空气接触，受压缩空气和涂料的激冷而产生拉应力。这种交变应力反复循环并随着生产次数的增加而增长，当交变应力超过模具材料的疲劳极限时，表面首先产生塑性变形，并会在局部薄弱之处产生裂纹。

1.5.2　影响压铸模寿命的因素及提高寿命的措施

压铸模是在高温、高压、高速的恶劣条件下工作，所以对模具寿命影响较大。因此，金属压铸模的使用寿命是压铸行业近年来非常关注的问题。影响压铸寿命的因素有很多，如压铸件的结构、模具结构与制造工艺、压铸工艺、模具材料等，而提高模具寿命应从这些方面着手。

（1）铸件结构设计的影响

① 在满足铸件结构强度的条件下，宜采用薄壁结构。除了可减轻铸件重量和节省原材料外，也减少了模具的热载荷。铸件的壁厚也必须满足金属液在型腔中流动和填充的需要。

② 铸件壁厚应尽量均匀，以减少局部热量集中而加速局部模具材料的热疲劳。

③ 在压铸件转角处应有适当的铸造圆角，避免在相应部位形成棱角、尖角，防止因成型零件的强度受到影响而产生裂纹或塌陷，也有利于改善填充条件。

④ 铸件上应尽量避免有窄而深的凹穴，以免成型零件相应部位出现窄而高的凸台，凸台受到冲击会弯曲、断裂，并使散热或排气条件恶化。

（2）模具设计的影响

① 模具中各结构件应有足够的强度和刚性，特别是成型零件应具有耐热性能和抗冲击性能。在金属液填充压力和高速的金属流的冲击作用下，不会产生较大的变形。导滑元件应有足够的刚度和表面耐磨性，保证模具使用过程中起导滑、定位作用。所有与金属液相接触的部位，均应选用耐热钢，并采取合适的热处理工艺。套板选用中碳钢并进行调质处理（也可选用球墨铸铁、铸钢、P20等）。

② 正确选择各元件的公差配合和表面粗糙度，应考虑到模具温度对配合精度的影响，使模具在工作温度下，活动部位不致引起因热膨胀而产生动作不灵活和被咬死或窜入金属液的现象，固定部位不致产生松动。

③ 设计浇注系统时，应尽量避免内浇口直对型芯，防止型芯受到金属液的正面冲击或冲刷而产生变形或冲蚀。尽量避免浇口、溢流槽、排气槽靠近导柱、导套和抽芯机构，以免金属液窜入。有时适当增大内浇口截面积会提高模具使用寿命。

④ 合理采用镶块组合结构，避免锐角、尖劈，以适应热处理工艺要求。设置推杆和型芯孔时，应与镶块边缘保持一定的距离，溢流槽与型腔边缘也应保持一定距离。

⑤ 易损的成型零件应尽量采用单独镶拼的方法，以便损坏时可以很方便地局部更换，以提高压铸模的整体使用寿命。

⑥ 在设计压铸模时，应注意保持模具的热平衡，尤其是大型或复杂的模具，通过溢流槽、冷却系统合理设计，采用合理的模具温控系统，会大大提高模具寿命。

（3）模具钢材及锻造质量的影响

经过锻造的模具钢材，可以破坏原始的带状组织或碳化物的积集，提高模具钢的力学性能。为充分发挥钢材的潜力，应首先注意它的洁净度，使该钢的杂质含量和气体含量降到最低。目前，压铸模耐热钢普遍采用4Cr5MoSiVi（H13）钢，并采用真空冶炼或电渣重熔。经电渣重熔的H13钢比一般电炉生产的疲劳强度提高25％以上，疲劳的趋势也较缓慢。

作为型腔和大型芯的钢坯应通过多向复杂锻打，控制碳化物偏析和消除纤维状组织及方向性。锻材内部不允许有微裂纹、白点、缩孔等缺陷。

锻件应进行退火，以达到所要求的硬度和金相组织。

型芯、镶块等模块应进行超声波探伤检查合格后方可使用。

（4）模具加工及加工工艺的影响

① 成型零件除保证正确的几何形状和尺寸精度外，还需要有较好的表面质量。在成型零件表面上，如果有残留的加工痕迹或划伤痕迹，特别是对于高熔点合金的压铸模，该处往往会成为裂纹的起始点。

② 导滑件表面应有较好的表面光洁程度，防止移动擦伤，影响使用寿命。

③ 模体的各模板在锻造后，应进行等温退火处理，以消除锻造应力，防止在装配和使用时产生应力变形。

④ 复杂或大型的成型零件，在粗加工或电加工后，应安排一次消除应力处理，以防止变形。

⑤ 成型零件出现尺寸或形状差错需留用时，尽量采用镶拼补救的办法。小面积的焊接有时也允许使用（采用氩弧焊焊接）。焊条材料必须与所焊接工件完全一致，严格按照焊接工艺，充分并及时完成好消除应力的工序，否则在焊接过程中或焊接后易产生开裂。

（5）热处理的影响

通过热处理，特别是对成型零件的热处理，可改变模具材料的金相组织，以保证必要的强度和硬度，高温下尺寸的稳定性、抗热疲劳性能和材料的切削性能等。热处理的质量对压铸模使用寿命起着十分重要的作用，如果热处理不当，往往会导致模具损伤、开裂而过早报废。对热处理的基本要求如下。

① 热处理后的零件要求变形小，尽量减少残余应力的存在。

② 热处理后，不出现畸变、开裂、脱碳、氧化和腐蚀等疵病。

③ 具有合适的强度和硬度，并保持一定的抗冲击性能。

④ 增加成型表面的耐磨性和抗黏附性能。

采用真空或保护气氛热处理，可以减少脱碳、氧化、变形和开裂。成型零件淬火后应采用两次或多次的回火。实践证明，只采用调质（不进行淬火）再进行表面氮化的工艺，往往在压铸数千模次后会出现表面龟裂和开裂，其模具寿命较短。

（6）压铸生产工艺的影响

① 压铸生产前的模具预热，对模具寿命的影响很大。不进行模具的预热，高温的金属液在填充型腔时，低温的型腔表面受到剧烈的热冲击，致使成型零件内外层产生较大的温度梯度，容易造成表面裂纹，甚至开裂。

② 在压铸生产过程中，模具温度逐步升高。当模温过热时，会使压铸件产生缺陷、粘模或活动的结构件抱紧失灵的现象。为降低模温，绝不能采用冷水直接冷却过热的型腔、型芯表面。一般模具应设置冷却通道，通进适量的冷却水以控制模具生产过程的温度变化。有条件时，提倡使用模具温控系统，使模具在生产过程中保持在适当的工作温度范围内，模具寿命可以大大延长。

③ 在压铸过程中，对成型部位涂料的选用和使用方法以及相对移动部位的润滑，对模具的使用寿命也会产生很大影响。

④ 在较长的压铸运作中，热应力的积累也会使模具产生开裂。因此，在投产一定的批量后，对成型零件进行消除热应力回火处理或采用振动的方法消除应力，也是延长模具寿命的必要措施。回火温度可取480～520℃（采用真空炉进行回火温度可取上限），此外，也可用保护气氛回火或装箱（装铁粉）进行回火处理。需要进行消除热应力的生产模次推荐值见表 1-15。

表 1-15　需要进行消除热应力的生产模次推荐值　　　　　　　　　　　　　　　　　　模次

压铸件	第一次	第二次	压铸件	第一次	第二次
锌合金	20000	50000	镁合金	5000～10000	20000～30000
铝合金	5000～10000	20000～30000	铜合金	500	1000

注：1. 生产模次计算应包括废品模次。

2. 第三次以后的回火处理，每次之间的模次可逐步增加，但不超过 40000 模次。

1.5.3　压铸模材料的选择和热处理

（1）压铸模使用材料的要求

① 与金属液接触的零件材料要求

a. 具有良好的可锻性和切削性能。

b. 高温下具有较高的红硬性，较高的高温强度、高温硬度、抗回火稳定性和冲击韧度。

c. 具有良好的导热性和抗热疲劳性。

d. 具有足够的高温抗氧化性。

e. 热膨胀系数小。

f. 具有高的耐磨性和耐腐蚀性。

g. 具有良好的淬透性和较小的热处理变形率。

② 滑动配合零件使用材料的要求

a. 具有良好的耐磨性和适当的强度。

b. 具有适当的淬透性和较小的热处理变形率。

③ 套板和支承板使用材料的要求

a. 具有足够的强度和刚性。

b. 易于切削加工。

c. 使用过程不易变形。

（2）压铸模主要零件的材料选用及热处理要求

压铸模主要零件的材料选用及热处理要求见表 1-16。

表 1-16　压铸模主要零件的材料选用及热处理要求

零件名称		压铸合金			热处理要求	
		锌合金	铝、镁合金	铜合金	压铸锌合金、铝合金、镁合金	压铸铜合金
与金属液接触的零件	型腔镶块、型芯、滑块中成型部位等成型零件	4Cr5MoSiV1 3Cr2W8V (3Cr2W8) 5CrNiMo 4CrW2Si	4Cr5MoSiV1 3Cr2W8V (3Cr2W8)	3Cr2W8V (3Cr2W8) 3Cr2W5Co5MoV 4Cr3Mo3W2V 4Cr3Mo3SiV 4Cr5MoSiV1	43～47HRC(4Cr5MoSiV1) 44～48HRC(3Cr2W8V)	38～42HRC
	浇道镶块、浇口套、分流锥等浇注系统	4Cr5MoSiV1 3Cr2W8V (3Cr2W8)				
滑动配合零件	导柱、导套（斜销、弯销等）	T8A (T10A)			50～55HRC	
	推杆	4Cr5MoSiV1 3Cr2W8V(3Cr2W8)			45～50HRC	
	复位杆	T8A(T10A)			50～55HRC	
模架结构零件	动模套板、定模套板、支撑板、垫块、动模底板、定模底板、推板、推杆固定板	55			调质25～32HRC	
		铸钢、合金钢、球铁				

注：1. 表中所列材料、先列者为优先选用。

2. 压铸锌、镁、铝合金的成型零件经淬火后，成型面可进行软氮化或氮化处理，氮化层深度为 0.08～0.15mm，硬度≥600HV。

（3）钢材硬度与抗拉强度的换算

钢材的硬度值在一定程度上表示钢材抗拉强度，抗拉强度随硬度增加而升高，其硬度与抗拉强度的关系见表 1-17。

表 1-17　钢材硬度与抗拉强度的换算（GB/T 1172—1999）

硬度/HRC	抗拉强度 σ_b/(N/mm²)	硬度/HRC	抗拉强度 σ_b/(N/mm²)	硬度/HRC	抗拉强度 σ_b/(N/mm²)
60.0	2556.7	48.0	1603.4	36.0	1109.2
59.5	2501.8	47.5	1577.0	35.5	1093.5
59.0	2447.8	47.0	1550.5	35.0	1078.8
58.5	2395.8	46.5	1525.0	34.5	1064.0
58.0	2344.8	46.0	1499.5	34.0	1049.3
57.7	2295.8	45.5	1475.0	33.5	1035.6
57.0	2248.7	45.0	1451.4	33.0	1021.9
56.5	2202.6	44.5	1428.9	32.5	1008.0
56.0	2158.5	44.0	1406.3	32.0	995.4
55.5	2115.4	43.5	1383.8	31.5	981.7
55.0	2074.2	43.0	1362.2	31.0	969.9
54.5	2034.0	42.5	1341.6	30.5	957.2
54.0	1994.7	42.0	1321.0	30.0	945.4
53.5	1956.5	41.5	1301.4	29.5	932.6
53.0	1919.2	41.0	1281.8	29.0	921.8
52.5	1883.9	40.5	1262.2	28.5	910.0
52.0	1848.6	40.0	1243.5	28.0	899.3
51.5	1815.3	39.5	1225.9	27.5	888.5
51.0	1781.9	39.0	1208.2	27.0	877.7
50.5	1750.5	38.5	1190.6	26.5	866.9
50.0	1719.2	38.0	1173.9	26.0	857.1
49.5	1688.8	37.5	1157.2	25.5	847.3
49.0	1659.3	37.0	1140.5	25.0	837.5
48.5	1630.9	36.5	1124.9	24.5	827.7

（4）压铸模具常用钢的化学成分

压铸模具常用钢的化学成分见表1-18。

表1-18　压铸模具常用钢的化学成分

钢材牌号	C	Si	Mn	Cr	V	W	Mo	Ni	P	S
4Cr5MoSiV1	0.32~0.42	0.80~1.20	0.20~0.50	4.75~5.50	0.80~1.20		1.10~1.75		≤0.030	≤0.030
4Cr5MoSiV	0.32~0.42	0.80~1.20	0.20~0.50	4.75~5.50	0.3~0.5		1.10~1.75		≤0.030	≤0.030
3Cr2W8V	0.30~0.40	≤0.40	≤0.40	2.20~2.70	0.20~0.50	7.50~9.00	<1.50			
4Cr3Mo3SiV	0.35~0.45	0.80~1.20	0.25~0.70	3.00~3.75	0.25~0.75		2.00~3.00		≤0.030	≤0.030
4Cr3Mo3W2V	0.32~0.42	0.60~0.90	≤0.65	2.80~3.30	0.80~1.20	1.20~1.80	2.50~3.00			
4CrW2Si	0.35~0.44	0.80~1.00	0.20~0.40	1.00~1.30		2.00~2.50				
5CrNiMo	0.50~0.60	≤0.40	0.50~0.80	0.50~0.80	<0.20		0.15~0.30	1.40~1.80		
T8A	0.75~0.84	0.15~0.35	0.15~0.30						≤0.030	≤0.020
T10A	0.95~1.04	0.15~0.30	0.15~0.30						≤0.030	≤0.020
45	0.42~0.50	0.17~0.37	0.50~0.80	≤0.25				≤0.25	≤0.040	≤0.040

（5）压铸模具常用钢的物理常数

压铸模具常用钢的物理常数见表1-19。

表1-19　压铸模具常用钢的物理常数

钢材牌号		4Cr5MoSiV1	4Cr5MoSiV	3Cr2W8V	4Cr3Mo3W2V	5CrNiMo	T10	45
临界点/℃（近似值）	Ac1	860	853	800	850	730	730	735
	Ac3	915	912	850	930	780	800	785
	Ar1	775	720	690	735	610	700	
	Ar3	815	773	750	825	640		
	Ms	340	310	380	400	230	175	350
密度 γ		7.76	7.69	8.35			7.81	7.81
弹性模量 E/MPa（在20℃时）		$20.6×10^4$	$22.25×10^4$	$20.78×10^4$				$19.6×10^4$
线膨胀系数 $α×10^{-6}$ /[mm/(mm·℃)]	20~100	9.1	10.0	9.8	10.4		11.5	11.59
	20~200	10.3	10.9	10.9	12	12.55	13.0	
	20~300	11.5	11.4	11.9	11.06	14.1	14.3	
	20~400	12.2	12.2	12.6	12.27	14.1	14.8	
	20~500	12.8	12.8	13.1	12.53		15.1	
	20~600	13.2	13.3	13.5	13.35	14.2	16.0	
	20~700	13.5	13.6	13.7	13.58	15	15.8	

（6）压铸模具常用钢材国内、外钢号对照

压铸模具常用钢材国内、外主要工业国家钢号的对照见表1-20。

表1-20　压铸模具常用钢材国内、外主要工业国家钢号对照表

中国（GB）	美国（AISI）	俄罗斯（ГОСТ）	日本（JIS）	德国（DIN）	瑞典（ASSAB）	奥地利（BOHLER）	英国（B.S.）	法国（NF）
4Cr5MoSiV1	H13	4X5MФ1C	SKD61	X40CrMoV51	8407	W302	BH13	
4Cr5MoSiV	H11	4X5MФC	SKD6	X38CrMoV51		W300	BH11	Z38CDV8
3Cr2W8V（YB）	H21	3X2B8Ф	SKD5	X30WCrV9-5	2730（SIS）	W100	BH21	Z30WCV
4Cr3Mo3SiV	H10	3X3M3Ф	SKD7	X32CrMoV33	HWT-11	W321	BH10	320CV28
5CrNiMo	L6	5XHM	SKT4	55NiCrMoV6	2550（SIS）		PMLB/1（ESC）	55NCDV
4CrW2Si（YB）	S1	4XB2C		45WCrV7	2710		BS1	
T8A（YB）	W108	y8A	SK6	C80W1				Y1 75
T10A（YB）	W110	y10A	SK4	C105W1	1880		BW1A	Y2 105
45	1045	45	S45C	C45	1650（SIS）	C45（ONORM）	060A47	XC45

注：（　）为标准名称。

（7）压铸模具镶块常用材料的热处理工艺

压铸模成型部位（动、定模镶块、型芯等）及浇注系统使用的热模具钢必须进行热处理，为保证热处理质量，避免出现畸变、开裂、脱碳、氧化和腐蚀等疵病，可在盐浴炉、保护气氛炉装箱保护加热或在真

空炉中进行热处理。尤其是在高压气冷真空炉中淬火，质量最好。

淬火前应进行一次除应力退火处理，以消除加工时残留的应力，减少淬火时的变形程度及开裂危险。淬火加热宜采用两次预热，然后加热到规定温度，保温一段时间，然后油淬或气淬。

模具零件淬火后即进行回火，以免开裂，回火次数2～3次。

压铸铝、镁合金用的模具硬度为43～48HRC最适宜。为防止粘模，可在淬火处理后进行软氮化处理。

压铸铜合金的压铸模硬度宜取低些，一般不超过44HRC。

① 4Cr5MoSiV1钢的热处理工艺

a. 毛坯锻轧后进行退火工艺，见图1-8。

b. 机械加工过程消除应力退火工艺，见图1-9。

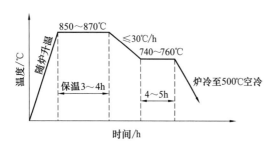

图1-8　4Cr5MoSiV1钢锻轧后退火工艺曲线

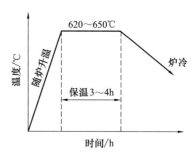

图1-9　4Cr5MoSiV1钢消除应力退火工艺曲线

c. 淬火工艺，见表1-21、表1-22和图1-10。

表1-21　4Cr5MoSiV1钢淬火工艺

淬火温度/℃	冷　　却			硬度/HRC
	介质	介质温度/℃	冷却到	
1020～1050	油或空气	20～60	室温	56～58

注：气淬真空时炉淬火冷却介质为高纯度氮气。

表1-22　4Cr5MoSiV1钢淬火时保温时间（见图1-10）

加热方式	a	b	c	d
盐浴炉	1～1.5min/mm	0.5～0.8min/mm	0.2～0.4min/mm	
保护气氛炉	1.5～2.5min/mm	1～2min/mm	1～1.2min/mm	5～20min
真空气淬炉	1.5h	1.5h	1～1.5h	
	或以工件心部温度接近表面温度后保温0.5h			

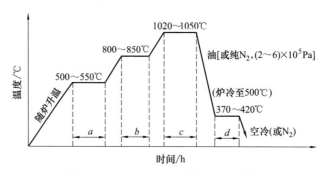

图1-10　4Cr5MoSiV1钢淬火工艺曲线

d. 回火工艺，见表1-23和图1-11。

表1-23　4Cr5MoSiV1钢的回火工艺

回火目的	回火温度/℃	加热设备	冷却	回火硬度/HRC
消除应力,降低硬度	560～580	熔融盐浴或空气炉	空气	43～47

② 3Cr2W8V钢的热处理工艺

a. 毛坯锻轧后进行退火工艺，见图1-12。

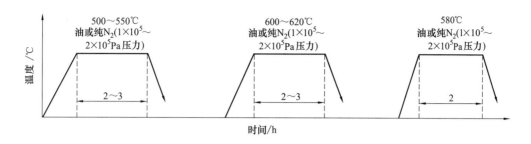

图 1-11　4Cr5MoSiV1 钢回火工艺曲线

注：第一次回火，硬度为 52～56HRC；第二次回火，硬度为 43～47HRC；第三次回火，硬度为 43～47HRC

b. 机械加工过程消除应力退火工艺，见图 1-13。

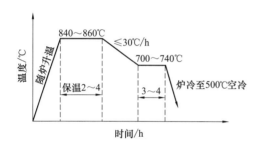

图 1-12　3Cr2W8V 钢锻轧后退火工艺曲线

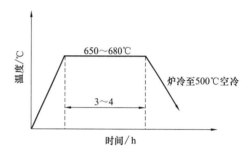

图 1-13　3Cr2W8V 钢消除应力退火工艺曲线

c. 淬火工艺。见表 1-24 和图 1-14。

d. 回火工艺，见表 1-25 和图 1-15。

表 1-24　3Cr2W8V 钢的淬火工艺

淬火温度/℃	冷　却			硬度/HRC
	介质	介质温度/℃	延续	
1070～1150	油	20～60	冷至 150～180℃后空冷	52～54

注：1. 大型模具采用加热温度的上限值，小型模具采用加热温度的下限值。

2. 大型模具应先预热，保温一定时间后再加热到淬火温度。

3. 加热保温时间，火焰炉淬火时，可根据模具零件厚度，每 25mm 保温 40～50min；电炉淬火时，可根据模具零件厚度，每 25mm 保温 45～60min。

4. 气淬真空炉冷却介质为高纯度氮气。

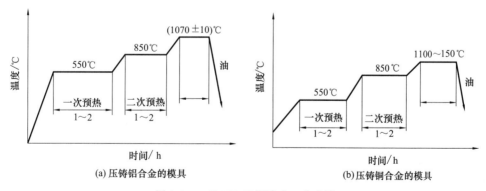

图 1-14　3Cr2W8V 钢淬火工艺曲线

表 1-25　3Cr2W8V 钢的回火工艺

回火温度/℃	回火时间	回火次数	加热设备	冷却	回火硬度
600～700	2h	2～3	盐浴炉或空气炉	空气	38～48HRC

③ 由于进口热模具钢品种、牌号很多，应按供应商提供的工艺要求进行热处理。

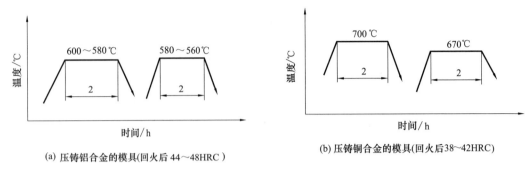

(a) 压铸铝合金的模具(回火后44~48HRC)　　　(b) 压铸铜合金的模具(回火后38~42HRC)

图 1-15　3Cr2W8V 钢的回火工艺曲线

1.6　压铸模 CAD/CAE

　　压铸模及工艺的传统设计方法主要依靠经验公式和现有的生产经验，一套成熟稳定的生产工艺通常要经过多次的修改、试验、再修改的过程，这不仅浪费资源和时间，而且难以保证产品质量。科技发展日新月异，使得产品对模具的精度要求越来越高，产品改型也越来越快，传统的设计与制造方式已无法适应现代工业发展的需要。

　　采用 CAD（computer aided design，计算机辅助设计）/CAE（computer aided engineering，计算机辅助工程）/CAM（computer aided manufacturing，计算机辅助制造）一体化技术进行压铸工艺和压铸模设计与制造，从产品设计到生产加工"无图纸化作业"，不仅可以大大提高设计效率，缩短模具设计与制造周期，而且能提高模具结构的合理性、准确性和加工精度，还能将设计人员从繁琐的绘图、计算和编程中解放出来，以从事更多的创造性工作。考虑到压铸模 CAM 与其他模具 CAM 类似，这里主要探讨压铸模CAD/CAE。

1.6.1　压铸模 CAD

（1）CAD 技术的发展趋势

　　CAD 是世界性通用的专业名词，是指技术人员以有高速计算能力和显示图形的计算机为工具，用各自的专业知识对产品进行绘图、分析计算和编写技术文件等设计活动的统称。

　　CAD 技术的起源始于 20 世纪 60 年代，最初主要用于航空工业和汽车工业。近十几年来，随着计算机技术的不断发展，高分辨率图形显示器、自动绘图仪、高计算能力的处理器随之出现，CAD 技术的发展也是日新月异。

　　CAD 技术先后经过了从二维到三维，从线框造型、曲面造型到现在的实体造型，由最初的精确造型到现在的参数化造型、特征造型、变量化造型等，取得了长足的进步。目前 CAD 技术已经从传统的二维精确设计全面转向三维设计阶段，其三维设计技术先后经历了四次革命性的发展阶段，即曲面造型技术、实体造型技术、参数化技术和变量化技术。

　　经过多年的研究与开发，国内外在压铸模 CAD 方面取得了较为丰富的成果。目前发展起来的压铸模CAD 开发方法主要有两种：一种是基于通用 CAD 软件平台进行开发，如 Pro/E、UG 等；另一种是根据Windows 环境下可视化编程语言编写 CAD 核心程序，核心程序以外的部件由其他专业 CAD 软件开发，如对于图形处理功能，可采用 UG、Pro/E、AutoCAD、SolidEdge、SolidWorks 等软件来实现。压铸模 CAD技术的发展趋势如下。

　　① 面向压铸件特征的建模技术。基于特征的产品定义模型是目前被认为最适合 CAD/CAM 集成的模型，它把特征作为产品模型的基本单元，将产品描述为特征的集合。

　　② 压铸工艺并行设计系统模型。并行设计法是一种系统工程设计方法，它在产品的设计阶段就考虑到零件的加工工艺性、制造状态、产品的使用功能状态、制造资源状态、产品工艺设计的评价与咨询以及产品零件公差的合理设计等。

　　③ ES 技术与 CAD 技术的结合。在 CAD 系统中引入 ES（expert system，专家系统）技术，形成智能

CAD 系统。它采用人工智能技术，运用知识库中的设计知识进行推理、判断和决策，解决以前必须由人类专家解决的复杂问题。由于知识库中的知识来源于很多人类专家长期积累的经验，因此，一个成功的 CAD 专家系统可以达到甚至超过领域设计专家的水平。

④ 基于 BP 神经网络的压铸工艺参数设计。采用模拟人脑形象思维特点的神经网络来处理和分析在压铸工艺设计领域中大量出现的反映设计人员知识经验的模糊、定性型数据和符号信息。

⑤ 模糊集合理论在压铸工艺中的应用。根据模糊集合理论，实现压铸工艺设计过程的模糊智能化推理过程。

⑥ 结合数值模拟分析的评价知识系统。在数值模拟后处理过程中引入知识处理机制，建立起对数值模拟结果进行归纳、分类、推理、判断等系列符号推理方法，对模具设计进行评判并给出修改建议。

⑦ 网络化或协同化。形成信息高速公路（information highway）互联的协同 CAD，实现计算机支持协同工作（computer supported cooperative work），达到远程（异地）设计（remote design）的目的，从而最大限度地发挥不同单位、区域、国家的优势，多快好省地进行产品设计。

⑧ 绿色化。绿色化已成为全球不可抗拒的潮流，是人类可持续发展的核心内容之一。绿色设计技术，在以集成、并行的方式设计产品及其相关过程的同时，优化设计方案，减少废品率，使整个生产过程对环境的污染程度降低到最小，资源的利用率达到最高。

（2）压铸模 CAD 软件的发展概况

目前压铸模 CAD 工作主要是通过通用的 CAD 软件来完成。市场上通用的 CAD 软件很多，主要有三大软件，即 Pro/E、UG 和 CATIA。

Pro/E 软件是美国 PTC 公司的产品。该软件提倡单一数据库、参数化、基于特征和全相关的概念，极大地提高了设计制造的效率。正是由于其首屈一指的全参数化技术，短短十几年时间，Pro/E 软件迅速成为世界顶尖的 CAD/CAM 软件之一。与 UG 和 CATIA 软件相比，其参数化设计水平无人能及，但在复杂曲面造型、模块配置、市场占有率方面有较大的差距。

UG 是起源于美国麦道（MD）公司的产品，1991 年 11 月并入美国通用汽车公司 EDS 分部。如今 EDS 是全世界最大的信息技术服务公司。UG 由其独立子公司 Unigraphics Solutions 开发。UG 是一个集 CAD、CAE 和 CAM 于一体的机械工程辅助系统，适用于航空航天器、汽车、通用机械以及模具等的设计、分析及制造工程。UG 采用基于特征的实体制造，具有尺寸驱动编辑功能和统一的数据库，实现了 CAD、CAE 和 CAM 之间无数据交换的自由切换，它具有很强的数控加工能力，可以进行 2～2.5 轴、3～5 轴联动的复杂曲面加工和镗铣。

CATIA 是 1978 年由法国达索公司开始开发的集三维设计、分析、NC 加工于一体的 CAD/CAM 系统软件。CATIA 突出的特点就是强大的曲面造型功能，主要应用于汽车、飞机上复杂的外观曲面造型和加工。在国际航空、汽车、造船、机械制造等企业应用十分广泛。

相对于通用 CAD 软件而言，市场上得到广泛应用的专用压铸模 CAD/CAM 系统很少，现有的专用压铸模 CAD 仍处于研发和小范围应用，研发主要集中在以下几个方面。

① 建立压铸模标准件图形数据库，使设计人员能迅速完成模具设计和绘图工作。如德国的 HASCO 制造厂是欧洲最具规模的标准模具和工具零件厂商之一，具有很先进的带有标准件库的计算机辅助设计系统，较大地提高了压铸模的设计效率。俄罗斯一研究机构研制的压铸型自动设计系统是将铸件分类，设计出成组的压铸模，使用时再将具体铸件划入相应组别，选择合适的压铸模组，结合压铸模组的有关尺寸设计出该铸件用的型腔可换镶件，从而达到提高模具设计效率的目的。

② 简化压铸模浇注系统和模架等的设计。如美国贝特里研究所在 1981 年开发的锌压铸 CAD 系统，主要对薄壁锌压铸件进行浇注系统的设计。运行时要求输入压铸机基本参数和铸件相关尺寸，并选择浇道系统的类型和压铸温度等，可设计出横浇道、内浇道和溢流槽的尺寸。德国的 H.Johen 博士编制基于 P-Q^2 图压铸模 CAD 软件，通过人机对话的形式，完成压铸模浇注系统的设计工作。哈尔滨理工大学基于 Auto-CAD 软件平台开发的专用压铸模 CAD 系统，可实现压铸模的设计，但由于 AutoCAD 软件三维功能较差，目前实际应用很少。华中科技大学基于 UG 三维软件开发了压铸模 CAD 模块，结合 UG 软件本身强大的 CAD/CAM 功能，以及与华铸 CAE 软件的集成，极大地提高了压铸模的设计制造效率，具有较好的发展应用前景。

③ 实现压铸件/压铸模温度场、流动场、应力场的数值模拟（即 CAE 技术），是真正意义上的压铸模的优化设计。从事这方面研究的院校和研究机构很多，目前市场上比较常见的具有压铸 CAE 分析功能的商用软件主要有国外的 Magma、Flow-3d、Procast 以及国内的华铸 CAE 等。实现 CAD/CAM 集成是目前压铸 CAD 的重要研究方向之一。

（3）压铸模 CAD 的内容及设计方法

① 压铸模 CAD 内容。压铸模的计算机辅助设计内容大致为：在输入铸件具体形状、尺寸、合金种类后，可估计出铸件体积与重量，选择压铸模，设计浇注系统、型腔镶块、导向机构、模板、推出机构等，并选用材质，最后绘出模具图样。

a. 压铸件工艺参数的计算。实现对每一种压铸件的压铸工艺参数（如体积、重量、投影面积、浇注温度、模温等）的计算或选择。

b. 压铸机的参数选择。完成压铸机各参数（如压射比压、压射速度、锁模力等）的选择与校核。

c. 分型面的设计。通过与计算机交互设计确定压铸件的分型线和分型面，完成型腔和型芯区域的提取。

d. 浇注系统的设计。通过与计算机交互设计直浇道、横浇道、内浇口、溢流槽、排气槽等。

e. 模具结构的设计。通过概括和总结压铸模设计的规律与经验，运用数字方法由计算机交互进行模具结构的设计，包括型腔和型芯、导柱和导套、动定模套板、定模座板、动模支撑板、动模垫块、动定模座板等的设计。

f. 推出机构的设计。完成包括推杆固定板、推板、推杆基本尺寸的设计计算及强度校核。

② 压铸模 CAD 设计方法。压铸模 CAD 可采用通用 CAD 软件和专用 CAD 软件来完成。实际应用中一般采用以下设计方法。

a. 由于通用 CAD 软件如 UG、CATIA、Pro/E 等具有强大的实体造型、曲面造型以及较好的布尔运算功能，因此可直接应用其三维造型模块逐步完成零件、铸件、模具的三维设计。此种方法适用于一些简单压铸模的设计，但对于一些复杂的压铸模，设计过程中存在容易出错、修改困难等问题。

b. 同样是基于通用的 CAD 软件，但为了减少出错的几率，可采用近年来开发的装配建模技术，如 UG 的 wave 功能，以实现压铸模的设计。

c. 考虑到压铸模和注塑模的相似性，直接套用某些专用的注塑模模具软件，如 UG 的注塑模具模块（Moldwizard）（或 Pro/E 的 Molddesign 模块）来进行压铸模的设计，可极大地提高模具的设计效率。但由于注塑模和压铸模在模架、工艺方面还存在一定的差异，使用具有一定的局限性。

d. 采用某些专用压铸模 CAD 软件如华铸压铸模模块来进行压铸模设计，其设计效率可以得到较大的提高。

（4）基于 UG/Moldwizard 的压铸模 CAD 系统应用

UG/Moldwizard 是 UG 软件中用于注塑模具自动化设计的专业应用模块，但由于压铸模设计与注塑模设计步骤有很多相同的地方，例如分型面的选择、拔模方向、收缩率、顶杆、复位杆等的设计原理是一样的。下面以背投电视冷却腔为例，介绍基于 Moldwizard 的压铸模设计方法。产品材料：ADC 铝合金，厚度 4mm；产品功用：冷却作用；产品要求：尺寸精度要求较高，表面要求较高，耐高温，要有很好的力学性能。

① 项目初始化。背投电视冷却腔通过 UG 三维造型模块来完成，见图 1-16。通过初始化对话框完成模具设计项目初始化，在弹出的"项目初始化"对话框中，设置"投影单位"为毫米，改变项目路径，创建文件夹，设置"部件材料"为"无"，因为铸件的材料是铝合金，在 UG 的数据库中没有该零件的收缩率，因此在此处暂时不确定铸件的收缩率。加载产品后，在"装配导航器"中系统自动产生模具装配结构。

② 模具坐标系的确定。主要用于产品的重新定位，以便把它们放置在模具装配里的正确的位置上。Moldwizard 规定坐标原点位于模架的动、定模板接触面的中心，坐标主平面或 XC-YC 平面定义在动模、定模的分模面上，ZC 轴的正向指向金属液浇注口，见图 1-17 模具工作系。

③ 设置收缩率。主要用于产品模型冷却时收缩后的补偿，即先放大产品，以便产品在冷却时收缩后达到产品的尺寸要求。Moldwizard 将所产生的放大了的产品造型取名为"Shrink part"，该造型将用于定义

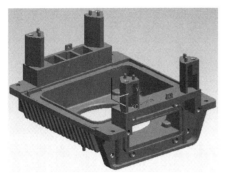

图 1-16　背投电视冷却腔三维造型图

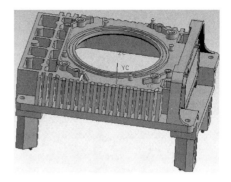

图 1-17　模具工作系

模具的型芯和型腔。这里将收缩选为 X、Y、Z 均为 1.005。收缩率的设置见图 1-18。

④ 工件尺寸的确定。主要用于定义型腔和型芯的镶块体。Moldwizard 中用一个产品体积略大的材料块，将产品包容其中，通过分模功能使其成型，作为模具的型芯和型腔，其对话框见图 1-19 定义成型镶块。

根据压铸模设计手册，本零件选用如下镶块尺寸：

"X 向长度"设置为"255"，"Y 向长度"设置为"230"，"Z 向下移"设置为"97"，"Z 向上移"设置为"86"。

⑤ 型腔数量的确定及型腔排列。主要用于定义型腔的数目和布局的类型。由于本零件体积大，质量重，采用一模一腔，以保证零件的成型。在"型腔布局"对话框中单击"自动对准中心"按钮，见图 1-20 型腔布局。

图 1-18　设置收缩率

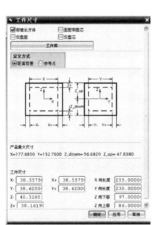

图 1-19　定义成型镶块

图 1-20　型腔布局

⑥ 模具工具。帮助创建分型几何体，包括实体和面补丁、分割实体，及创建扩大面等。在作外部分型面之前，可以使用这些功能来为产品模型的内部开口部分创建分型面和实体。修补后的零件见图 1-21。

⑦ 分型面的确定和型芯、型腔创建。主要用于创建和编辑分型线和分型面以及创建模具的型腔和型芯，是 Moldwizard 模具设计过程中难度较大的部分。在基于修剪的型腔和型芯分型中，产品模型的内、外表面相交线是产品模型的分型线，分型线向成型镶块外延伸，就形成了产品模型的分型面。用产品模型的分型面和产品模型的外表面组成的切割面去分割成型镶块，从而分割出型腔零件；用产品模型分割面与产品模型的内表面做成的切割面去分割成型镶块，分割出型芯零件。

系统自动识别并高亮显示分型线，为分型线设置过渡点，分型线和设置的过渡点见图 1-22。分型线和过渡点设置后，进行创建分型面，分型面就是模具动模和定模的接触面。搜索产品模型的分型线，创建了分型面后，分别用型腔修剪片体和型芯修剪片体分割成型镶块，获得两个独立的型腔零件和型芯零件的过程，称为型腔和型芯分型。分型前要检查型腔零件分割面和型芯零件分割面有没有被遗漏修补的孔和间隙，是否能形成整体无孔、无间隙的修剪片体。单击"分型管理器"对话框上的"抽取区域和分型线"按钮，弹出"区域和直线"对话框如图 1-23 所示。单击"边界区域"，弹出"抽取区域"对话框，如图 1-24 所示。选择"边界边"单选按钮，该对话框显示分模零件上的面的总数和型芯型腔上的面的总数。总面数必须等于型腔面数和型芯面数之和，即可实现正确分型。

图 1-21 修补后的零件

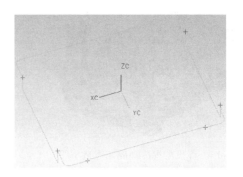

图 1-22 分型线和设置的过渡点

图 1-23 "区域和直线"对话框

图 1-24 "抽取区域"对话框

图 1-25 "型芯和型腔"对话框

单击"分型管理器"对话框中"创建型腔和型芯"按钮，系统弹出"型芯和型腔"对话框，见图1-25。单击"自动创建型腔型芯"，得到型芯和型腔片体见图1-26，型芯模型见图1-27，型腔模型见图1-28。

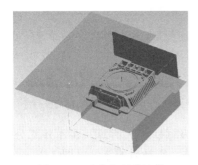

图 1-26 型芯和型腔片体

图 1-27 型芯模型

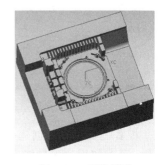

图 1-28 型腔模型

⑧ 顶出系统的设计。主要用于改变用标准件功能创建的顶杆的长度并设定配合的距离（与顶针孔有公差配合的长度）。

单击 Moldwizard 模块的"标准件"按钮，弹出"标准件管理"对话框，在"目录"下拉列表中选择"HASCO_MM"选项，选择"Ejector Pin（Straight）"选项，设置"CATALOG_DIA"为 6，"CATALOG_LENGTH"为 200，见图 1-29"标准件管理"对话框。单击"确定"按钮，弹出"点构造器"对话框，并设置添加顶杆的点分别为（−5，55，0），（−30，56，0），（25，48，0），（5，−55，0），（−25，−48，0），（30，−56，0），见图 1-30。单击工具条上"顶杆"按钮，弹出"顶杆后处理"对话框，如图 1-31 所示，依次选择上面添加的顶杆，修剪顶杆。

⑨ 侧向分型与抽芯机构的设计。主要用于创建编辑滑块和抽芯。

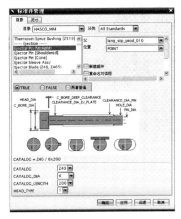

图 1-29　"标准件管理"对话框

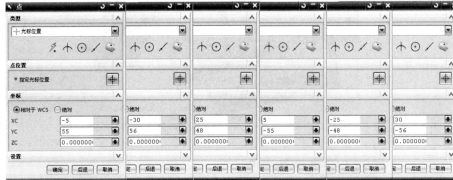

图 1-30　设置添加顶杆位置点

单击 Moldwizard 模块的"滑块和顶料装置"按钮，弹出"Slidet/Lifter Design"对话框，见图 1-32。选择"Single Cam-pin Slide"，选择"尺寸"选项卡，设置"travel"为 40，设置"cam-pin-angle"为 20，设置"heel_angle"为 23，设置"wide"为 118，滑块创建。并利用"WAVE 几何链接器"功能，设计创建侧型芯，见图 1-33 侧向分型与抽芯机构。

⑩ 型腔的建立。主要用于剪切相关的或非相关的腔体，即建立模具完整的腔体，用于型芯和型腔的装配。

单击 Moldwizard 模块的"型腔设计"按钮，弹出"腔体管理"对话框，如图 1-34 所示。选择模具的型腔和型芯为目标体，选择建立的顶杆和滑块为刀具体，建立腔体。整体模具效果图如图 1-35 所示。

本例中只使用 Moldwizard 功能中的分模和顶杆以及滑块的添加功能，如要完成整个模具的结构，则要通过创建实体来实现。设计时，由于产品的侧面有形状，为了使零件能够成型和脱模，需要有两个侧型芯。

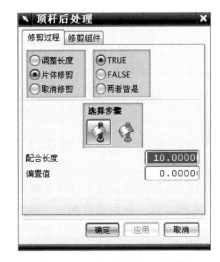

图 1-31　"顶杆后处理"对话框

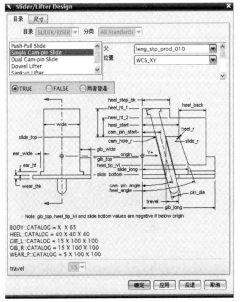

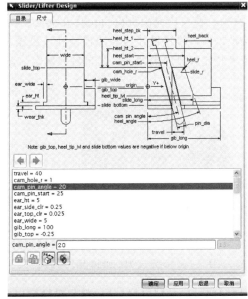

图 1-32　"滑块和顶料装置"对话框

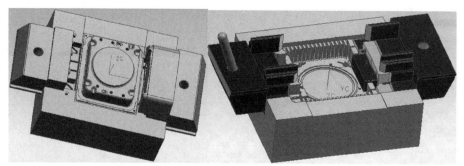

图 1-33 侧向分型与抽芯机构

图 1-34 "腔体管理"对话框

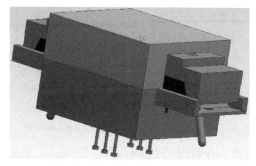

图 1-35 整体模具效果图

（5）基于 Pro/E 的压铸模 CAD 系统应用

Pro/Molddesign 模块是 Pro/E 系列软件中的通用模具设计模块，其模具设计既可以实现产品设计、模具装配、分型面的构造、分型等模具设计操作，又提高了模具设计过程中一些必要的分析功能，如投影面积、拔模检查、分型面检查、干涉检查等。与 Pro/E 的 EMX（expert moldbase extension）模块相配合，可以建立标准的模架、滑块及斜销等标准件。下面以某零件为例，介绍基于 Pro/Molddesign 模块的压铸模设计方法。

① 零件设计。产品可以采用 Pro/E 中的零件设计（part design）或是零件装配（assembly design）模块进行创建，也可以从 UG 等其他软件建立好后，通过交换格式（IGES、STEP 等）输入。采用 Pro/E 零件设计模块建立的固定支架三维模型如图 1-36 所示。完成零件设计后，就可以进入 Pro/Molddesign 模块进行模具设计。

② 模具装配。进入 Pro/Molddesign 模块环境后第一步就是进行模具装配。模具装配与零件装配相同，主要是将前面构造好的三维零件作为参照模型和成型镶块装配在一起，为后续的开模做准备。成型镶块可以采用零件设计或者指定模具原点及一些简单参数确定。图 1-37 为参照模型与成型镶块的模具装配示意图。

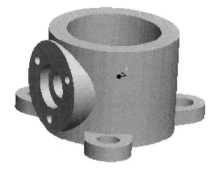

图 1-36 固定支架三维模型

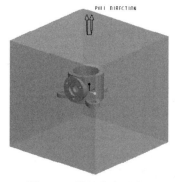

图 1-37 模具装配示意图

③ 设置收缩率。Pro/Molddesign 模块不仅可以分别对 X、Y、Z 三个坐标轴方向设定不同的收缩率，也可对单个特征或尺寸个别做缩放。

④ 创建分型面。分型面的创建与一般特征曲面一样，也是模具设计中最关键和最有难度的一个环节，既需要熟练的曲面造型操作技巧，也需要丰富的实践经验。如图1-38所示为固定支架的主分型面及滑块分型面。

⑤ 建立模具分块。模具分块最简单的办法是利用前面构造的分型面将模具装配中的模具镶块分割成两块，即定模和动模，如图1-39所示为固定支架分割体积块。在此基础上，再构造出滑块抽芯、浇注系统等机构。

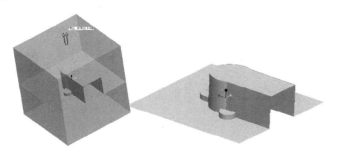

图1-38 固定支架的主分型面及滑块分型面

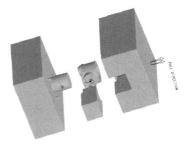

图1-39 固定支架分割体积块

1.6.2 压铸模 CAE

随着压铸工业的迅速发展及对压铸件质量要求的提高，人们更加注重对金属液充型过程的探索和揭示，以便设计出合理的浇注系统，从而形成有利的充型方式，获得优质压铸件。压铸CAE是建立在数值模拟技术上的分析优化技术，借助CAE技术可实现对连续多周期生产全过程的模拟分析，实现对压铸过程的充型凝固模拟、压铸模具温度场的模拟，评价模具冷却工艺和判断模温平衡状态，评估可能出现的缺陷类型、位置和程度，帮助工程技术人员实现对生产工艺进行优化和对铸件质量的控制。

CAE技术是一门以CAD/CAE技术水平的提高为发展动力，以高性能计算机及图形显示设备的推出为发展条件，以计算力学和传热学、流体力学等的有限元、有限差分、边界元、结构优化设计及模态分析等方法为理论基础的新技术。压铸模CAE主要以压铸件充型的流动场数值模拟、压铸模/压铸件温度场模拟、压铸模/压铸件应力场数值模拟为主。目前已经达到实用化水平，国内外均有商品化软件出现，国外主要有德国的MagmaSoft、美国的ProCAST和Flow3D、韩国的AnyCAST等，国内主要有华中科技大学的华铸CAE、清华大学的FT-Star、中北大学的CastSoft等。

（1）压铸模 CAE 的原理

在压铸生产过程中，液态或半固态的金属在高速、高压下充型，并在高压下迅速凝固，容易产生流痕、浇不足、气孔等铸造缺陷，同时易于造成模具的冲蚀、热疲劳裂纹等，缩短了模具的使用寿命。因此，充分了解充型过程的流动和换热规律，设计合理的铸件、铸型结构及浇注系统，选择恰当的压铸工艺参数，实现理想的型腔充填和模具的热平衡状态，不仅可以降低铸件废品率，提高铸件质量和压铸生产率，而且可以延长模具使用寿命。

模具设计首先要保证模具在其使用中的工艺合理性。对于压铸模而言，就是要保证压铸工艺能达到最佳的合理性。传统的压铸模设计过程，很难在模具制造之前优化出最佳的压铸工艺，往往要在模具制成之后，在使用过程中需要修补，甚至重做，才能实现预期的工艺目标。这就可能造成很大的浪费，也很难保证模具及其所实现的工艺的质量以及模具的开发周期。

在现代压铸模设计中，按照虚拟制造和并行设计的思想原则，借助于CAE技术可实现对连续多周期生产全过程的模拟分析，变未知因素为可知因素，并分析易变因素的影响，实现对压铸过程的金属液体充型凝固模拟、压铸模温度场、压铸模应力场的模拟，评价模具冷却工艺和判断模温平衡状态，评估可能出现的缺陷类型、位置和程度，设计合理的铸件、铸型结构及浇注系统，选择恰当的压铸工艺参数，然后围绕此方案进行模具的力学分析和结构设计，保证其合理的力学结构。这种具有过程和质量前瞻性的科学的设计方法，不仅节省了模具开发制造的费用和周期，同时也有力地保证了模具及其所实现的铸造工艺的质量。

在这种思路下，压铸模所要实现的压铸工艺的分析、优化过程是在铸造工艺CAE软件的辅助下进行的。铸造工艺CAE软件的核心是铸件充型、凝固过程的数值模拟。工艺人员首先根据工艺原则和已有的经验拟定一个原始的工艺方案，将此方案交由CAE软件进行模拟分析，找出该方案的弊病，然后针对弊病进

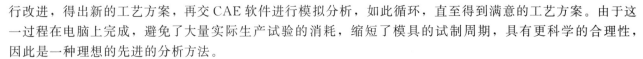

行改进，得出新的工艺方案，再交 CAE 软件进行模拟分析，如此循环，直至得到满意的工艺方案。由于这一过程在电脑上完成，避免了大量实际生产试验的消耗，缩短了模具的试制周期，具有更科学的合理性，因此是一种理想的先进的分析方法。

铸件充型、凝固过程数值模拟的基本思路是用有限元分析方法（有限元或有限差分）对充型凝固过程相应的流动、温度、应力应变等物理场所服从的数理方程进行数值求解，得出这些物理场基于时空四维空间分布与变化的规律，由此引出相应的工程性的结论。一般而言，这些数理方程都是时空四维空间里的二阶偏微分方程，这种方程只有在极其简单的边界条件下才有可能通过数学推导的方法求得解析解，而在实际情况下，边界和初始值条件都非常复杂，不存在通用的解析解。但是，借助高速发展的计算机及其相关技术，采用数值求解方法，这些复杂的边界初值问题可以得到完满的解决。多年来，实践中已经涌现出大量成功的范例，证明数值求解不仅能解出方程，而且确实能辅助铸造工艺的优化。

（2）压铸模 CAE 采用的数值计算方法

工程数值模拟常用的方法包括有限差分法（finite difference method，简称 FDM）、直接差分法（direct finite difference method，简称 DFDM）、有限元法（finite element method，简称 FEM）和边界元法（boundary element method，简称 BEM）。其中，压铸模 CAE 最常用的方法是有限差分法（FDM）和有限元法（FEM）。有限差分法一般用于压铸模充型凝固模拟，而有限元法常用于压铸模具的力学分析和结构设计。

① 有限差分法。有限差分法（FDM）又称泰勒展开差分法，最早用于传热的计算方法。该方法具有差分公式导出简单和计算成本低等优点，目前已成为应用最为广泛的数值分析方法之一，绝大部分流动场和温度场数值模拟计算均采用此方法。

有限差分法把基本方程和边界条件（一般为微分方程）近似地改用差分方程表示，把求解微分方程的问题转换为求解代数方程的问题。国外不少学者都用有限差分方法进行过研讨，以密执安大学的 Pehlke 教授为首的研究小组从 1968 年开始相继以显式有限差分、交替隐式和 Saul'yev 有限差分格式建立了数值计算模型，对 T 形、L 形铸钢进行计算，给出了温度场、等温线和等时线分布图。国内大连理工大学、沈阳铸造研究所、清华大学、哈尔滨工业大学、华中科技大学等单位的铸造工作者也在这方面开展了研究。FDM 在缩孔、缩松预测，组织形态预测及流场模拟等方面都表现出很大优势及良好的前景。

② 有限元法。有限元法（FEM）又称有限单元法、有限元素法，从 20 世纪 60 年代初开始在工程上应用到今天，其理论和算法都经历了从蓬勃发展到日趋成熟的过程，现已成为求解复杂工程和产品的结构强度、刚度、稳定性、动力响应、热传导、三维形体接触、弹塑性等力学性能的必不可少的数值计算工具，同时也是处理连续力学问题以及结构性能的优化设计等问题的一种近似数值分析方法。

有限元法的核心思想是结构的离散化，就是将实际结构假想地离散为有限数目的规则单元组合体，实际结构的物理性能可以通过对离散体进行分析，得出满足工程精度的近似结果来替代对实际结构的分析，这样可以解决很多实际工程需要，解决理论分析无法解决的复杂问题。对于不同物理性质和数学模型的问题，有限元求解法的基本步骤是相同的，只是具体公式推导和运算求解不同。

有限元法是随着电子计算机的发展而迅速发展起来的一种现代计算方法，它克服了有限差分法网络形状固定、在曲面离散时会有阶梯现象的缺点，单元划分更灵活，对曲面可以实现很好的拟合，但其离散法复杂，对硬件要求高，限制了应用的广度，各种基于几何造型系统的有限元分析系统应运而生，如计算机辅助有限元分析（computer aided finite element analysis，简称 CAFEA）已成为计算机辅助工程的重要组成部分，是结构分析和结构优化的重要工具，同时也是计算机辅助 4C 系统（CAD/CAE/CAPP/CAM）的重要环节。

（3）压铸模 CAE 的基本内容

压铸模 CAE 是指建立在数值模拟技术基础上的分析优化技术，主要包括传热凝固分析、流动充型分析、应力/应变分析等，其中传热分析、凝固分析以及流动与传热耦合分析已很成熟，可以有效地指导实际压铸生产。

① 流动充型分析。铸件充型过程金属液的充型流动不仅会对卷气、夹渣、流痕、浇不足等铸造缺陷产生直接影响，充型过程中的换热所形成的铸型铸件凝固过程初始温度的分布，还会直接影响凝固过程的模

拟结果。

充型过程是黏性不可压缩流体（金属液）在型腔中流动充填的过程，首先应满足的是流体动力学方程，即 Navier-Stokes 方程：

$$g_x - \frac{1}{\rho} \times \frac{\partial p}{\partial x} + \nu \left(\frac{\partial^2 u}{\partial x^2} + \frac{\partial^2 u}{\partial y^2} + \frac{\partial^2 u}{\partial z^2} \right) = \frac{\partial u}{\partial t} + u \frac{\partial u}{\partial x} + v \frac{\partial u}{\partial y} + \omega \frac{\partial u}{\partial z} \tag{1-1}$$

$$g_y - \frac{1}{\rho} \times \frac{\partial p}{\partial y} + \nu \left(\frac{\partial^2 v}{\partial x^2} + \frac{\partial^2 v}{\partial y^2} + \frac{\partial^2 v}{\partial z^2} \right) = \frac{\partial v}{\partial t} + u \frac{\partial v}{\partial x} + v \frac{\partial v}{\partial y} + \omega \frac{\partial v}{\partial z} \tag{1-2}$$

$$g_z - \frac{1}{\rho} \times \frac{\partial p}{\partial z} + \nu \left(\frac{\partial^2 \omega}{\partial x^2} + \frac{\partial^2 \omega}{\partial y^2} + \frac{\partial^2 \omega}{\partial z^2} \right) = \frac{\partial \omega}{\partial t} + u \frac{\partial \omega}{\partial x} + v \frac{\partial \omega}{\partial y} + \omega \frac{\partial \omega}{\partial z} \tag{1-3}$$

铸件金属液按其力学属性属不可压缩流体，型腔内的流场属无源场，在充型过程中，对于已填充的单元，还应满足连续性方程：

$$\frac{\partial u}{\partial x} + \frac{\partial v}{\partial y} + \frac{\partial \omega}{\partial z} = 0 \tag{1-4}$$

随着压铸工业的迅速发展和对压铸件质量要求的提高，人们更加注重对金属液充型过程的探索和揭示，以便设计出合格的浇注系统，从而形成有利的充型方式，以获得优质压铸件。但压铸充型是瞬态过程，且在不透明的压铸型腔内完成，因而难以预测。随着计算机及数值计算技术的完善，利用计算机对充型过程进行数值模拟已成为可能。

在压力铸造条件下，金属液在高压下以 10～30m/s 的速度充型，这使得金属液以喷射湍流状态进入并充填型腔；又由于压铸件的普遍特点是结构复杂、壁薄，使得压铸过程分析模拟较为困难。压铸的这种工艺和结构上的特点，使得压铸过程数值模拟比普通重力铸造条件下的数值模拟更为困难。为此，针对压铸过程的数值模拟必须能够处理如下问题：

a. 方便地处理复杂实体建模。

b. 较为准确地处理湍流流动、充型中气体及其液体相互作用对流动过程的影响。

c. 处理好包括铸件、模具和冷却通道等在内的复杂传热问题。

为了很好地解决上述问题，要求模拟软件应有广泛的数据接口、变网络分析能力、巨大的计算容量、较高的计算速度以及较好的湍流处理能力。

② 传热凝固分析。温度场变化和铸件凝固是一种热量再分配的过程，推动这种热过程的动力因素有两种，其一是温度差，由温度差造成热流，由热流差形成的热堆积引起温度变化；其二是相变潜热，潜热作为一种热源在温度场中同样引起相应的温度变化效应。定量描述这些变化规律的基本关系就是 Fourier 方程：

$$\rho c_p \frac{\partial T}{\partial t} = \lambda \left(\frac{\partial^2 T}{\partial x^2} + \frac{\partial^2 T}{\partial y^2} + \frac{\partial^2 T}{\partial z^2} \right) + \rho L \frac{\partial g_s}{\partial t} \tag{1-5}$$

式中　T——温度；

　　　t——时间；

　　　ρ——密度；

　　　λ——热导率；

x，y，z——空间坐标；

　　　c_p——质量定压热容；

　　　L——相变潜热；

　　　g_s——固相率。

式（1-5）右边的第一项是三个方向上热流差造成的热堆积，第二项是相变潜热，只在相变时产生。式（1-5）左边是热效应引起的温度变化。此式的物理意义是：温度场中任一点温度的变化取决于该点处热流差造成的热堆积与相变潜热释放两种热效应之和。

铸造凝固过程数值模拟技术是通过数值分析的方法，模拟金属由液态到固态的冷却过程，预测与凝固过程相关的铸造缺陷。这一领域的研究从开始到成熟，经历了三十多年的时间。归纳起来，这些工作主要分以下几个方面。

a. 数值计算方法的选择。铸件凝固过程数值计算方法一般都采用了传热学理论与计算技术。目前已经发展了有限差分法（FDM）、有限元法（FEM）、直接差分法（DFM）、边界元法（BEM）等多种数值方法。

b. 潜热处理。凝固过程伴随着潜热释放是铸件成型过程的一大特点，潜热因素对铸件温度场的计算有很大的影响，必须加以考虑。一般对潜热有如下三种处理方法：温度回升法、等价比热法、热焓法。

c. 缩孔缩松预测判断。

d. 铸件/铸型的界面传热问题。

对于压铸过程温度场需要处理以下特殊问题：

a）模具的预热问题。

b）模具的冷却问题。

c）一个生产周期的多阶段模拟问题。

d）多生产周期的模拟问题等。

性能良好的模拟软件应能较好地处理上述问题，并且在此基础上可以优化模具壁厚、模具预热方案、模具冷却工艺、预报模温平衡、最佳开模时间等。

压铸过程传热分析，同样要求模拟软件应有广泛的数据接口、变网络分析能力、巨大的计算容量以及较高的计算速度。

③ 压铸模应力场模拟。压铸模应力场模拟是建立在温度场模拟基础之上的，是一个较新的研究领域。压铸模应力场计算的力学模型主要有：热弹性模型、热弹塑性模型、理想弹塑性模型、热弹黏塑性模型和热弹塑性蠕变模型，其中热弹塑性模型和热弹塑性蠕变模型的精度要高。其中热弹塑性模型被广泛使用。对于材料的非线性问题一般处理成双线性模型，即将应力—应变曲线简化为双线性，弹性阶段和塑性阶段都为线性。

对于弹塑性材料，根据应力应变间增量关系建立起来的增量理论，可以真实地描述材料的塑性行为。描述材料的塑性行为的基本法则包括屈服准则、流动准则和强化准则。屈服准则描述了材料开始塑性变形的应力状态，在金属材料的有限元分析中，通常采用米塞斯（Von Mises）屈服准则。流动准则描述了当材料发生屈服时塑性应变的方向。强化准则描述的是初始屈服准则随着塑性应变的增加是怎样发展的。

应力场模拟多采用热—力耦合模型来模拟铸件凝固过程中的物理变化，包括传热、应力应变及缺陷形成等。热—力耦合可分为直接耦合、间接耦合，也称为双向耦合、单向耦合。双向耦合一般用在 FEM/FEM 或 FDM/FDM 联合分析中，要求温度场和应力场都采用相同方法，这样就可以使用具有温度和位移自由度的耦合单元，同时得到温度场和应力场的分析结果。单向耦合是首先进行温度场的分析，然后将求得的温度作为体载荷施加到应力分析的三维模型中。

目前，压铸模应力场模拟研究正在大力开展中，国外也只有德国 MagmaSoft 可对压铸件、压铸模进行应力/应变模拟，从而预测铸件、铸型变形和模具寿命，但其准确性有待进一步提高。

（4）压铸模 CAE 的关键技术

① 多循环、多阶段技术。多周期、多阶段是压铸生产的一个显著特点，一般来说，每个压铸生产循环包括压射阶段、凝固阶段、开模（空冷）阶段。每一个阶段各有其特点，压射过程的模拟主要是流动与传热耦合计算；凝固阶段为传热凝固计算；开模阶段主要是传热计算。每一个阶段的计算结果为后一个阶段提供初始条件，特别是在开模空冷阶段的模拟计算。

20 世纪 90 年代的多循环模拟往往是基于"瞬间充型、初温均布"的假想，或只进行一个循环的充型模拟，这样的处理会大大影响计算的准确性。随着技术的进步，对每个循环的充型阶段进行准确模拟成为可能。但在微机上要进行十几个多循环的模拟计算速度依然比较缓慢，异位网络计算技术可以较好地解决此问题：对同一个分析对象，准备两套网络，其中一套网络尺寸大、网络数少用来做充型耦合计算；另外一套网络尺寸小、网络数多用来做传热计算。这样的处理既可以加快多循环计算速度，又可以保证传热凝固计算的精度。

② 复杂冷却工艺分析。压力铸造大多采用冷却工艺来控制模具温度，冷却工艺对铸件形成过程有巨大的影响，模拟时必须加以考虑。而冷却工艺所采用的冷却介质是首先应考虑的因素，对于一种冷却介质，需要输入入口温度、出口温度、密度、比热容、热导率和黏度等参数。

定义了冷却介质后，就可以设置冷却工艺了，可以设置数十个冷却通道，而每个通道又可以有几个冷却阶段，每个阶段需要输入管道内径、开始时间、结束时间、冷却介质的流动速度，从冷却介质库里选择合适的冷却介质后，就可以自动确定界面导温系数。

③ 多相复杂流动模拟技术

a. 数学模型。需要强调的是这里的相与热力学中的定义不同，此处是指不同物质的相。在建立数学模型时，认为任意计算单元均同时具有研究对象中的所有相，并且是相互贯穿的连续相，每相在计算单元的比例由"相分率"来确定。在多相流模拟中，每一相均具有自己的流场、温度场、浓度场等，各相间作用由相互传递项规定。多相流的模拟如下：

通用变量方程：

$$\frac{\partial}{\partial t}(R_i\rho_i\Phi_i)+\mathrm{div}(R_i\rho_i V_i\Phi_i-R_i\Gamma_{\Phi i}\mathrm{grad}\Phi_i)=m_i\Phi_i+R_i S_{\Phi i} \tag{1-6}$$

式中 i——第 i 相；

R——相分率；

Φ——通用流体变量，可以是速度、温度、浓度等；

Γ——交换系数；

t——时间；

ρ——密度；

$S_{\Phi i}$——单位相体积内的源或汇；

$m_i\Phi_i$——其他相对 i 相的总贡献；

V——速度矢量。

连续性方程（相质量守恒方程）：

$$\frac{\partial}{\partial t}(R_i\rho_i)+\mathrm{div}(R_i\rho_i V_i)=m_i \tag{1-7}$$

所有相的连续性方程的质量和为 0，即：

$$\sum_{i=1}^{n}\left[\frac{\partial}{\partial t}(R_i\rho_i)+\mathrm{div}(R_i\rho_i V_i)\right]=0$$

并且 $\sum_{i=1}^{n}R_i=1$。

式中，n 为相的总数。

上述方程是一个通用的表达形式，不仅可以用来描述流动场，如果调整式（1-6）的各项或系数，还可以用来表示热传导、辐射及电场问题。

b. 数值求解。利用常用的有限差分法（FDM）求解多相流动的数学方程的困难在于如何建立压力校正方程。用各个相质量守恒方程还是用总的连续性方程作为建立压力校正方程的基础，目前还没有定论。一种做法是以总的连续性方程为基础，这样校正的结果虽然可以满足整个对象的总的质量守恒，但各相的质量守恒方程无法保证；另一种方法则是把各相的质量守恒方程加权求和所得到的新的方程作为建立压力校正方程的基础。所谓加权求和的"权"就是为该相的密度的倒数。目前多相流数值求解多采用基于后一种思路的由 Spalding 提出的 IPSA（inter-phase slip algorithm）算法。IPSA 算法的具体内容这里不作具体讲述。

除了探求数值解法之外，还需要处理包面张力、湍流问题、固壁问题、初始条件、边界条件、计算稳定性等诸多问题。多相流动，特别是对于最常见的液-气两相流，在处理湍流问题时，常见的 K-ε 湍流模型仅用于液相的湍流计算。而气相密度很低，与液相比动量小，不需使用湍流模型计算有效黏度，对整体模拟对象而言影响很小。不同于单相流动，多相流动存在相间拖动现象，也就存在一个相间摩擦问题，同时也存在着相间传热问题。这些问题都需要一一妥善解决，以保证计算分析结果的可靠性和可信度。

c. 压铸模排气过程的多相流动模拟技术。与普通的铸造生产不同，压铸生产具有高压和高速填充等特点，填充的时间很短，一般在 0.01~0.02s，甚至达到千分之一秒。如此高压、高速充型，势必会存在卷气、夹杂等问题。保障液态金属顺利充型，减少铸造缺陷是压铸模设计，特别是浇注系统和排溢系统设计的最重要的任务之一。

压铸常见的排溢系统包括溢流槽和排气槽，其目的都是使液体金属在充型过程中能及时排出型腔中的气体、夹杂物等，保证铸件的质量。溢流槽和排气槽的设置通常与浇注系统一起同时考虑，其作用效果与设置的位置、分布以及数量、容积等因素相关。

传统压铸排溢系统的设计主要靠设计者的知识和经验，经过不断反复的设计—试浇—修改来完善设计方案，对设计者素质的要求很高，同时也大大延长了模具的设计周期，影响了产品的最终质量。

随着铸造数值模拟技术（CAE）的发展，目前已能够对包括压铸的充填过程进行计算分析，预测相关的一些缺陷。如图 1-40 所示就是利用"华铸 CAE"系统模拟的某压铸件的充型过程。

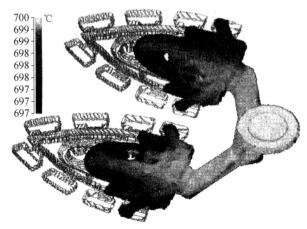

图 1-40 "华铸 CAE"模拟的压铸充型过程

但是到目前为止，市场上常见的商业化的铸造模拟软件系统尚无法准确模拟压铸的排气过程。主要原因是目前的模拟系统分析主要侧重于分析液态金属的单相流动，而不具备分析计算多相（包括液、气、固等）流动的功能。但是压铸排气过程恰恰是典型的液-气两相流，欲对排气过程进行模拟，多相流的模拟是必需的。

为了利用多相流模拟技术分析对比不同排气方案对压铸生产的影响，这里设计了一个简单的铸件，采用三个不同的排气方案。对不同的方案进行了模拟分析。

型腔尺寸为 10mm×100mm×100mm，压射入口设在右侧中间，入口速度为 12m/s，入口截面尺寸为 5mm×10mm。三个排气方案如图 1-41（a）～（c）所示，其中，方案 a 排气孔（10mm×10mm）设在型腔顶部；方案 b 中排气孔（10mm×10mm）设在型腔右上角；方案 c 在方案 b 的基础上再增加一个排气孔（型腔中间偏下）。

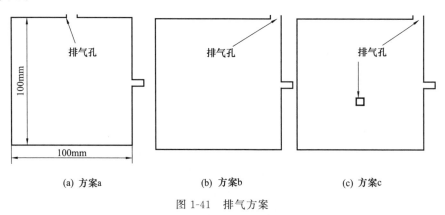

（a）方案a   （b）方案b   （c）方案c

图 1-41 排气方案

基于多相流模拟技术，对上述三个方案进行模拟分析，不同时间的模拟结果如图 1-42 所示。

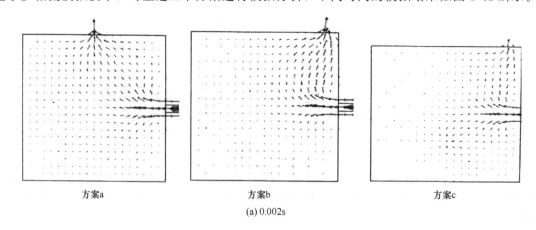

方案a   方案b   方案c

（a）0.002s

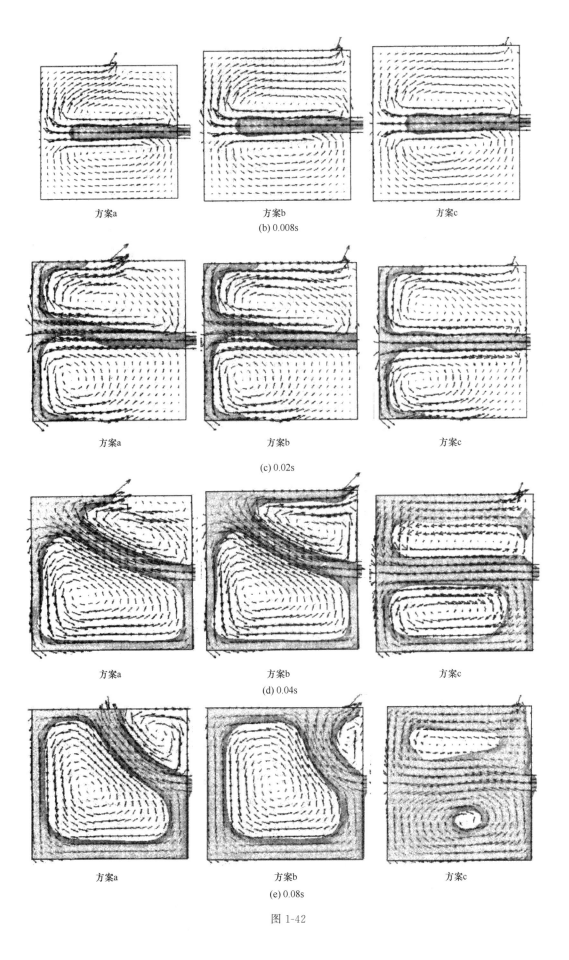

方案a　　　　　　　方案b　　　　　　　方案c

(b) 0.008s

方案a　　　　　　　方案b　　　　　　　方案c

(c) 0.02s

方案a　　　　　　　方案b　　　　　　　方案c

(d) 0.04s

方案a　　　　　　　方案b　　　　　　　方案c

(e) 0.08s

图 1-42

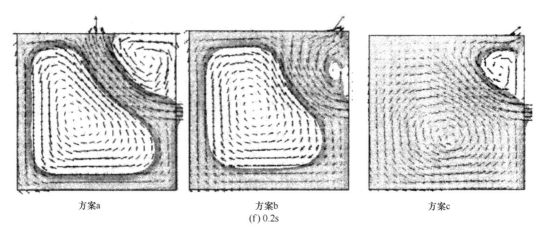

方案a   方案b   方案c
(f) 0.2s

图 1-42   三种方案的充型模拟结果

上述模拟结果可以看出排气方案不同，充型过程截然不同。0.002s 时液体虽尚未完全进入型腔，但三种方案随排气孔位置与数量不同，气相的速度场分布已明显不同。0.02s 时，液体前沿已抵达左壁，将型腔分割为上下两部分，因 a、b 两方案的下部分没设排气通道，此时气相压强将随液体进入而迅速升高。压强升高的气体必然对进入的液相产生上抬压力，故从 0.016s 开始液相被上抬趋势非常明显，但方案 c 因在下部设有排气孔而不存在此问题。0.2s 时，方案 c 下部已全部充满，但前两个方案的充型还远没有结束。由此可以看出，排溢系统的设计对于压铸生产来说是何等的重要，一个设计优良的排溢方案是高质量压铸产品生产的关键。另外，该技术可以定量描述液、气两相的压强，气体的逃逸速度和流量、液、气两相的任意时刻体积比以及两相的接触面积等参数。

（5）压铸模 CAE 软件的结构

铸造 CAE 软件工作的依据是铸件充型及凝固过程的数值模拟，而数值模拟的核心则是数理方程的有限分析求解，实用铸造 CAE 软件大多是用有限差分法（FDM）进行数值求解。从总的结构来看，基于有限差分方法的软件一般都划分为前置处理、数值求解、后置处理三大模块。

① 前置处理。前置处理模块的主要任务是三维接口、网络剖分、几何识别和单元标识，通常称为网络剖分，选择适当的单元尺寸，将整个域空间划分成一系列小立方体，形成网络构造，并相应地建立一个巨大的三维数组，用数组里的每个数组元素分别去对于网络中的一个小立方体单元，然后进行几何识别，也就是扫描每一个立方体单元，按其与 STL 描述的各表面之间的相对几何关系，区分出每个立方体单元各落在铸件铸型系统的哪一部分，是铸件内，还是铸型内、型芯内、冷铁内等。识别的结果用一个专门的数组进行标识，这种标识既包含了几何信息，也包含了物理信息，是以后迭代计算和后处理的基本依据。

目前流行的铸造 CAE 软件，包括国外品牌的一些软件，如德国的 MagmaSoft、美国的 ProCast，以及国内的华铸 CAE/InteCAST、FT-Star 等，大都采用 STL 数据格式与前端三维建模软件进行接口。由于这种数据格式受到绝大多数不同档次三维 CAD 软件如 Pro/Engineer、UG、SolidWorks、AutoCAD 等的支持，因此，前端建模工具的可选范围非常宽。

② 数值求解。数值求解是整个软件的核心，其任务是用数值迭代法求解各相应物理场的数理方程，包括流动场、温度场、应力场等。

数值求解阶段，首先要为方程的各有关参数、系数赋值，为温度场、流动场各初始条件各数组元素赋初值。数理方程各系数一般都是各相关的物理性能参数，其值一般都要从相关的数据库查询，因此赋值过程首先包含一个查取参数值的操作，紧接着，要对计算中的一些选项，如时间长、存盘方式、存盘间隔、计算终止方式等，进行选择、设定。这些都是维持适当的、正常的迭代计算所必须的环境，是商品软件为用户提供充分的运行灵活性、为用户提供丰富的服务功能的方式。

③ 后置处理。后置处理是整个软件最终向用户提供各种分析结果的窗口，其基本要求就是可视化。从数值求解中得到的解是一个庞大的数据阵列，要从中提取信息，绘制出能够揭示物理内涵、反映工程因果的各种可视化图形，让用户能从数值解数据中得到有助于工艺设计的辅助信息和判断依据，这是后处理首先要做到的。铸件结构一般比较复杂，表达复杂的三维关系还需配合旋转、剖切、透视等手段，后处理既

要在用户操作的环境下向用户提供这些手段，又要稳定可靠、方便灵活。

图形和动画是后处理的两个主要表达方式，作为商品软件，不仅要能提供这些表达，更重要、更难做的是向用户提供一种最方便、最简洁的操作环境，使用户在其中能够轻松地实现所需要的表达。为此，软件要具备多选项、多方式的图形生成功能，具备多种灵活性的动画剪辑与合成功能，还要为这些图形动画提供丰富、便利的显示和播放功能。

铸件的质量主要取决于充型凝固过程，铸件的缺陷也大都形成于此过程。过程是第四维变量时间 t 的函数，准确地模拟显示一个三维过程，最贴切的方式莫过于三维动画。充型中的涡流、翻卷，凝固中液相的孤立、通道的隔断等，都需要动画表现，只有在动画观察下才能得到过程细节最准确、最细腻的把握。

（6）国内外现流行的压铸模 CAE 软件介绍

① MagmaSoft。Magma 是全球最大的专业铸造模拟分析软件公司，为全球超过 900 家客户提供铸造生产、工艺解决方案，铸型及模具设计的全面工具。MagmaSoft 软件是为铸造专业人员改善铸件质量、优化工艺参数而提供的有力工具。借助计算机技术可以降低铸造工艺的整体成本。运用仿真传热及流体的物理行为，加上凝固过程中的应力和应变，微观组织的形成，MagmaSoft 软件可预测缺陷，改善现有工艺的效率及提高铸件质量。

a. MagmaSoft 的作用

a）优化铸件及工艺过程设计。

b）降低成本，提高效益。

c）优化模具热平衡以提高模具寿命。

d）优化浇注方法、工艺条件，提高铸件质量。

e）降低生产准备时间，减少模具试模及修改，缩短开发周期，提高市场竞争力。

f）应用高新技术，提高用户对企业的信心。

b. MagmaSoft 产品介绍

a）全菜单化用户界面。

b）项目管理模块。

c）前处理包括集合实体建模、CAD 数据接口和自动网格划分。

d）工艺参数输入及主处理模块。

e）热物理特性数据库模块。

c. 综述

a）开发公司：Magma Foundry Technologies，Inc。

b）国别：德国。

c）网址：www. magmasoft. com。

d）计算机平台：Silicon Graphics，Hewlett Packard，IBM，Sun 和 Windows NT。

e）适用范围：各种铸造合金，特别是特种合金的砂型铸造、壳型铸造、熔模铸造、压力铸造、低压铸造、金属型铸造等。

f）开发背景：由德国 Technical Uinv. of Aachen 和 Magma Gmbh 以及丹麦 Technical Univ. of Copenhagen 的铸造科技人员联合开发的 MAGMA 软件是一个高级的三维流动场、温度场和残余应力场分析软件包，适用于大多数铸造方法。

g）培训、技术支持和软件更新：Magma 公司用有经验的铸造工程师而不是软件开发人员来提供培训和技术支持。

h）软件特点：软件具有建模、充型分析、凝固分析、显微组织分析、残余应力分析、铸件变形分析和 CAD 等功能。

② ProCAST

ProCAST 软件是由美国 UES 公司开发的铸造过程模拟软件，采用基于有限元（FEM）的数值计算和综合求解的方法，对铸件充型、凝固和冷却过程中的流场、温度场、应力场、电磁场进行模拟分析。

a. 模块。

（a）基本模块：包括温度场、凝固、材料数据库及前后处理。

（b）剖分模块：产生输入模型的四面体网络。

（c）流动模块：对铸造过程中的流场进行模拟分析。

（d）应力模块：对铸造过程中的应力场进行模拟分析。

（e）微结构模块：对铸件的微观组织结构进行模拟分析。

（f）电磁模块：对铸造过程中的电磁场进行模拟分析。

（g）辐射模块：对铸造过程中的辐射能量进行模拟分析。

（h）逆运算模块：采用逆运算计算界面条件参数和边界条件参数。

b. 模拟过程

（a）创建模型：可以分别用 IDEAS、Pro/Engineer、UG、PATRAN、ANSYS 作为前处理软件创建模型，输入 ProCAST 可接受的模型或网格格式文件。

（b）MeshCAST：对输入的模型和网格文件进行剖分，最终产生四面体网格，生成 xx.mesh 文件，文件中包含节点数量、单元数量、材料数量等信息。

（c）PreCAST：分配材料、设定界面条件、边界条件、初始条件、模拟参数，生成 xxd.out 和 xxp.out 文件。

（d）DataCAST：检查模型及 precast 中对模型的定义是否有错误，如有错误，输出错误信息，如无错误，将所有的模型信息转换为二进制，生成 xx.unf 文件。

（e）ProCAST：对铸造过程模拟分析计算，生成 xx.unf。

（f）ViewCAST：显示铸造过程模拟分析结果。

（g）PostCAST：对铸造过程模拟分析结果进行后处理。

c. 应用范围：砂型铸造、金属模铸造、熔模铸造、高/低压铸造、精密铸造、蜡模铸造、连续铸造等多种铸造过程。

d. 综述

（a）开发公司：UES Software，Inc。

（b）国别：美国。

（c）网址：www.ues-software.com。

（d）计算机平台：Windows NT 和 UNIX。

（e）使用范围：各种铸造合金的砂型铸造、壳型铸造、熔模铸造、压力铸造、金属型铸造、消失模铸造、连续铸造、离心铸造等。

（f）培训、技术支持和软件更新：培训方式为每个月 3 天的授课；技术支持在工作日的上午 8 点到下午 5 点通过电话或电子邮件的形式获得；对于租借使用软件和已经购买了每年维修协议的用户，公司将提供软件更新服务。

（g）软件特点：采用有限元方法，软件具有建模、充型分析、凝固分析、显微组织分析、残余应力和变形分析、对流和辐射分析等功能。

③ FLOW-3D

FLOW-3D 是国际知名流体力学大师 Dr. C. W. Hirt 毕生之作。从 1985 年正式推出后，在 CFD（计算流体动力学）和传热学领域得到了广泛的应用。对实际工程问题的精确模拟与计算结果的准确都受到用户的高度赞许。

a. FLOW-3D 的特点

（a）FLOW-3D 独自的 FAVORTM 技术和针对自由液面（free surface）的 VOF 方法为常见的金属液压铸与水力学等复杂问题提供了更高精度、更高效率的解答。

（b）FLOW-3D 自身完善的理论基础与数值结构，也能满足不同领域用户的需要。如小到柯达公司最高级相片打印机的喷黑头计算，大到 NASA 超音速喷嘴与美国海军舰艇油系统的设计，近年来更针对生物医学科技中的电泳进行新模型的开发及验证。

（c）为满足不同用户的特殊需求，FLOW-3D 程序开放了附加程序编写的功能，并配有 FORTRAN 的核心可直接编译，完成后即可直接加入程序中使用，使得软件的灵活性更高、更加专业化。

（d）同时为了促使用户间的交流，正版 FLOW-3D 亦附有 USER NUMBER，通过该编号用户可进入技术网站中，参阅内部技术文件与前人之算例，并直接提出问题，将会有总公司 FLOW SCIENCE 工程师立刻作出全面的答复。另外每年十月份总公司召开国际的 FLOW-3D USER's Conference 更是不容错过，在议程中将会 FLOW-3D 见到在不同领域研究上突出的表现和新的应用的讨论。

（e）FLOW-3D 9.0 新版本保留了旧版本所有功能的基础上，又增加了新的物理模型，如具有六个自由度的运动物体、空气夹带、温度应力和变形、微观缩松。同时也改善了原有的算法和增加了新的算法。

（f）在金属铸造方面，高品质的铸件常需通过大量的实验和修改模具才能达到，但现在使用 FLOW-3D 计算机仿真技术可以准确地模拟型腔的浇注过程，可以精确地描述凝固过程，也可以精确地计算冷却或加热通道的位置以及加热冒口的使用。

（g）FLOW-3D 提供了五十多种铸件和十几种铸型材料数据库。

b. FLOW-3D 的应用范围：砂型铸造、消失模铸造；高压、低压铸造、重力铸造、倾斜铸造；熔模铸造、壳型铸造；触变铸造等。

c. 综述

（a）开发公司：Flow Science，Inc。

（b）国别：美国。

（c）网址：www.flow3d.com。

（d）计算机平台：SGI，Sum，DEC，HP，IBM 以及 Windows95/98/NT。

（e）适用范围：砂型铸造、压力铸造、金属型铸造、消失模铸造、半固态铸造、倾斜浇注和离心铸造等。

（f）培训、技术支持和软件更新：在 Flow Science 公司培训 3 天（包括授课、个别辅导和疑难解答），技术支持由经过严格培训的工程师通过传真、电话和电子邮件的方式来提供。每年将给所有的用户提供软件的更新服务。

（g）软件特点：FLOW-3D 的开发是基于美国 Los Alamos 国家实验室开发的计算方法。自从 1985 年发布以来，FLOW-3D 软件已经逐步具有多种物理场模型、高级数字化技术和强大的前置处理和后置处理等功能，主要包括建模、充型分析、凝固分析、显微组织分析和 CAD 等功能。

④ FT-Star

FT-Star 是由清华大学机械系 CFIT 研究室开发的真三维数值凝固模拟软件包，也是国内铸造领域的第一个商品化软件包。它是 CFIT 研究室在原 XENIX 操作系统下的 FTSolve 6.0 软件的基础上发展和完善起来的。该系统充分利用 Windows 的资源，界面良好，操作方便，易于掌握和维护，且具有良好的后处理显示效果。新版本在前处理、模拟运算、后处理等方面都作了较大的改进，增加了 STL 造型文件处理、铸钢热裂预测、球铁微观组织模拟、缩孔的 X 射线显示等缺陷，增强了模拟能力和软件功能。"铸造之星"软件包是在对铸件进行三维几何造型，并将实体离散为有限差分网格单元的基础上，辅之以一定的边界条件和热物性参数库，进行三维传热计算，最后根据一定的判断，定量地预测铸件缩孔缩松等缺陷产生的部位和大小。通过优化铸造工艺来消除和避免缺陷的产生，以达到确保铸件内部质量、获取显著经济效益的目的。

FT-Star 的主要功能包括：

a. 三维几何实体造型；

b. 前处理（网络剖分）；

c. 数据准备；

d. 计算分析；

e. 后置处理。

⑤ 华铸 CAE/Inte CAST

华铸 CAE/Inte CAST 是分析和优化铸造工艺的铸造专用软件系统，是华中科技大学（前华中理工大学）经 20 多年研究开发，并在长期的生产实践检验中不断改进、完善起来的一项软件系列产品。它以铸件充型过程、凝固过程数值模拟技术为核心，对铸件进行铸造工艺分析；可以完成多种合金材质（包括球铁、灰铁、铸钢、铸造铝合金等）、多种铸造方法（砂型铸造、金属型铸造、铁模覆砂铸造、压铸、差压、低压铸造、熔模铸造等）下的流动分析、凝固分析以及流动和温度的耦合计算分析，曾在多种不同材质复杂铸件的工艺改进、工艺优化中圆满完成增收降废的任务，创造了显著的经济效益和社会效益，博得了众多生产厂家和同行的好评，得到众多厂家或公司的青睐。

目前，华铸 CAE 系统已推出 V8.0 版本，集成在 Windows 下运行。实践证明，本系统在预测铸件缩孔缩松缺陷的倾向、改进和优化工艺、提高产品质量、降低废品率、减少浇冒口消耗、提高工艺出品率、缩短产品试制周期、降低生产成本、减少工艺设计对经验和人员的依赖、保持工艺设计水平稳定等诸多方面都有明显的效果。

华铸 CAE/Inte CAST 系统功能包括：

a. 前置处理。

（a）三维造型平台用户可任选，绝大多数三维造型功能（包括 AutoCAD R14/2000、Pro/E、UG、SOLIDEDGE、SOLIDWORKS、I-DEAS、CATIA、MDT、金银花等）均能与本系统顺利接口。

（b）读取三维造型系统的数据，显示三维实体，检查各实体的装配关系。

（c）灵活的材质序列，允许使用材质种类多达 72 类。

（d）特有的"优先级别"功能，使造型工作事半功倍。

（e）自动网格剖分、速度快、稳定性好，一般中等复杂程度铸件，剖分千万个网格可在几分钟内完成。

（f）自动容错，使有缺陷的交换文件能够正常使用。

（g）铸件模数自动计算。

（h）剖分结果自动检查。

（i）自动导航功能，使学习非常容易。

b. 计算分析

（a）能够进行铸件的凝固分析、充型分析以及流动和传热耦合计算分析。

（b）在微机上凝固分析处理网格数可达数千万个，甚至上亿个，软件不限制网格数，仅受内存限制。

（c）在微机上实现实用的流场分析、流动与温度耦合计算，单元数可达数百万个。

（d）铸件重量自动计算。

（e）铸件体积自动计算。

（f）铸造工艺出品率自动计算。

（g）多种自动存盘方式。

（h）自动现场保护。

（i）自动电源管理。

（j）自动导航功能，使学习非常容易。

c. 后置处理

（a）采用最新可视化技术、多媒体技术，丰富、直观、生动，任意实时缩放、任意实时旋转、任意实时剖切。可自动生成 X 射线透视图、凝固色温图、温度梯度图、铸件结构图、铸型系统装配图、流动向量图、填充体积图、压强分布图、充型温度分布图等。颜色随意调整、画面直接打印。

（b）分析结果三维动画自动合成，动画演示直观准确，透彻明了，动态过程完整细腻。

（c）自动分析任意点温度曲线，鼠标直接点取，直接明了。

（d）铸件（铸型）CT 剖切，各种方向，任意剖切，直接明了。

（e）孤立区全自动搜索，自动统计，最终缺陷预测。

以上介绍的国内外优秀的铸件充型和凝固过程软件代表了当今世界铸造业计算机数值模拟的最高水平，可以看出，虽然它们各有特点，各有侧重，但基本都可以完成各种铸造合金在包括砂型铸造在内的多种铸造方法下的充型分析、凝固分析、残余应力和变形分析以及铸件缺陷和性能预测等主要的分析内容，一些软件已可以进行铸件的显微组织分析，这些也正是该研究领域的发展方向。同时，也可以看出国外铸件充型和凝固模拟软件的价格是非常昂贵的，这也将促使国内各大学院校和研究单位尽快开发出与国外软件功能相当、使国内大多数企业能接受的、实用的铸件充型和凝固模拟软件，从而从整体上提高我国铸件生产的质量和效率。

（7）压铸模 CAE 的应用分析

铸造 CAE 软件分前置处理、数值求解、后置处理三大模块，这三大阶段必须按次序进行，不能颠倒。

首先将压铸模设计完后输出的 STL 接口文件输入到前置处理模块进行网格划分；然后用压铸 CAE 系统的计算模块进行充型、凝固过程的计算分析；最后采用后处理模块进行结果显示、缺陷分析，判断模具设计和浇注工艺设计的合理性；若不合理，则反馈到压铸模 CAD 系统中，对压铸模或浇注工艺进行修改，再输出 STL 文件，进行模拟分析。

1.7　压铸模术语（摘自 GB/T 8847—2003）

压铸模术语见表 1-26。

表 1-26　压铸模术语

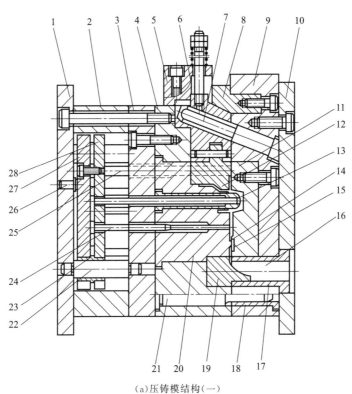

(a)压铸模结构(一)

1—动模座板；2—垫块；3—支承板；4—动模套板；5—限位块；6—滑块；7—斜销；8—楔紧块；9—定模套板；10—定模座板；11—定模镶块；12—活动型芯；13—型腔；14—内浇口；15—横浇道；16—直浇道；17—浇口套；18—导套；19—导流块；20—动模镶块；21—导柱；22—推板导柱；23—推板导套；24—推杆；25—复位杆；26—限位钉；27—推板；28—推杆固定板

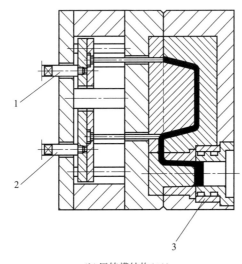

(b)压铸模结构(二)

1—支承柱；2—推板连接推杆；3—冷却环

术语类型	术语名称	术语英文	术语解释
一般术语	压力铸造	die casting	将熔融合金在高压、高速条件下填充模具型腔,并在高压下冷却凝固成型的铸造方法
	压铸模	die-casting die	压力铸造成型工艺中,用以成型铸件所使用的模具
	定模	fixed die	固定在压铸机定模安装板上的模具部分
	动模	moving die	随压铸机动模安装板开合移动的模具部分
	型腔	cavity	模具闭合后用以充填熔融合金、成型铸件的空腔[见图(a)中件13]
	分型面	parting line	模具上为取出铸件和浇注系统凝料,可分离的接触表面
	投影面积	project area	模具型腔、浇注系统及溢流系统在垂直于锁模力方向上投影的面积总和
	收缩率	shrinkage	在室温下、模具型腔与铸件的对应线性尺寸之差和模具型腔对应线性尺寸之比
	锁模力	locking force	在充型过程中,为了保证动、定模相互紧密闭合而施加于模具上的力
	压力中心	press centre	在平行于锁模力的方向上,熔融合金传递给模具的压力合力的作用点
	充填速度	filling velocity	熔融合金在压力作用下通过内浇口的线速度
	压射速度	injection speed	压射冲头运动的线速度
	压射压力	injection press	充型结束时压射冲头作用于熔融合金单位面积上的压力
	脱模斜度	draft	为了使铸件顺利脱模,在模具型腔壁沿脱模或抽拔方向上设计的斜度
	闭合高度	die shut height	模具处于闭合状态下的总高度
	最大开距	maximum opening daylight	压铸机动模、定模安装板之间可分开的最大距离
	脱模距	stripper distance	为取出铸件和浇注系统凝料,动、定模所需的分开距离
	浇注系统	casting system	熔融合金在压力作用下充填模具型腔的通道,包括:直浇道、横浇道和内浇口
	直浇道	sprue	从模具浇注系统的入口至横浇道之间的通道[见图(a)中件16]
	横浇道	runner	从模具浇注系统的直浇道末端至内浇口之间的通道[见图(a)中件15]
	内浇口	gate	熔融合金进入模具型腔的入口[见图(a)中件14]
	溢流槽	overflow well	在模具中用以排溢、容纳氧化物及冷污熔融合金或用以积聚熔融合金以提高模具局部温度的凹槽
	排气槽	air vent	为使压铸过程中型腔内气体排出模具而设置的气流沟槽
支承固定零件	定模座板	clamping plate of the fixed half	安装定模于压铸机定模安装板上的板件[见图(a)中件10]
	动模座板	clamping plate of the moving half	安装动模于压铸机动模安装板上的板件[见图(a)中件1]
	定模套板	bolster of the fixed half	固定定模镶块、型芯、导柱或导套等零件的板件[见图(a)中件9]
	动模套板	bolster of the moving half	固定动模镶块、型芯、导柱或导套等零件的板件[见图(a)中件4]
	支承板	support plate	承受成型压力,并防止动模镶块、型芯、导柱或导套等零件位移的板件[见图(a)中件3]
	垫块	space block	形成推出机构所需空间位置,并调节模具闭合高度的块状零件[见图(a)中件2]
	支承柱	support pillar	为增强动模刚度而设置的起支承作用的圆柱形零件[见图(b)中件1]
成型零件	型芯	core	成型铸件内表面的凸状零件
	活动型芯	movable core	借助于抽芯机构,能实现位移以完成抽芯、复位动作的型芯[见图(a)中件12]
	螺纹型芯	threaded plug	成型铸件内螺纹的零件
	螺纹型环	threaded ring	成型铸件外螺纹的零件
	镶块	die insert	与主体件分离制造并镶嵌在主体件上的局部成型零件
	定模镶块	die insert of the fixed half	固定于定模套板中,组成模具型腔的主体零件[见图(a)中件11]
	动模镶块	die insert of the moving half	固定于动模套板中,组成模具型腔的主体零件[见图(a)中件20]
	活动镶件(块)	movable insert	根据工艺与结构要求,随铸件一起出模后,方能从铸件中取出的成型零件
	拼块	split	按工艺和结构要求,用以拼合组成型腔或型芯的若干分离制造的零件
抽芯零件	斜销	angle pin	倾斜于锁模方向,随着模具的开合,使滑块做相对运动的圆柱形零件[见图(a)中件7]
	弯销	angular cam	随着模具的开合,使滑块做相对运动的矩形截面的弯杆零件
	滑块	slide	能沿导向结构滑动,带动活动型芯或镶块以完成抽芯、复位动作的零件[见图(a)中件6]

术语类型	术语名称	术语英文	术语解释
抽芯零件	型芯滑块	core slide	型芯和滑块制成一体的成型零件
	斜滑块	angled sliding split	利用与斜面的配合而产生滑动,往往兼有成型、推出和抽芯作用的拼块
	斜槽导板	finger guide plate	具有斜导槽,用以使滑块随槽做抽芯和复位运动的板状零件
	限位块	stop block	限制滑块抽芯后的最终位置的块状零件[见图(a)中件5]
	楔紧块	wedge block	带有楔角,在合模时楔紧滑块的块状零件[见图(a)中件8]
	滑块导板	slide guide plate	与滑块导滑面配合,起导滑作用的板件
	耐磨板	wear pad	镶在相对运动的零件滑动面上的淬硬板或嵌有润滑材料的板
浇注系统、溢流系统、排气系统零件	浇口套	sprue bush	形成直浇道的圆套形零件[见图(a)中件17]
	分流锥	sprue spreader	正对直浇道装配,使熔融合金分流,并能平稳地改变流向的圆锥形零件
	导流块	baffle	能使熔融合金在模具浇注系统中平稳地改变流向的零件[见图(a)中件19]
	排气塞	venting plug	为使压铸过程中型腔内的气体排出模具,带有排气微孔或沟槽的金属塞
	排气板	venting plate	为使压铸过程中型腔内的气体排出模具,开有排气槽的板件
导向零件	导柱	guide pillar	与导套相配合,确定动、定模相对位置的圆柱形导向零件[见图(a)中件21]
	带头导柱	headed guide pillar	带有轴向定位台阶,固定段与导向段基本尺寸一致但公差带不同的导柱
	带肩导柱	shouldered guide pillar	带有轴向定位台阶,固定段基本尺寸大于导向段基本尺寸的导柱
	矩形导柱	square guide pillar	导向工作截面为矩形的导柱
	推板导柱	ejector guide pillar	与推板导套配合,用于推出机构的圆柱形导向零件[见图(a)中件22]
	导套	guide bush	与导柱相配合,确定动、定模的相对位置的圆套形导向零件[见图(a)中件18]
	直导套	straight guide bush	不带轴向定位台阶的导套
	带头导套	headed guide bush	带有轴向定位台阶的导套
	推板导套	ejector guide bush	与推板导柱配合,用于推出机构的圆套形导向零件[见图(a)中件23]
	导板	guide plate	与矩形导柱形成对应滑动副的导向板件
推出和复位零件	推杆	ejector pin	用于推出铸件、浇注系统及溢流系统凝料的杆件[见图(a)中件24]
	圆柱头推杆	ejector pin with a cylindrical head	带圆柱形固定台阶的推杆
	带肩推杆	shouldered ejector pin	为提高轴向刚度而增大非工作段直径的推杆
	扁推杆	flat ejector pin	工作截面为矩形的推杆
	成型推杆	forming ejector pin	端面为铸件所需形状的推杆
	推管	ejector sleeve	用于推出铸件的管状零件
	带肩推管	shouldered ejector sleeve	为提高轴向刚度而增大非工作段直径的推管
	推块	ejector pad	在型腔内起部分成型作用,并在开模时推出铸件的块状零件
	推件板	stripping plate	推出铸件的板件
	推杆固定板	ejector retaining plate	固定推出、复位和导向等零件的板件[见图(a)中件28]
	推板	ejector plate	支承推出和复位零件,并传递机床推出力的板件[见图(a)中件27]
	限位钉	stop pin	限定推出机构复位位置的零件[见图(a)中件26]
	复位杆	return pin	借助于模具的闭合动作使推出机构复位的杆件[见图(a)中件25]
	连接推杆	ejector tie rod	连接推件板与推杆固定板,传递推力的杆件
	推板连接推杆	ejector plate tie rod	固定于推板,传递机床推出力的杆件[见图(b)中件2]
	推板垫圈	ejector plate washer	在推板和推杆固定板之间设置的与推杆固定台阶等高的垫圈
其他零件	定位元件	locating element	用于动、定模精确定位的零件
	冷却环	cooling ring	在浇口套外设置的环形冷却水套[见图(b)中件3]
	拉料杆	sprue puller pin	为了拉出浇注凝料或铸件而设置的头部带凹槽或其他形状的杆件
	隔流板	plug baffle	为改变冷却水的流向而在模具冷却通道内设置的板件[见图(a)、图(b)]

第2章

普通结构

- 平面分型、推杆推出
- 平面分型、推板推出
- 平面分型、推管推出
- 平面分型、复合推出
- 阶梯分型、推杆推出
- 曲面分型、复合推出

2.1 平面分型、推杆推出

铸件名称：试棒
铸件材料：铝合金

A—A

件号	名　称	数量
29	SRM3-220/10型加热元件	8
28	推杆	4
27	螺钉 M12×30	4
26	螺钉 M10×30	4
25	导柱	1
24	导套	1
23	推杆板	1
22	推杆固定板	1
21	螺钉 M16×135	4
20	螺钉 M16×70	2
19	销钉 φ12×145	2
18	复位杆	4
17	导柱	4
16	逆镶块	1
15	浇口套镶块	1
14	动模镶块	1
13	动模镶块	1
12	定模镶块	1
11	型腔	4
10	浇道镶块	4
9	定模座板	1
8	螺钉 φ12×70	2
7	定模套板	1
6	定模套板	1
5	吊环 M20	1
4	支承板	1
3	支承块	6
2	螺钉 M16×70	2
1	动模座板	1

试棒半固态压铸模

说　明

平直分型，推杆推出，半固态压铸，压室直径φ50mm，比压65MPa，模具带有调温装置，一模四件，选用J1118F型压铸机。

安装面应光滑平整，不应有突出的螺钉头、销钉，毛刺和冲击伤等损迹，合模后分型面与分型面之间的局部间隙不能大于0.05mm，在厚度200mm内不大于0.10mm。

模具安装平面与分型面允许高出套板平面，但不大于0.05mm；推杆在分型面镶块中应能灵活传动，但其轴向配合间隙不大于0.10mm。

推杆固定板定模平面

B—B

523

366

330

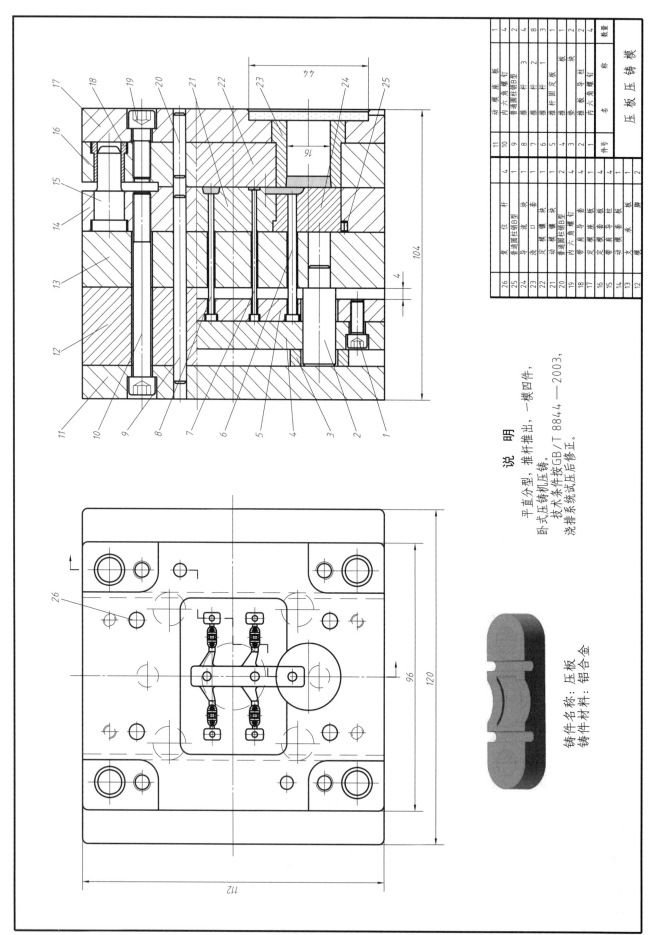

件号	名　称	数量
11	动模座板	1
10	内六角螺钉	4
9	普通圆柱销B型	2
8	推杆	3
7	推杆	8
6	推杆	3
5	推杆固定板	1
4	推板	1
3	垫块	2
2	推板导柱	2
1	内六角螺钉	4

件号	名　称	数量
26	复位杆	4
25	普通圆柱销B型	1
24	导流块	1
23	浇口套	1
22	定模镶块	1
21	动模镶块	2
20	普通圆柱销B型	4
19	内六角螺钉	4
18	定模座板导柱	4
17	定模座板	1
16	带肩导套	4
15	带肩导套	1
14	动模支承板	1
13	支承板	1
12	垫脚	2

压 板 压 铸 模

说　明

平直分型，推杆推出，一模四件，
卧式压铸机压铸。
技术条件按GB/T 8844—2003，
浇排系统试压后修正。

铸件名称：压板
铸件材料：铝合金

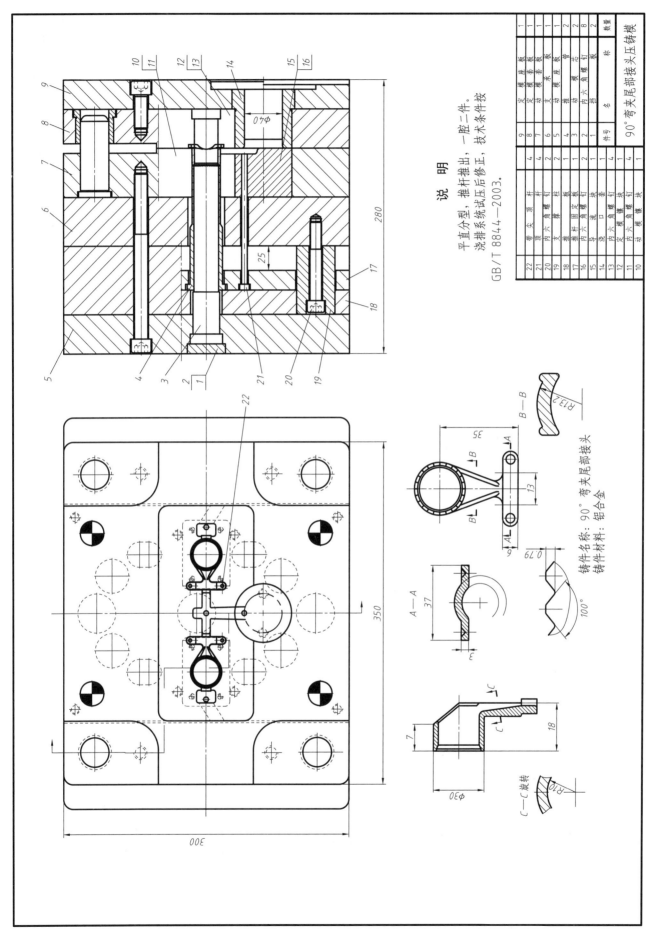

说　明

平直分型，推杆推出，一腔二件。

浇排系统试压后修正，技术条件按

GB/T 8844—2003。

件号	名称	数量
22	带尖顶杆	1
21	内六角螺钉	1
20	支撑柱	2
19	推板	1
18	推杆固定板	1
17	内六角螺钉	1
16	浇口套	1
15	内六角螺钉	1
14	定模镶块	1
13	内六角螺钉	4
12	动模镶块	1
11		
10		
9	定模座板	1
8	定模套板	1
7	支承套板	2
6	动模座板	1
5	推杆	8
4		
3	动模板	2
2		
1		

90°弯夹尾部接头压铸模

铸件名称：90°弯夹尾部接头

铸件材料：铝合金

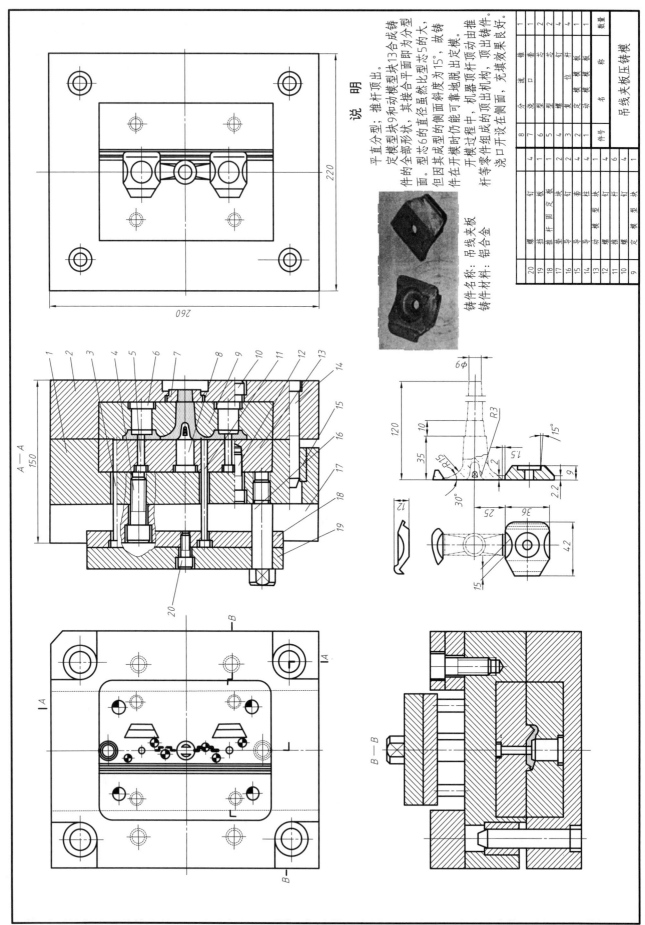

说　明

平直分型；推杆顶出。

定模型块9和动模型块13合成铸件的全部形状，其接合平面即为分型面。

型芯6的直径虽然比型芯5的大，但因其成型的侧面斜度为15°，故铸件在开模时仍能可靠地脱出定模。

开模过程中，机器顶杆顶动由推杆等零件组成的顶出机构，顶出铸件。

浇口等设在侧面，充填效果良好。

铸件名称：吊线夹板
铸件材料：铝合金

件号	名称	数量
8	浇口套	1
7	分流锥	1
6	型芯	2
5	型芯	4
4	推杆	4
3	复位杆	1
2	动模板	1
1	定模板	1

吊线夹板压铸模

件号	名称	数量
20	螺钉	4
19	挡板	1
18	推杆固定板	1
17	垫块	2
16	导套	4
15	导柱	4
14	动模型块	1
13	螺钉	4
12	推板	6
11	螺钉	4
10	定模型块	1
9		1

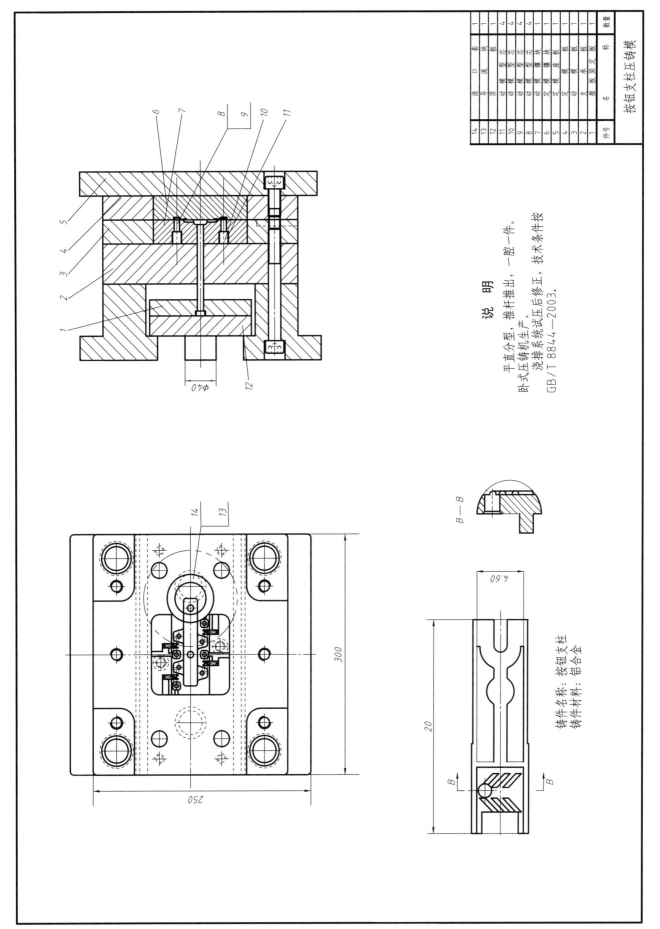

件号	名　称	数量
14	浇口套	1
13	流道板	1
12	顶杆	4
11	动模型芯	4
10	动模型芯	4
9	动模镶块	1
8	动模镶块	1
7	定模镶座	1
6	定模镶块	1
5	定模板	1
4	动模板	1
3	支承板	1
2	垫板	1
1	动模固定板	1

按钮支柱压铸模

说　明

平直分型，推杆推出，一腔一件。

卧式压铸机生产。

浇排系统试压后修正，技术条件按
GB/T 8844—2003。

铸件名称：按钮支柱
铸件材料：铝合金

$\phi 40$

300

250

20

4.60

$B-B$

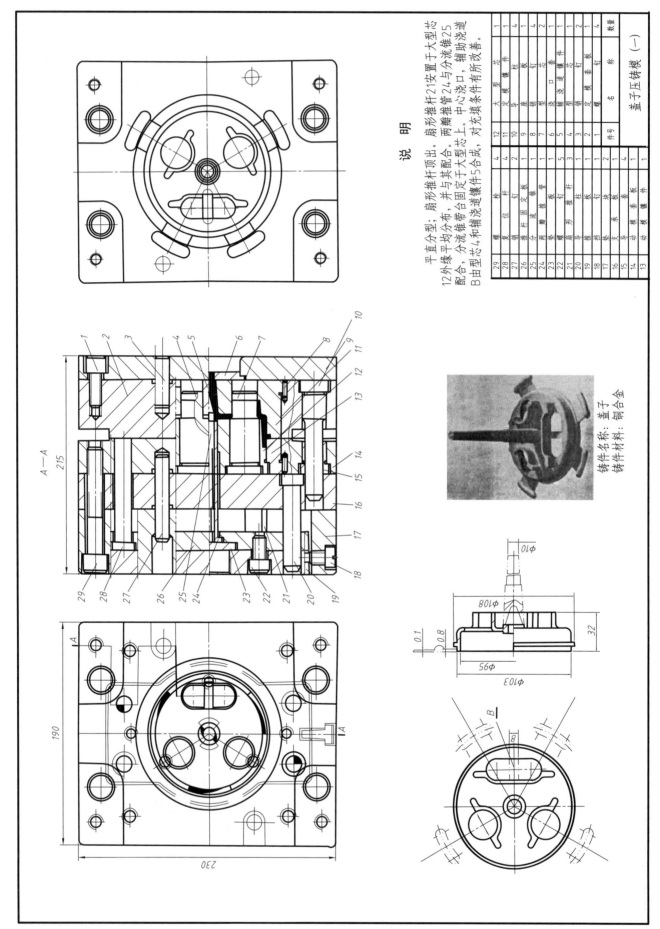

说　明

平直分型；扇形推杆顶出。扇形推杆21安置于大型芯12外缘平均分布，并与其配合。两瓣推管24与分流锥25配合，分流锥带台固定于大型芯上。中心浇口、辅助浇道B由型芯4和辅浇道镶件5合成，对充填条件有所改善。

序号	名称	件数	序号	名称	数量
13	动模板	1			
14	支承板	1			
15	导柱	4			
16	支承柱	2			
17	垫块	2		盖子压铸模（一）	
18	钉板	1			
19	推板	1	29	螺钉	4
20	平推杆	3	28	复位杆	4
21	扇形推杆	5	27	推杆固定板	2
22	螺钉	1	26	推杆	1
23	垫块	1	25	分流锥	1
24	两瓣推管	1	24	两瓣推管	1
			23	钉板	1
			22	扇形推杆	5
			21	平推杆	3
			20	型芯	1
			19	钉板	1
			18	垫块	2
			17	支承柱	2
			16	导柱	4

铸件名称：盖子
铸件材料：铜合金

φ70
φ108
φ96
φ103
32
0.1
0.8

A—A
215
190
230

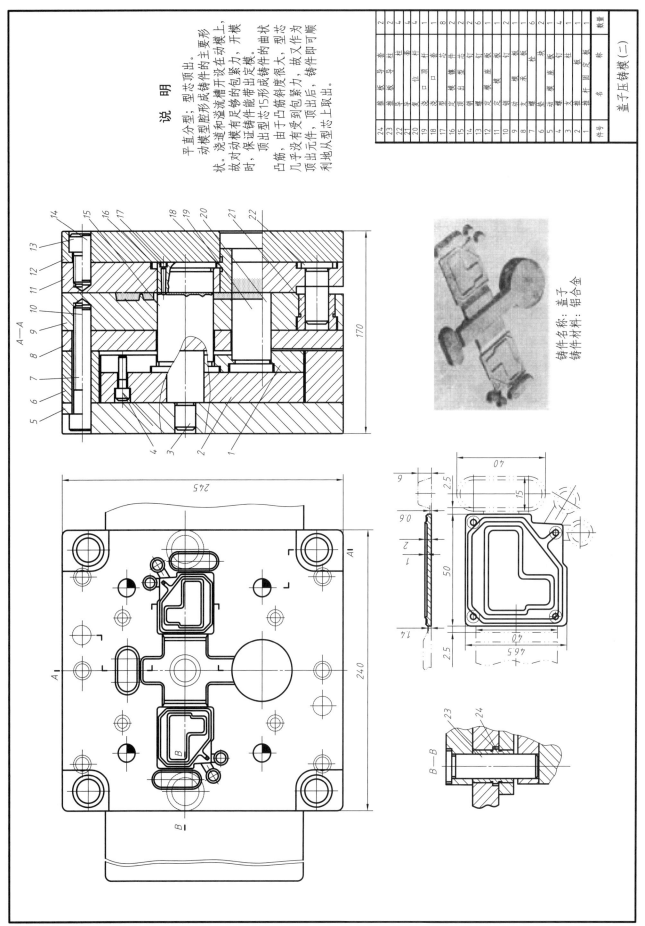

说　明

平直分型；型芯顶出。

动模型腔形成铸件的主要形状。浇道和溢流槽开设在动模上，故对动模有足够的包紧力，开模时，保证铸件能带出定模。

顶出型芯15形成铸件的曲状凸筋，由于凸筋成铸件的型芯几乎没有受到包紧，故又作为顶出元件，顶出后，铸件即可顺利地从型芯上取出。

铸件名称：盖子
铸件材料：铝合金

件号	名　称	数量
24	推板	2
23	推板导柱	2
22	平导柱	4
21	导套	4
20	复位杆	1
19	浇口套	8
18	浇道型芯	2
17	型芯	2
16	镶型芯钉	6
15	顶出型芯	1
14	销钉	1
13	螺钉	6
12	定模板	1
11	镶定模板	1
10	销钉	4
9	镶动模板	1
8	动模座	1
7	垫块	2
6	支承板	1
5	推杆	4
4	推钉	1
3	推杆	1
2	推杆固定板	1
1	定模板	1

盖子压铸模（二）

压铸模具典型结构图册

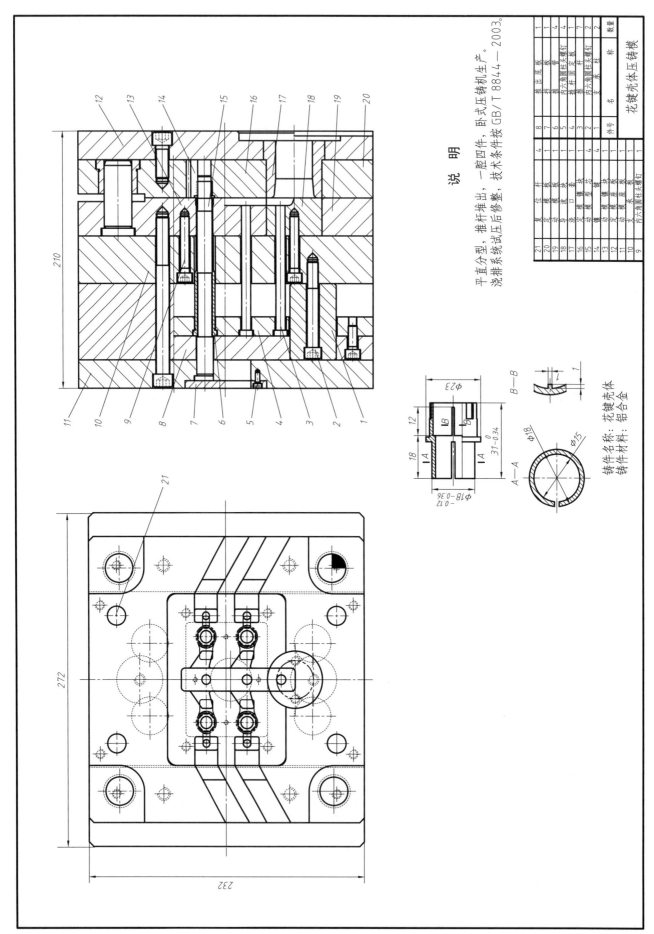

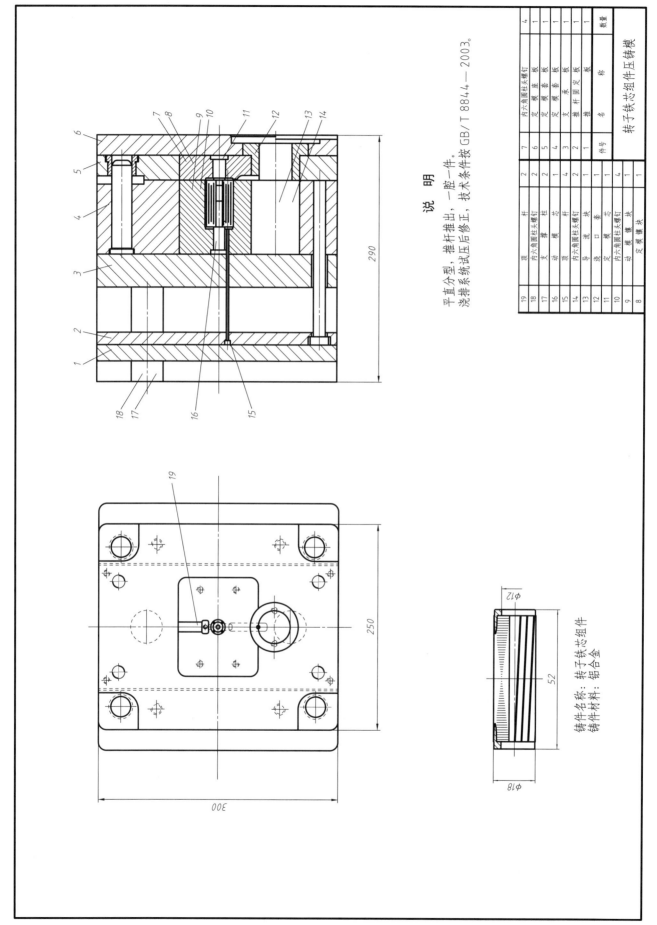

说 明

平直分型，推杆推出，一腔一件。

浇排系统试压后修正，技术条件按 GB/T 8844—2003。

19	顶 杆	2		7	内六角圆柱头螺钉	4
18	内六角圆柱头螺钉	2		6	定 模 座 板	1
17	支 撑 柱	2		5	定 模 套 板	1
16	动 模 芯	1		4	定 模 套 板	1
15	顶 杆	4		3	支 承 板	1
14	内六角圆柱头螺钉	1		2	推 杆 固 定 板	1
13	导 块	1		1	推 板	1
12	浇 口 套	1		件号	名 称	数量
11	定 模 芯	1				
10	内六角圆柱头螺钉	4			转子铁芯组件压铸模	
9	定 模 镶 块	1				
8	动 模 镶 块	1				

铸件名称：转子铁芯组件
铸件材料：铝合金

ϕ12
ϕ18
52

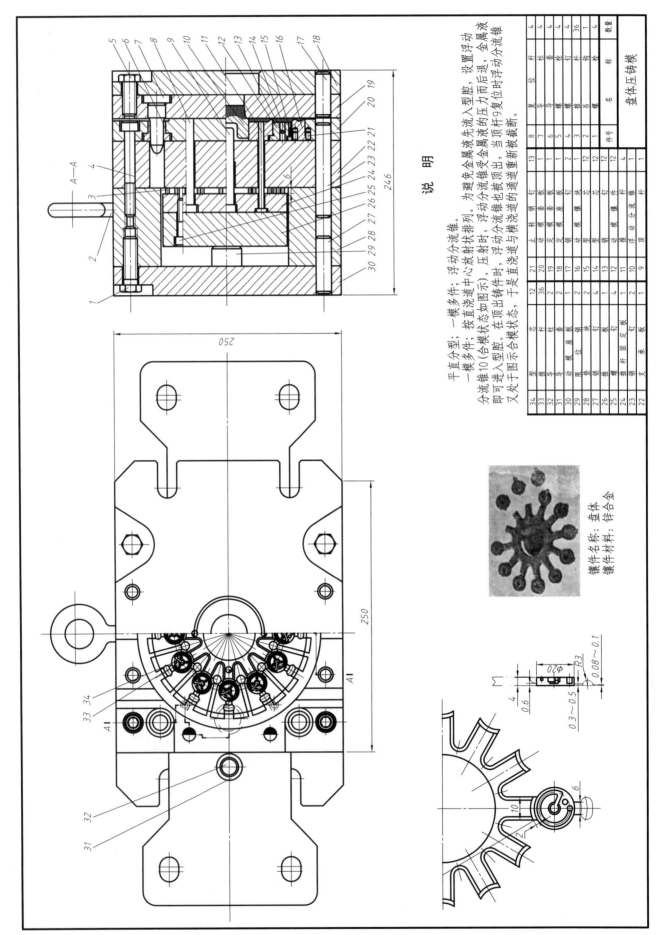

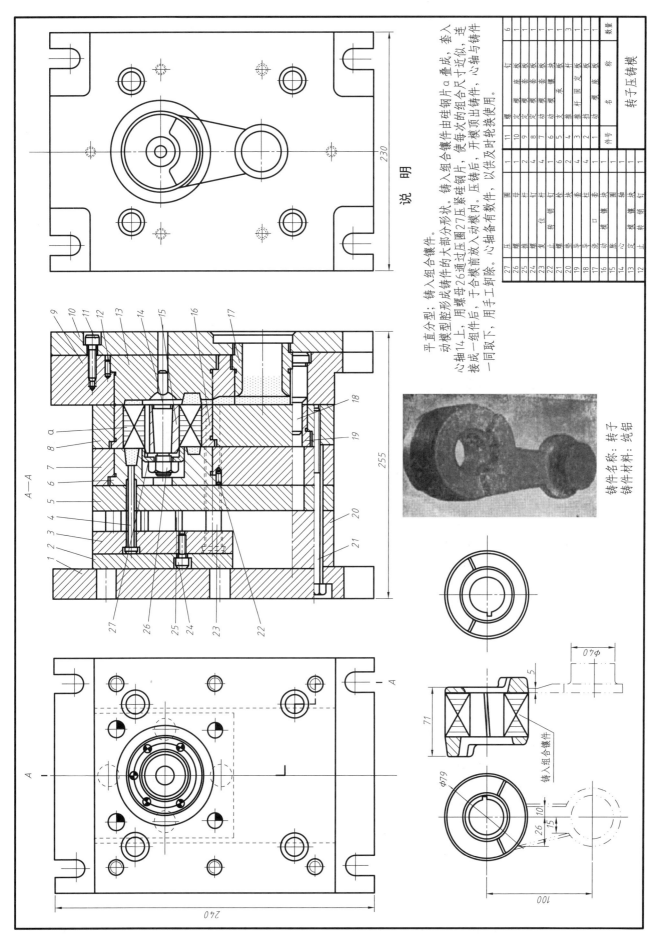

说　明

平直分型；铸入组合镶件。

铸入组合镶件的大部分形状，铸入组合镶件由硅钢片α叠成，套入心轴14上，用螺母26通过压圈27压紧硅钢片，使每次的组合尺寸近似，连接成一组件后，于合模前放入动模内。压铸后，开模顶出铸件，心轴与铸件一同取下，用手工卸除。心轴备有数件，以供及时轮换使用。

铸件名称：转子

铸件材料：纯铝

序号	名 称	数量
11	螺钉	6
10	定模座板	1
9	定模板	1
8	定模镶块	1
7	动模镶块	1
6	动模板	1
5	推件板	1
4	推杆	3
3	推杆固定板	1
2	动模座板	1
1	定模座板	1

转子压铸模

序号	名 称	数量
27	压圈	1
26	螺母	1
25	推杆	4
24	复位杆	4
23	上螺钉	1
22	导套	6
21	导柱	4
20	支承块	4
19	冷口镶块	1
18	动模镶块	1
17	模镶圈	1
16	定模镶块	1
15	反导销	1
14	心轴	1
13	上导销	1
12		1

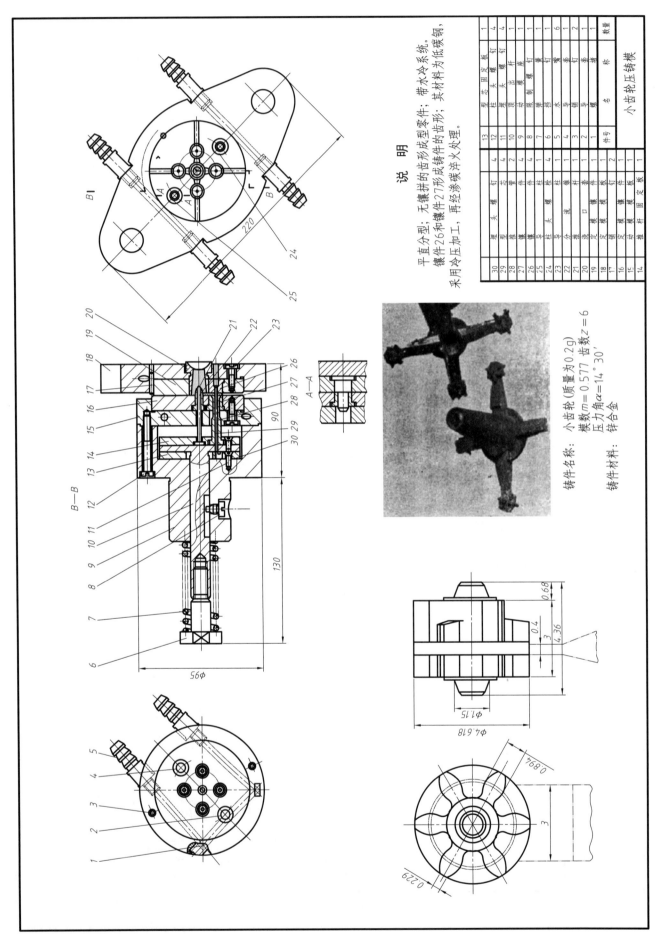

说　明

平直分型；无镶拼的齿形成型零件；带水冷系统。镶件26和镶件27形成铸件的齿形，再材料为低碳钢，采用冷压加工，再经修磨淬火处理。

件号	名　称	数量
13	型芯固定板	1
12	推柱螺钉	4
11	推板	1
10	顶出螺杆	1
8	动型座	1
7	限制螺钉	6
6	滑块挡块	2
4	水导销	2
3	导套	1
2	喷嘴	1
1	导套	1

30	埋头螺钉	4
29	埋型螺钉	4
28	镶件	2
27	镶件	4
26	镶件	4
25	平台芯	4
24	导套	1
23	分流锥	1
22	浇口套	1
21	镶块	1
20	定型镶块	2
19	定模螺钉	1
18	定模固定板	1
17	定模镶块	1
16	推杆固定板	1
15	动模固定板	1
14	推杆固定板	1

小齿轮压铸模

铸件名称：小齿轮（质量为0.2g）

模数 $m = 0.577$　齿数 $z = 6$

压力角 $\alpha = 14°30'$

铸件材料：锌合金

2.2 平面分型、推板推出

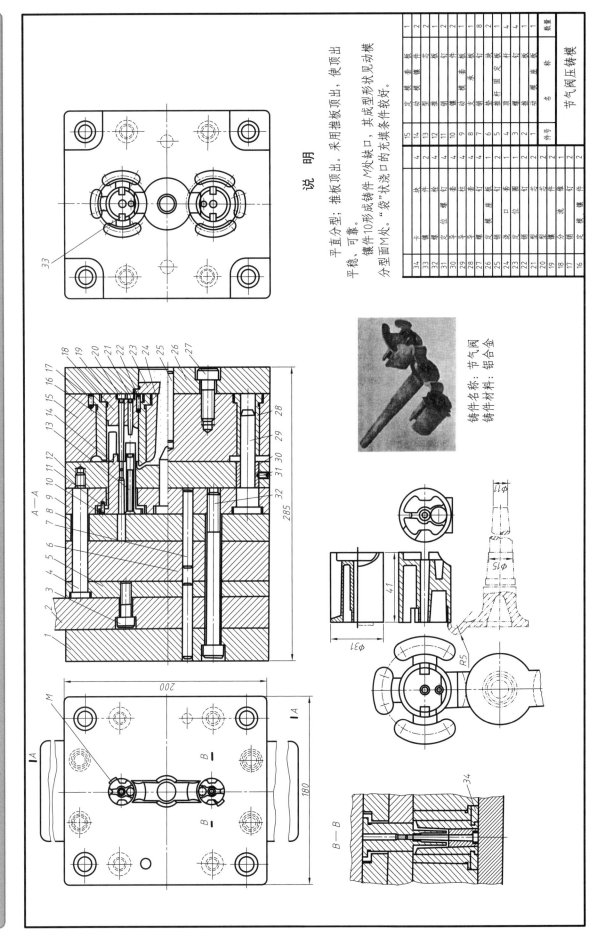

铸件名称：节气阀
铸件材料：铝合金

说　明

平直分型；推板顶出。采用推板顶出，使顶出平稳、可靠。
镶件10形成铸件M处缺口，其成型形状见动模分型面M处。"袋"状浇口的充填条件较好。

节气阀压铸模

2.3 平面分型、推管推出

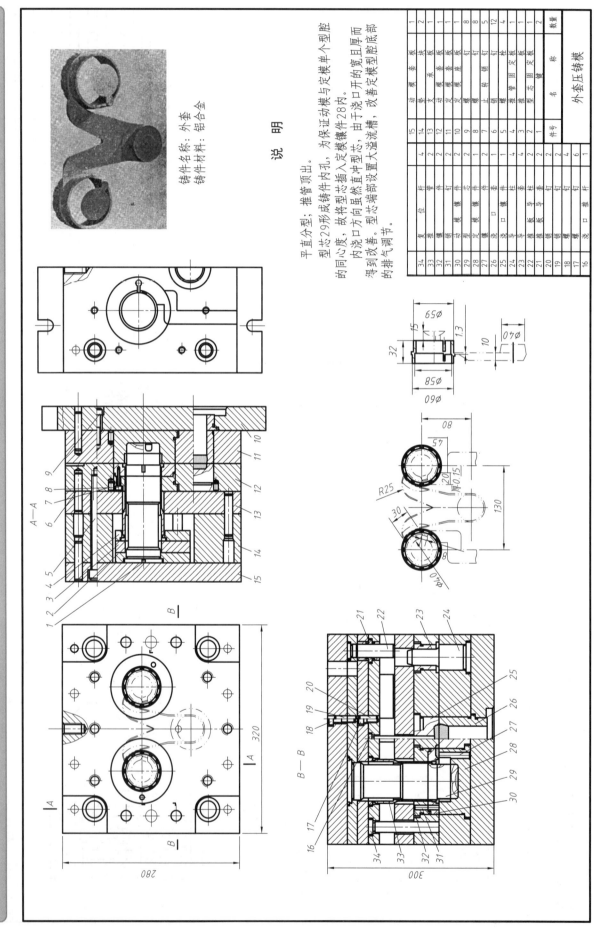

铸件名称：外套
铸件材料：铝合金

说　明

平直分型；推管顶出。

型芯29形成铸件内孔，为保证动模与定模单个型腔的同心度，故将型芯插入定模冲型芯。由于浇口方向虽然直冲型芯，内浇口方向开的宽且厚而得到改善。型芯端部设置大溢流槽，改善定模型腔底部的排气调节。

件号	名称	数量
15	动模套板	1
14	承垫板	2
13	支承垫板	1
12	动模套板	1
11	定模座板	8
10	螺钉	8
9	螺钉	12
8	止转销	4
7	销钉	5
6	转轴	1
5	推管定模板	1
4	支承固定板	1
3	键	2
2	外套压铸模	
1		

件号	名称	数量
34	复位杆	4
33	推管	2
32	销钉镶件	2
31	动模镶件	2
30	型定镶件	2
29	型芯	1
28	定模镶件	1
27	浇口套	1
26	浇口导套	4
25	导套	4
24	导套	2
23	推板导套	2
22	销钉	2
21	螺钉	4
20	螺母	2
19	键	6
18	推杆	
17	浇口套	1
16		

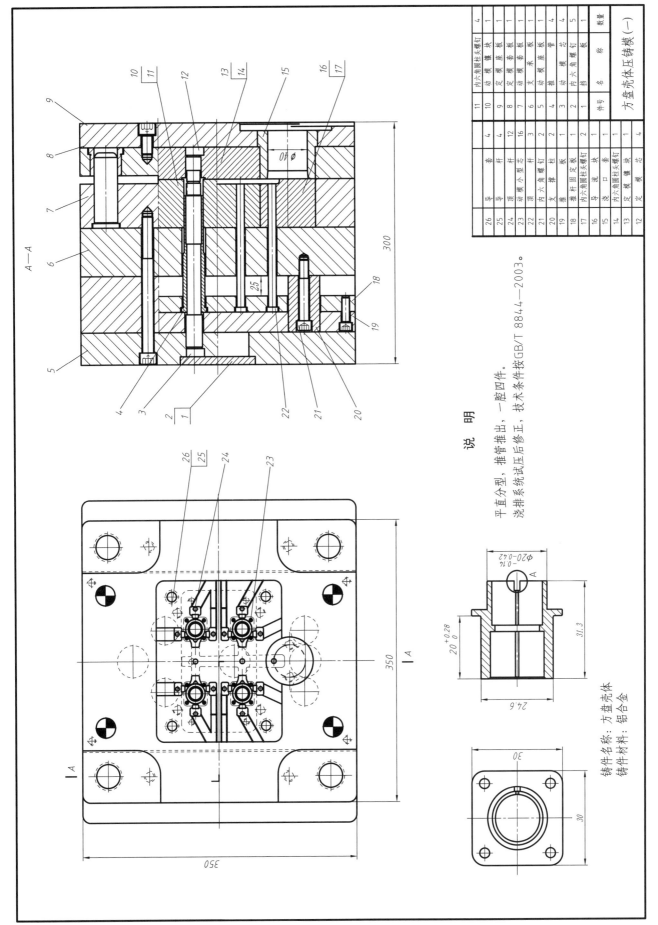

序号	名称	数量
11	内六角圆柱头螺钉	4
10	动模镶块	1
9	定模套板	1
8	定模座板	1
7	动模套板	1
6	动模座板	1
5	导套	4
4	动模芯	4
3	推管	5
2	内六角螺钉	5
1	挡板	1

序号	名称	数量
26	导套	4
25	导柱	4
24	顶模小型芯	12
23	动模小型芯	16
22	顶模杆	3
21	内六角螺钉	2
20	支撑柱	2
19	推板	1
18	推杆固定板	1
17	内六角圆柱头螺钉	2
16	导套	1
15	浇口套	1
14	内六角圆柱头螺钉	1
13	定模镶块	1
12	定模芯	4

方盘壳体压铸模（一）

说　明

平直分型，推管推出，一腔四件。

浇排系统试压后修正，技术条件按GB/T 8844—2003。

铸件名称：方盘壳体

铸件材料：铝合金

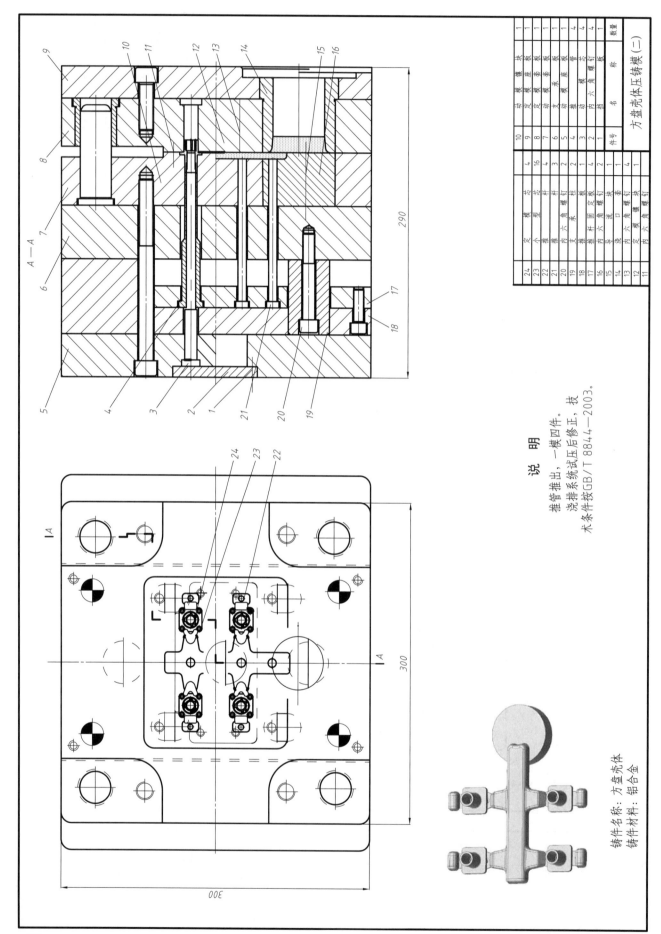

序号	名 称	数量
10	动模镶块	1
9	定模座板	1
8	定模套板	1
7	动模套板	1
6	支承板	1
5	动模座板	1
4	推管	4
3	内六角螺钉	4
2	内六角螺钉	4
1	推板	1

方盘壳体压铸模（二）

序号	名 称	数量
24	定模型芯	4
23	小型芯	16
22	推杆	4
21	内六角螺钉	2
20	支承钉	2
19	推杆固定板	1
18	内六角螺钉	4
17	推杆定距板	1
16	导柱	1
15	浇口套	1
14	内六角螺钉	1
13	定模镶块	4
12	内六角螺钉	4
11	内六角螺钉	1

说 明

推管推出，一模四件。
浇排系统试压后修正，技
术条件按GB/T 8844—2003。

铸件名称：方盘壳体
铸件材料：铝合金

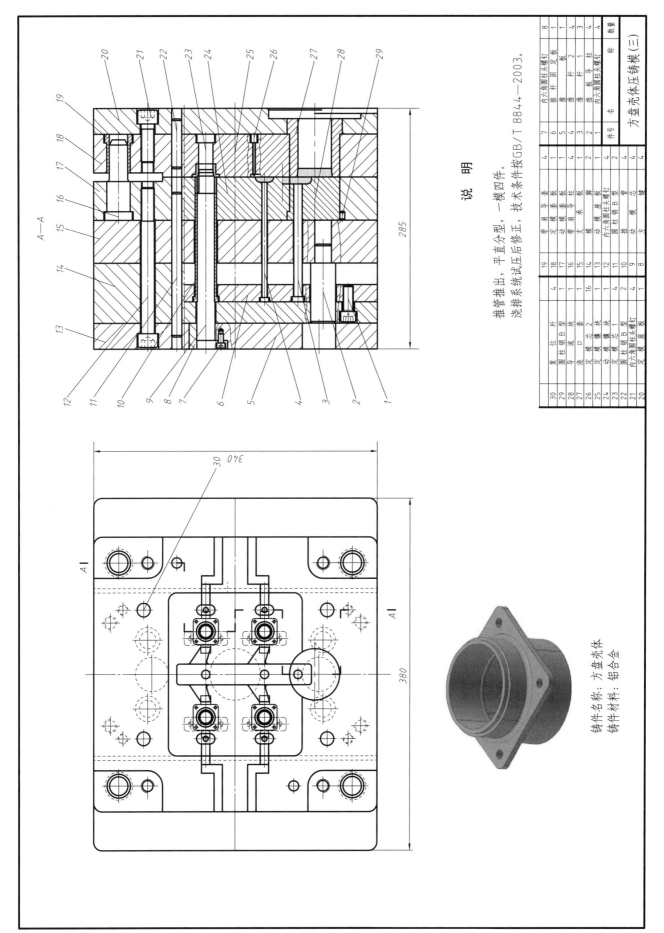

A—A

说　明

推管推出，平直分型，一模四件。

浇排系统试压后修正，技术条件按GB/T 8844—2003。

30	复位杆	4			19	带肩前导套	4		8	内六角圆柱头螺钉	1
29	圆柱销B型	1			18	定模套板	1		7	推杆固定板	1
28	平导套	1			17	动模套板	4		6	推杆固定板	1
27	浇口套	1			16	带肩导套	1		5	推杆	2
26	定模镶块	2			15	支承柱	2		4	推杆	3
25	动模镶块	1			14	动模座板	1		3	导柱	4
24	定模芯B型	1			13	内六角圆柱头螺钉	4		2	推板	1
23	圆柱销B型	1			12	圆柱销B型	2		1	内六角圆柱头螺钉	4
22	内六角圆柱头螺钉	4			11	推管	4		序号	名　称	数量
21	圆柱头螺钉	4			10	动模板	4			方盘壳体压铸模（三）	
20	定模座板	1			9	方模套	4				

340

30

A

380

铸件名称：方盘壳体
铸件材料：铝合金

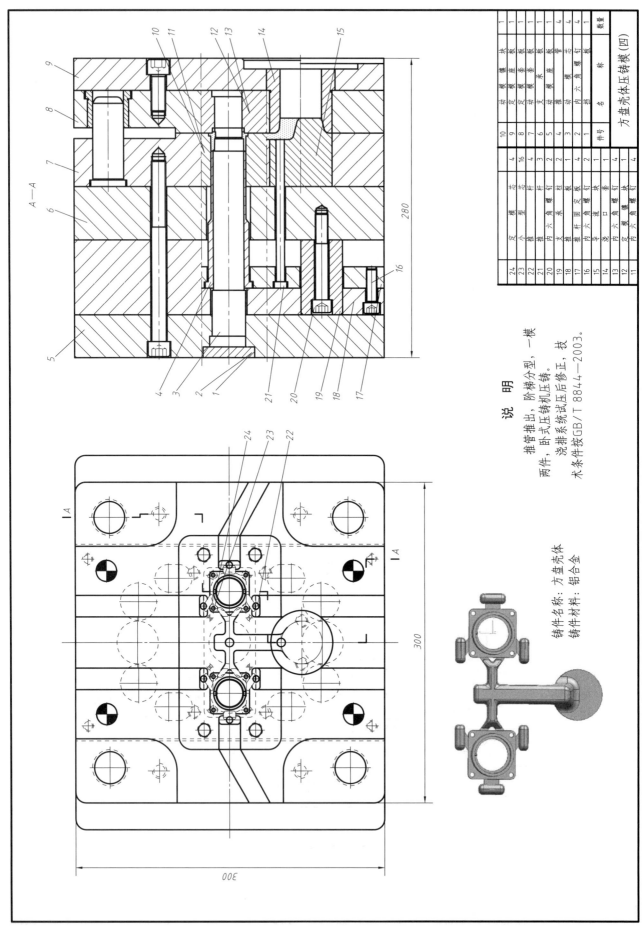

序号	名 称	数量
10	动模座板	1
9	定模座板	1
8	定模套板	1
7	动模套板	1
6	支承板	1
5	动模座	4
4	推管	4
3	内六角螺钉	4
2	挡板	1
1	模板	1

序号	名 称	数量
24	定模型芯	4
23	小推杆	16
22	推杆	4
21	内六角螺钉	3
20	支承柱	2
19	推杆固定板	1
18	内六角螺钉	4
17	推杆固定板	1
16	导套	1
15	内六角螺钉	1
14	浇口套	1
13	内六角螺钉	1
12	定模镶块	4
11	内六角螺钉	4

方盘壳体压铸模（四）

说 明

推管推出，阶梯分型，一模
两件，卧式压铸机压铸。
浇排系统试压后修正，技
术条件按GB/T 8844—2003。

铸件名称：方盘壳体
铸件材料：铝合金

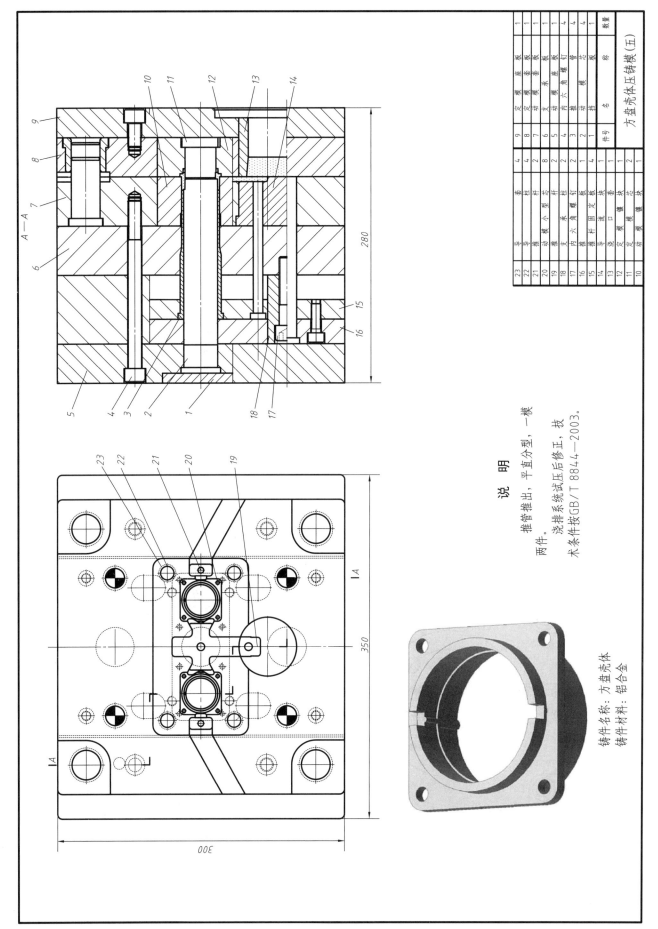

件号	名称	数量
9	定模座板	1
8	定模套板	1
7	导套	1
6	支承座板	1
5	动模座板	4
4	内六角螺钉	4
3	推管	4
2	动模板	4
1	挡块	1

方盘壳体压铸模（五）

23	导套	4
22	导柱	4
21	动模小型芯	2
20	推杆	8
19	支承柱	2
18	内六角螺钉	2
17	推杆固定板	1
16	推板	1
15	导套块	4
14	推杆固定板	1
13	浇口套	1
12	定模镶块	1
11	定模镶块	2
10	动模镶块	1

说　明

推管推出，平直分型，一模两件。

浇排系统试压后修正，技术条件按GB/T 8844—2003。

铸件名称：方盘壳体
铸件材料：铝合金

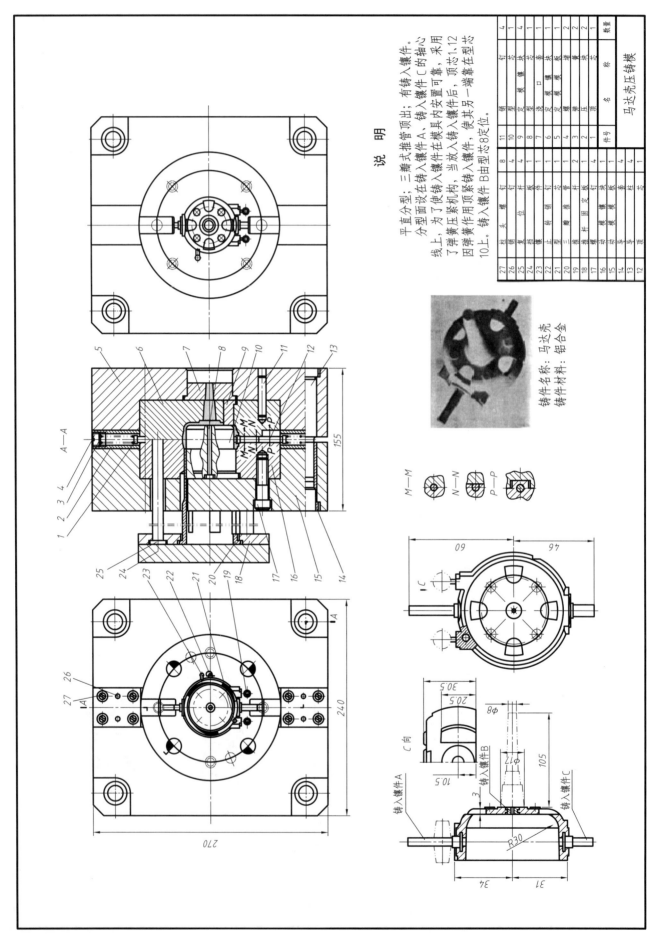

说　明

平直分型；三瓣式推管顶出；有铸入镶件。
铸入镶件在铸件C的轴心
分型面设在铸入镶件A，铸入镶件在模具内安置可靠，采用
线上，为了使铸入镶件在模具内安置可靠，顶芯1、12
了弹簧压紧机构，当放入铸入镶件，端靠在型芯
因弹簧作用顶紧铸入镶件，使其另一端靠在型芯
10上。铸入镶件B由型芯8定位。

铸件名称：马达壳
铸件材料：铝合金

件号	名　称	数量		件号	名　称	数量
11	销钉	4		27	拉杆头	1
10	型芯	1		26	螺钉	4
9	定模型芯	1		25	复位杆	4
8	型芯	1		24	定位件	1
7	壳模镶口	1		23	镶件	1
6	定模镶块	1		22	止动转头	1
5	定模板	1		21	型芯三瓣	1
4	螺钉	2		20	推管	2
3	导套	2		19	推杆	4
2	销钉	1		18	推杆固定板	1
1	顶芯	1		17	型芯固定板	1
				16	动模镶块	1
				15	动模镶块	4
				14	导柱	4
				13	导套	4
				12	顶芯	1

马达壳压铸模

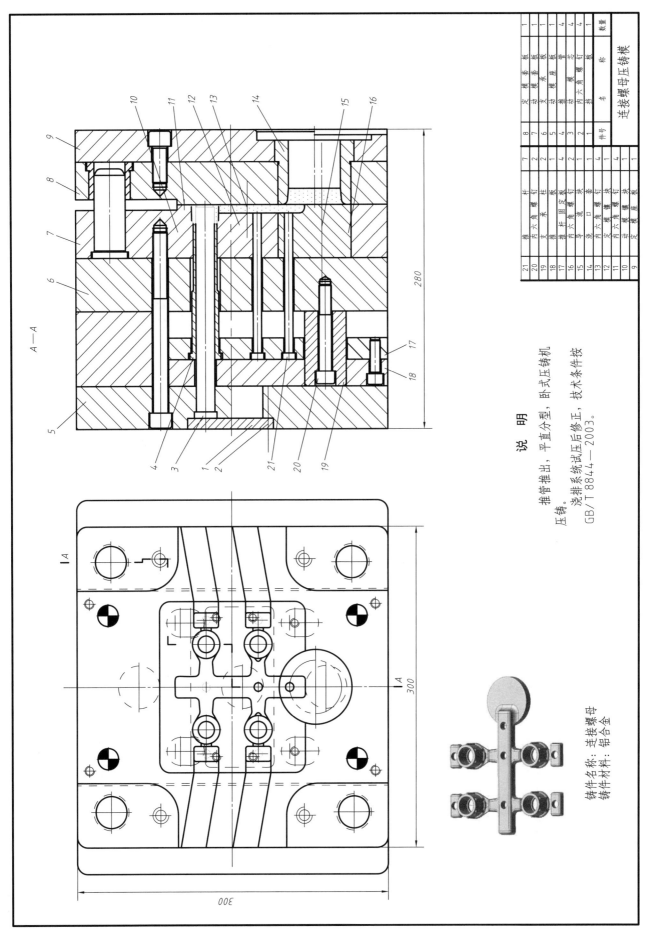

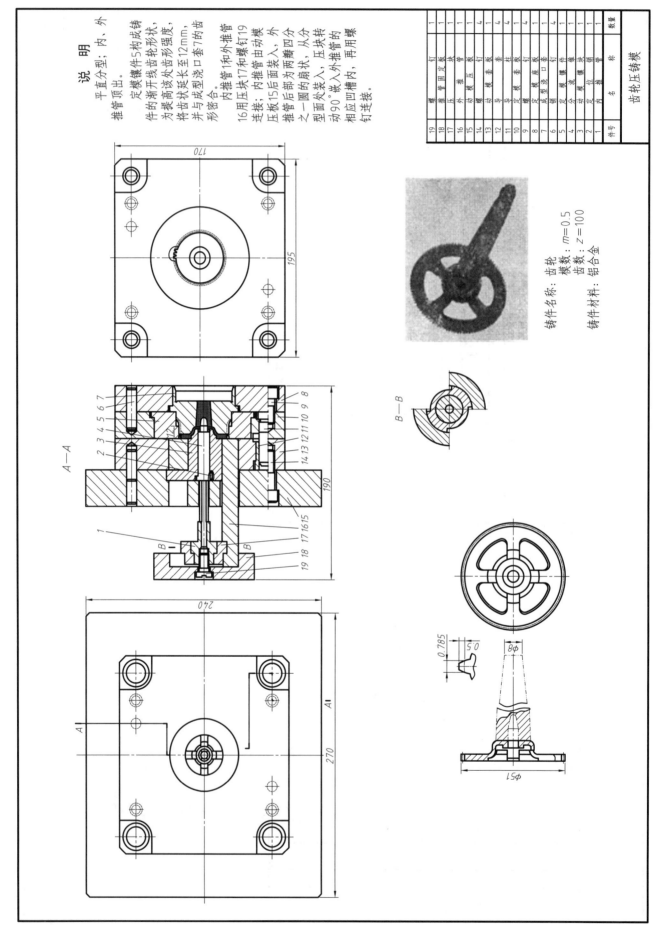

说　明

平直分型；内、外推管顶出。

定模镶件5构成铸件的渐开线齿轮形状，为提高该处齿形强度，将齿状延长至套7的齿形处密合。

内推管1和外推管16用压块17和螺钉19连接；内推管由动模压板15后面装入，外推管后部为两瓣四分之一圆的扇状，从分型面处装入，压块转动90°嵌入外推管的相应凹槽内，再用螺钉连接。

序号	名　称	数量
19	螺　钉	1
18	推管固定板	1
17	压　块	1
16	外推管	4
15	动模压板	1
14	螺　钉	4
13	动模套板	4
12	导　柱	4
11	定模套板	1
10	螺　钉	4
9	定模座板	1
8	成型浇口套	1
7	螺　钉	4
6	镶　件	1
5	定模镶块	1
4	分流锥	1
3	动模镶块	1
2	定位销	1
1	内推管	1

齿轮压铸模

铸件名称：齿轮
模数：$m=0.5$
齿数：$z=100$

铸件材料：铝合金

170
195

A—A

2 3 4 5 6 7

14 13 12 11 10 9 8

19 18 17 16 15

1

B—B

B

190

240

270

A1

A1

B—B

0.785
50
8φ
51φ

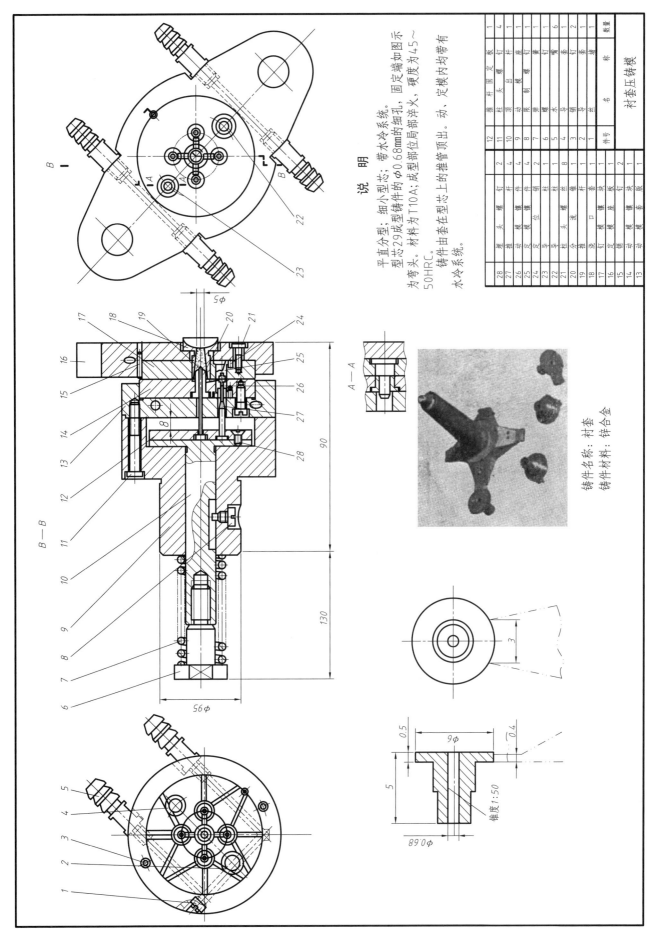

说　明

平直分型；细小型芯；带水冷系统。固定端如图示型芯29成型铸件的φ0.68mm的细孔；成型部位局部淬火，硬度为45～50HRC。材料为T10A；成型由套在型芯上的推管顶出。动、定模内均带有水冷系统。

件号	名　称	数量
28	型芯	1
27	推管	2
26	动模板	1
25	定模板	1
24	定位圈	1
23	导柱	8
22	推杆头	1
21	分流锥	1
20	浇口套	1
19	定模座板	1
18	定模镶套	2
17	动模镶块	1
16	动模垫板	1
15		

件号	名　称	数量
12	推杆固定板	1
11	推杆头	4
10	推出顶杆	1
9	动模座	1
8	螺钉	6
7	螺钉	2
6	水嘴	1
5	导套	2
4	导柱	1
3		
2		
1		

衬套压铸模

铸件名称：衬套
铸件材料：锌合金

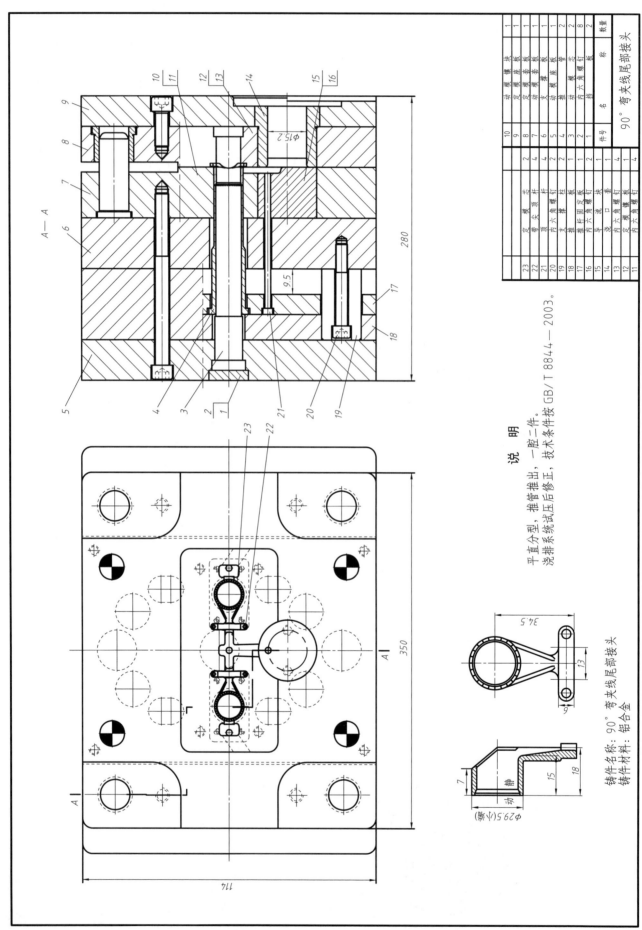

件号	名　称	数量
10	动模螺套	1
9	定模座板	1
8	动模套板	1
7	支撑座板	1
6	动模支撑板	1
5	推杆固定板	2
4	动模垫块	2
3	内六角螺钉	8
2	挡板	2
1	90°弯夹线尾部接头	2

23	定位套	1
22	复位顶杆	2
21	内六角螺钉	4
20	支撑柱	2
19	推杆定模板	1
18	推杆固定板	1
17	内六角螺钉	1
16	导套块套	1
15	浇口套	1
14	内六角螺钉	4
13	定模螺板	1
12	内六角螺钉	4

说　明

平直分型，推管推出，一腔二件。
浇排系统试压后修正，技术条件按 GB/T 8844—2003。

铸件名称：90°弯夹线尾部接头
铸件材料：铝合金

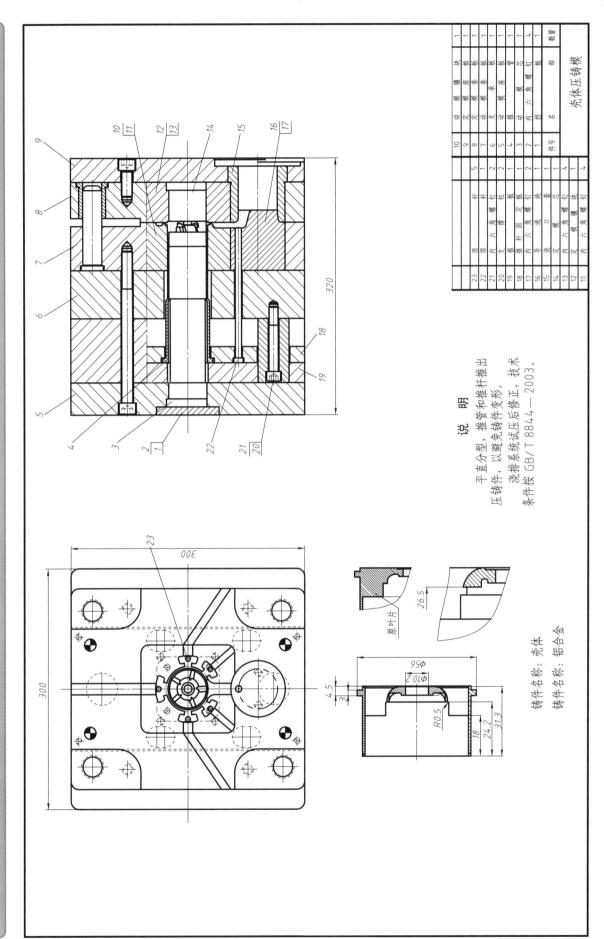

说　明

平直分型，推管和推杆推出
压铸件，以避免铸件变形。
浇排系统试压后修正，技术
条件按GB/T 8844—2003。

铸件名称：壳体
铸件材料：铝合金

序号	名称	数量
10	动模镶座	1
9	定模套板	1
8	定模镶座	1
7	动模套板	1
6	支座	1
5	动模底板	1
4	推管	4
2	内六角螺钉	1
1	定距拉板	1

壳体压铸模

序号	名称	数量
23	顶杆	5
22	顶杆	1
21	内六角螺钉	2
20	支承柱	2
19	推杆固定板	1
18	推板	1
17	内六角螺钉	2
16	导套	1
15	浇口套	1
14	斜销	1
13	定模套角螺钉	1
12	定模镶块	4
11	内六角螺钉	4

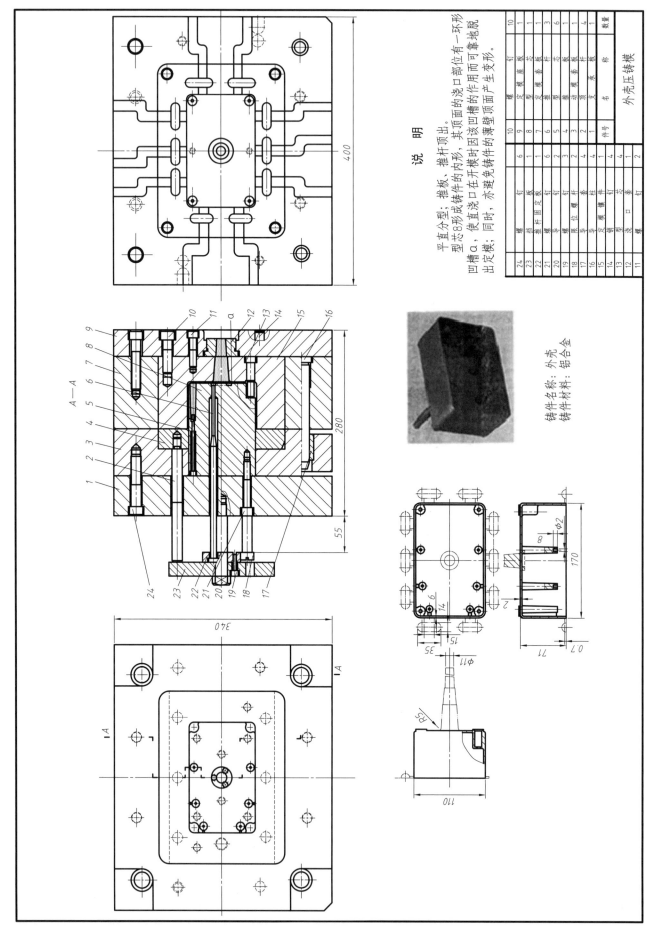

说 明

平直分型；推板、推杆顶出。

型芯8成形铸件的内形，其顶面的浇口部位有一环形凹槽α，使直浇口在开模时因该凹槽的作用而可靠地脱出定模；同时，亦避免铸件的薄壁顶面产生变形。

铸件名称：外壳
铸件材料：铝合金

序号	名称	数量
10	螺钉	1
9	定模座板	1
8	型芯固定板	1
7	定模套板	3
6	型芯	6
5	推杆	1
4	推板	6
3	动模套板	1
2	顶杆	4
1	支承板	1

外壳压铸模

序号	名称	数量
24	螺钉	6
23	推杆固定板	1
22	推杆	6
21	螺钉	2
20	螺钉	3
19	限位螺钉	4
18	导柱	4
17	定模镶件	1
16	销	4
15	定位销	1
14	螺钉	1
13	直浇口套	1
12	螺钉	2

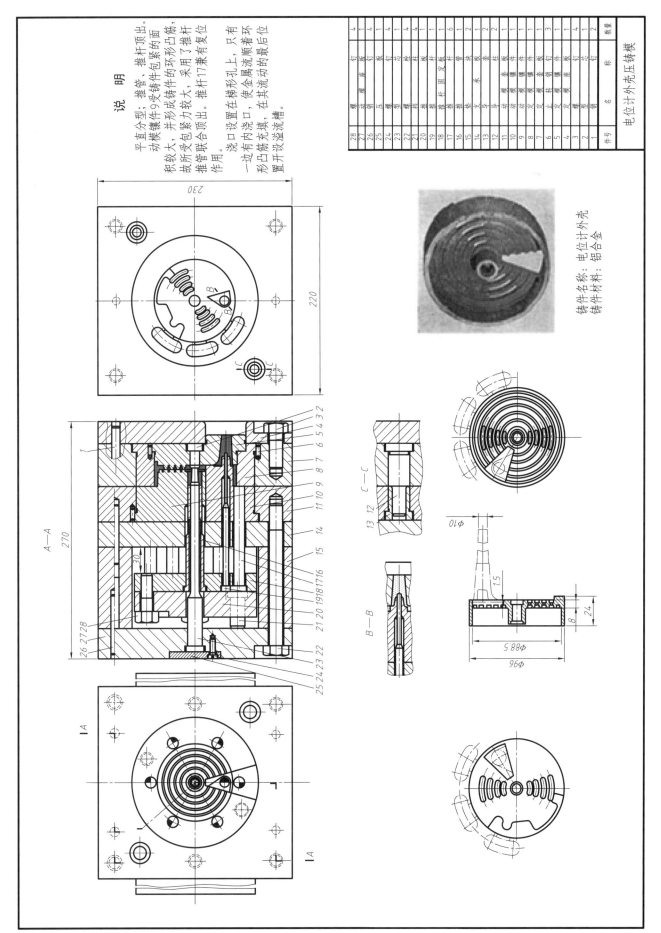

说　明

平直分型；推管、推杆顶出。
动模镶件9受铸件包紧的面
积较大，并形成铸件的环形凸筋，
故所受包紧力较大，采用了推杆
推管联合顶出。推杆17兼有复位
作用。
浇口设置在梯形孔上，只有
一边有内浇口，使金属顺流而填，
形凸筋充填，在其流动的最后位
置开设溢流槽。

件号	名 称	数量
28	螺钉	4
27	动模座板	1
26	垫板	4
25	螺钉	4
24	正型	4
23	螺钉	1
22	推杆	1
21	推板	1
20	推杆固定板	6
19	推管	1
18	推杆	1
17	推杆	2
16	垫块	1
15	支承板	1
14	导柱	1
13	动模板	3
12	动模镶件	1
11	动模镶件	1
10	定模镶件	1
9	定模镶件	1
8	定模板	3
7	上定模板	1
6	定模座板	1
5	螺钉	4
4	正型	1
3	螺钉	4
2	销	1
1	销	2

电位计外壳压铸模

铸件名称：电位计外壳
铸件材料：铝合金

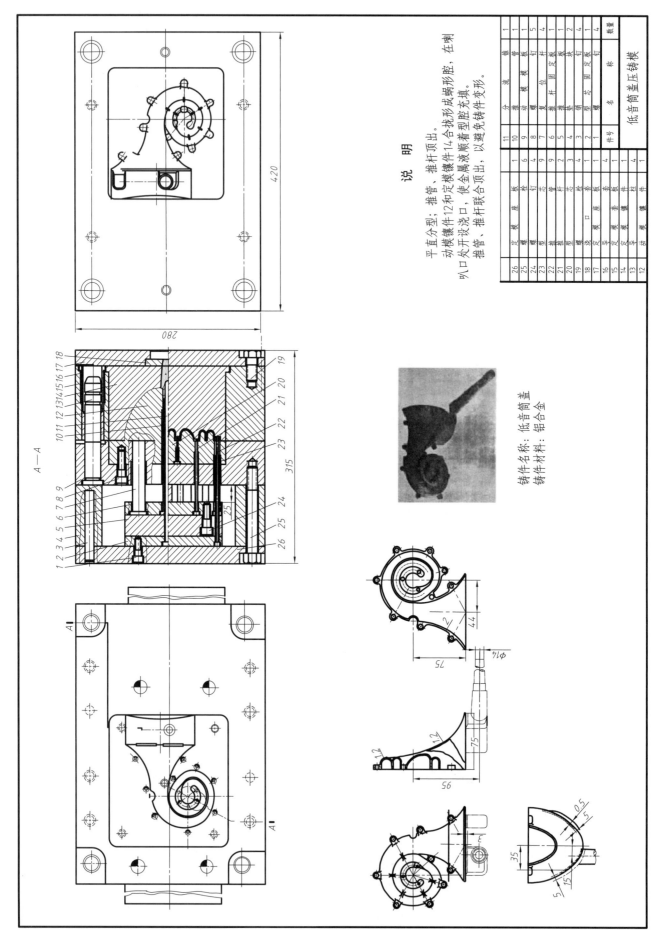

说　明

平直分型；推管、推杆顶出。

动模镶件12和定模镶件14合拢形成蜗形腔，在喇叭口处开设浇口，使金属液顺着型腔充填。

推管、推杆联合顶出，以避免铸件变形。

铸件名称：低音筒盖
铸件材料：铝合金

件号	名　称	数量
26	定模座板	1
25	螺栓	6
24	型芯钉	9
23	推管型芯	9
22	推杆	3
21	推杆	4
20	型芯	1
19	螺栓	4
18	浇口座	1
17	导套	4
16	导套	4
15	定模套板	1
14	定模镶件	4
13	动模镶件	1
12	动模镶件	1
11	分流锥	1
10	推管	1
9	推动模板	1
8	钉	5
7	复位杆	4
6	推杆固定板	1
5	推杆	2
4	钉	4
3	型芯固定板	1
2	型芯	4
	低音筒盖压铸模	

420

280

A—A

315

25

10 11 12 13 14 15 16 17 18

19
20
21
22
23
24
25
26

1 2 3 4 5 6 7 8 9

A

A

2

44

75

φ14

1.2

75

1.2

56

35

0.5

5

15

5

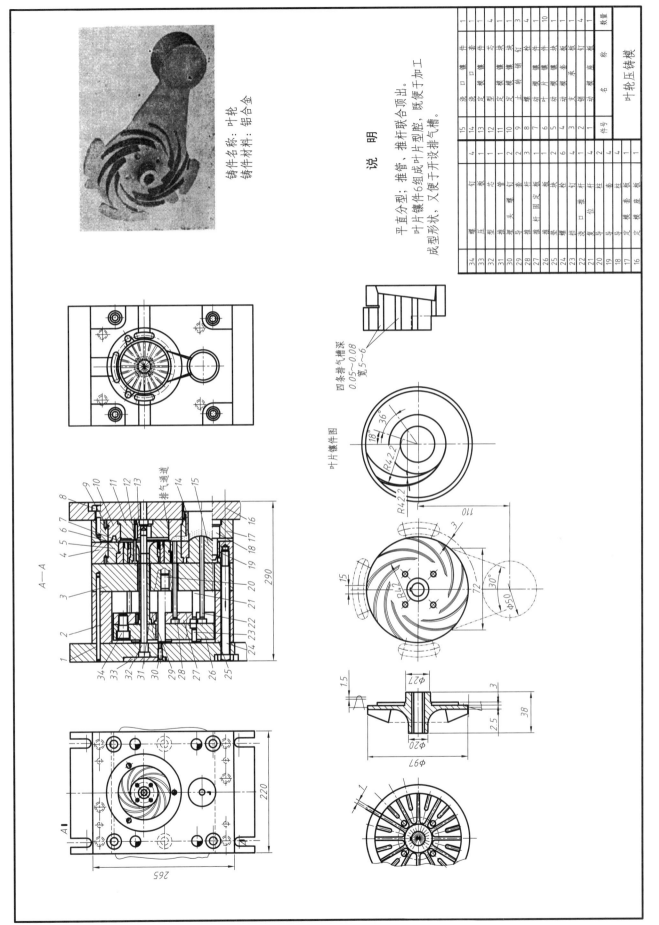

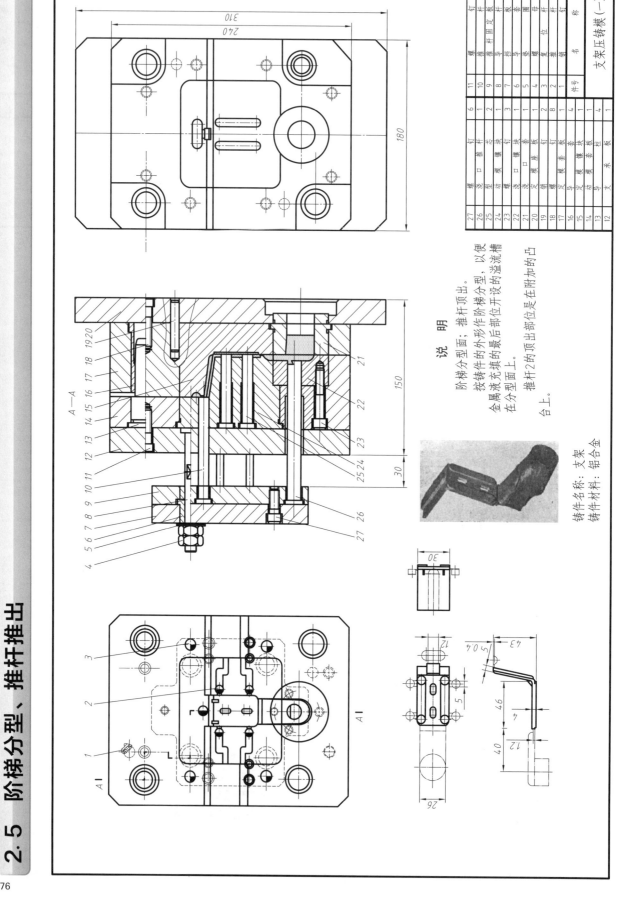

2.5 阶梯分型、推杆推出

支架压铸模(一)

说　明

阶梯分型面；推杆顶出。

按铸件的外形作阶梯分型，以便金属液充填模的最后部位开设的溢流槽在分型面上。

推杆2的顶出部位是在附加的凸台上。

铸件名称：支架
铸件材料：铝合金

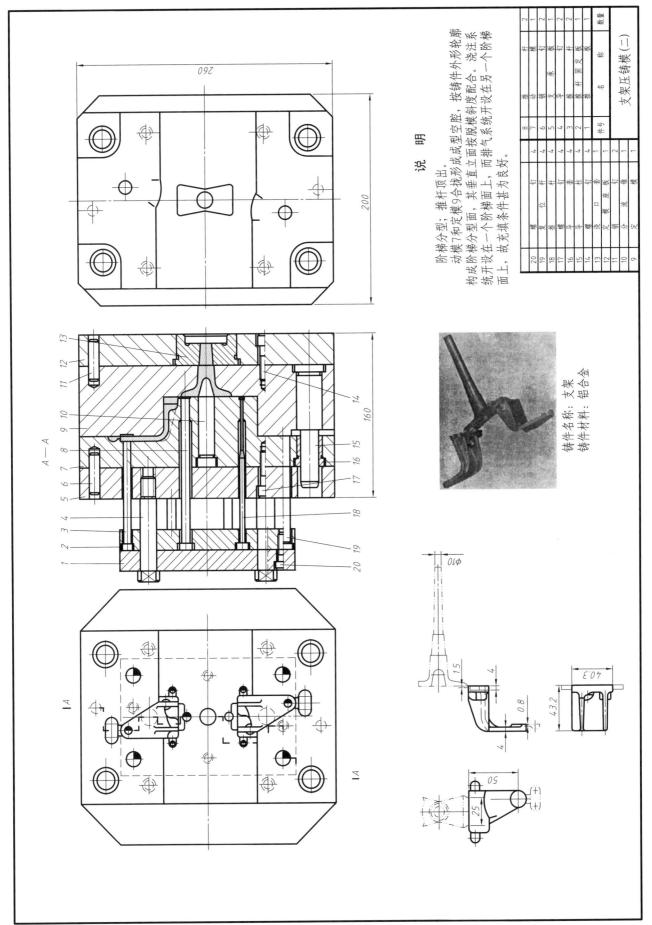

说　明

阶梯分型；推杆顶出。

动模7和定模9合模形成成型空腔，按铸件外形轮廓构成阶梯分型面，其垂直立面按脱模斜度配合。浇注系统开设在一个阶梯面上，而排气系统开设在另一个阶梯面上，故充填条件甚为良好。

铸件名称：支架
铸件材料：铝合金

件号	名　称	数量
8	推　杆	2
7	动　模	1
6	销　钉	2
5	支承板	2
4	销　钉	1
3	推　杆	2
2	推杆固定板	1
1	推　板	1

件号	名　称	数量
20	螺　钉	4
19	复位杆	4
18	推　杆	4
17	螺　钉	4
16	导　套	4
15	导　杆	4
14	螺　钉	1
13	浇口套	1
12	定　模	1
11	定座板	1
10	销　钉	2
9	定　模	1

支架压铸模（二）

铸件名称：油杯
铸件材料：锌合金

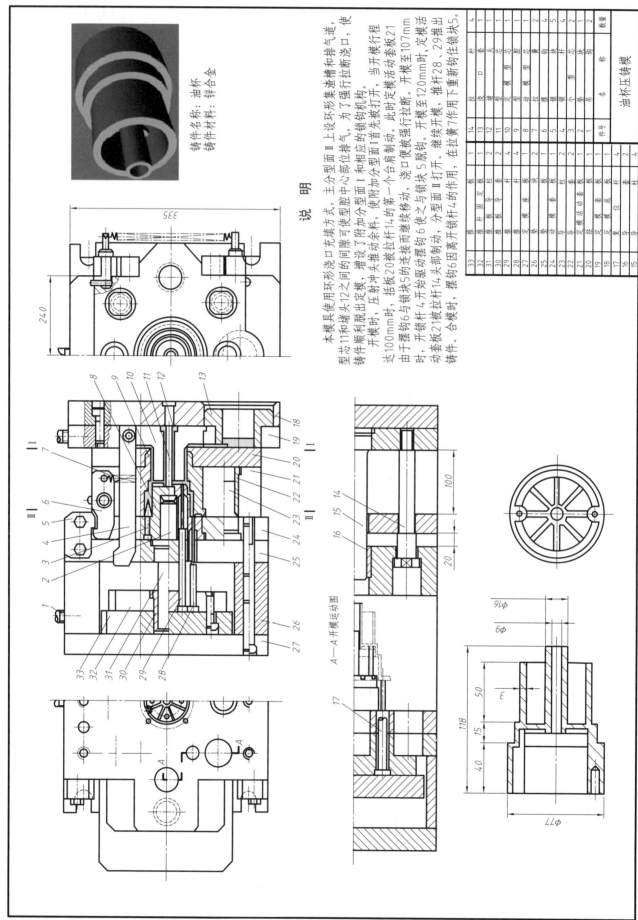

说　明

本模具使用环形浇口充填方式，主分型面Ⅱ上设环形集渣槽和排气道，型芯11和堵头12之间的间隙可使型腔中心部位排气。为了强行拉断浇口，使铸件顺利脱出定模，增设了附加分型面Ⅰ和相应的锁钩机构。开模时，压射冲头推动余料，使附加分型面Ⅰ首先被打开。当开模行程达100mm时，括板20被拉杆14的第一个台肩制动。此时定模活动套板21由于摆钩6与锁块5的连接而继续移动，浇口便被强行拉断。开模至107mm时，开锁杆4开始驱动摆钩6使之与锁块5脱钩。开模至120mm时，定模活动套板21被拉杆14头部制动，分型面Ⅱ打开。继续开模，推杆28、29推出铸件。合模时，摆钩6因离开开锁杆4的作用，在拉簧7作用下重新钩住锁块5。

件号	名称	数量
33	摆杆固定板	1
32	推板导套	1
31	推板导柱	2
30	推板	2
29	推杆	4
28	推杆	4
27	定模座板	1
26	垫块	2
25	动模板	1
24	导套	2
23	导柱	1
22	定模活动套板	2
21	定模活动套板	1
20	定模板	1
19	定模底板	1
18	导套	1
17	复位杆	2
16	导套	2
15	导柱	4
14	拉杆	4
13	浇口堵头	1
12	堵头	1
11	型芯	1
10	定模型腔	1
9	动模型腔	1
8	摆钩弹簧	2
7	拉簧	4
6	摆钩	5
5	锁块	4
4	开锁杆	2
3	小型芯	1
2	摆钩	1
1	螺钉	2
	油杯压铸模	

A—A 开模运动图

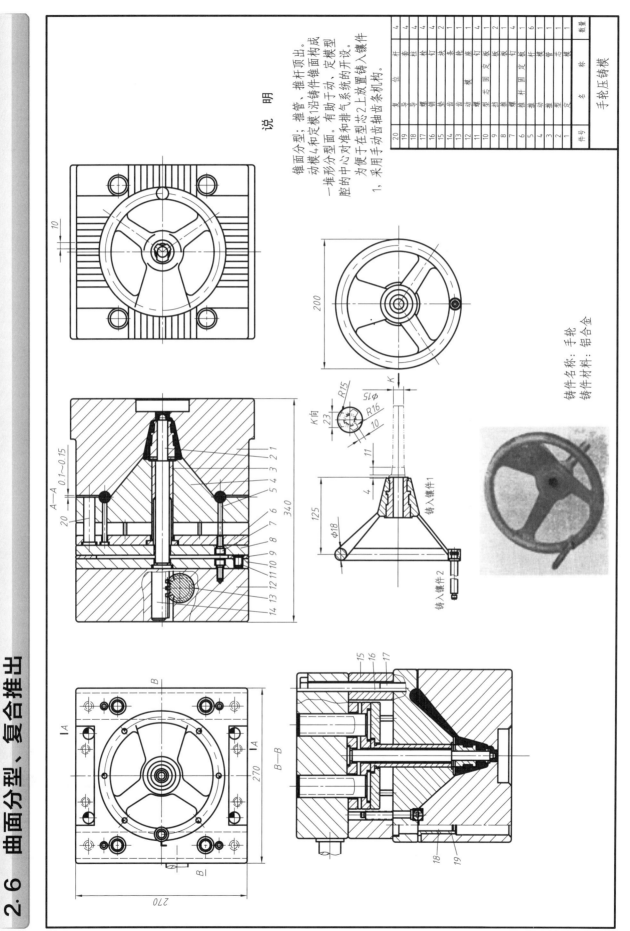

2.6 曲面分型、复合推出

说　明

1. 锥面分型。动模4和定模件在型芯2上放置铸条齿条机构，为便于在型芯2上放置铸入镶件有助于堆和排气系统的开设。定模型腔的中心对堆锥件沿铸条1沿铸件锥面构成一堆形分型面。动模4和定模件锥面结构成锥面分型；推管、推杆顶出。

件号	名　称	数量
20	复位杆	4
19	导柱	4
18	导套	4
17	螺钉	4
16	镶钉	1
15	垫块	2
14	齿条	1
13	齿轮	1
12	动模座	4
11	螺钉	2
10	型芯固定板	1
9	推管定模板	1
8	推杆	1
7	推件固定板	6
6	推杆固定板	1
5	动模垫	1
4	推杆	1
3	推管	1
2	型芯	1
1	定模	1

手轮压铸模

铸件名称：手轮
铸件材料：铝合金

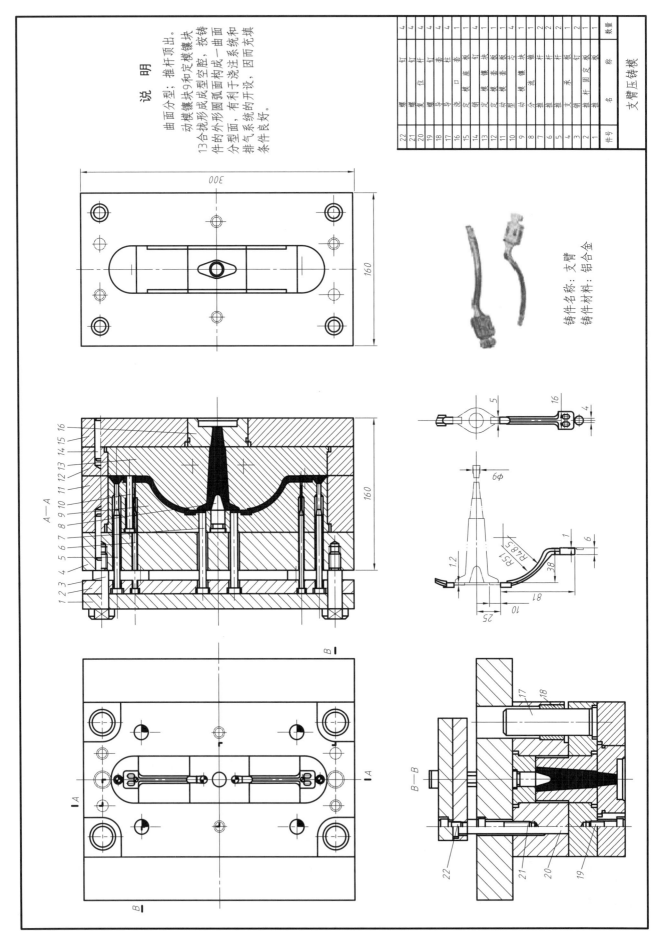

说　明

曲面分型；推杆顶出。

动模镶块9和定型空腔，按铸块13合拢形成型空腔，按铸件的外形圆弧面构成一曲面分型面，有利于浇注系统和排气系统的开设，因而充填条件良好。

序号	名称	数量
22	螺钉	4
21	螺钉	4
20	复位杆	4
19	螺钉导套	4
18	导套	4
17	浇口套	1
16	定模座板	1
15	镶钉	4
14	定模镶块	1
13	定模套板	1
12	动模套板	1
11	型芯	4
10	分流块	1
9	动模镶块	1
8	推杆	2
7	推杆	1
6	垫板	1
5	支承板	2
4	推杆固定板	1
3	推板	2
2	推杆固定板	1
1	推板	1

支臂压铸模

铸件名称：支臂
铸件材料：铝合金

A—A

300
160

B—B

080

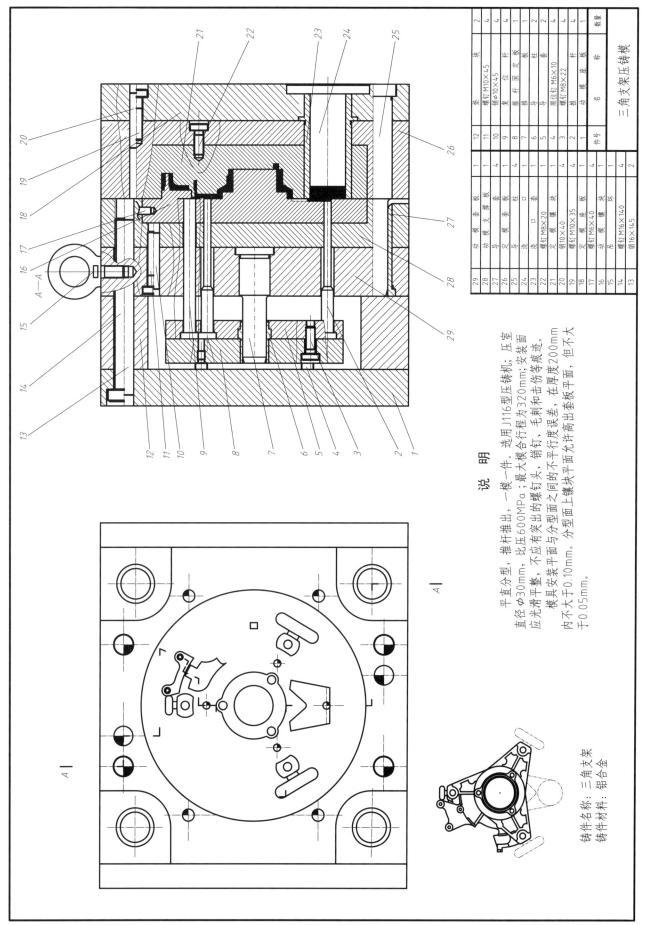

序号	名　称	数量
12	螺钉 M10×45	2
11	销φ10×45	4
10	复位杆	4
9	推杆固定板	1
8	推杆	2
7	导套	2
6	导柱	4
5	螺钉 M6×10	4
4	螺钉 M8×22	4
3	推板	1
2	动模座板	1
1	名　称	数量

三角支架压铸模

序号	名　称	数量
29	动模套板	1
28	导柱支撑板	4
27	定模套板	1
26	定模套	4
25	浇口套	1
23	浇口	1
22	定模镶块 M8×20	4
21	销10×40	4
20	螺钉 M10×35	4
19	定模座板	1
17	螺钉 M6×40	4
16	动模镶块	1
15	螺钉 M16×140	4
13	吊销 16×145	2

说　明

平直分型，推杆推出，一模一件。选用 J116 型压铸机；压室直径 φ30mm，比压 600MPa；最大模合行程为 320mm；安装面应光滑平整，不应有突出的螺钉头、销钉头、毛刺和击伤等痕迹。

模具安装平面与分型面的不平行度误差，在厚度 200mm 内不大于 0.10mm。分型面上镶块平面允许高出套板平面，但不大于 0.05mm。

铸件名称：三角支架
铸件材料：铝合金

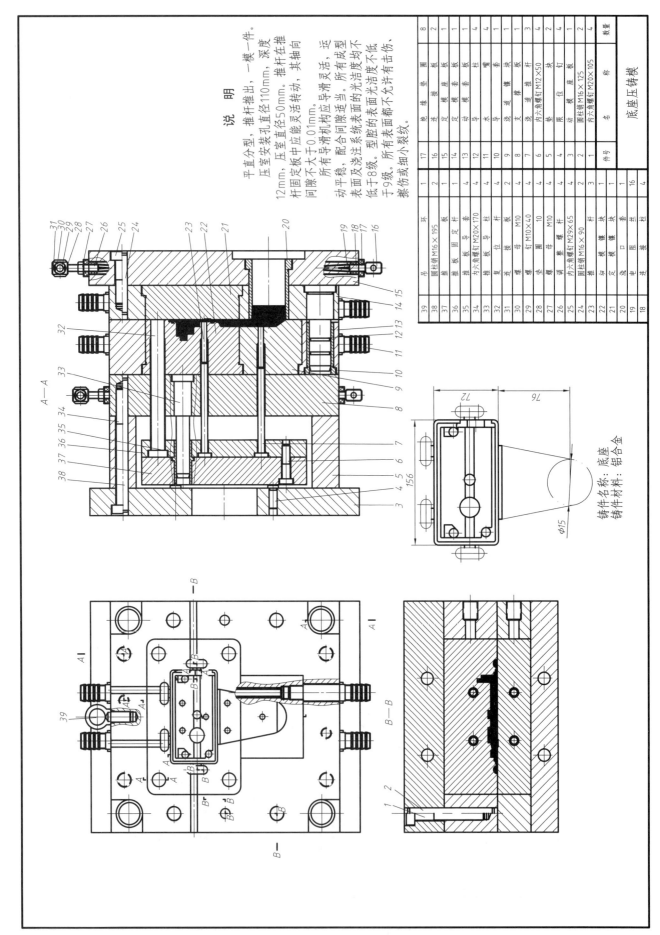

说　明

平直分型、推杆推出、一模一件。深度12mm、压室直径50mm。推杆在推杆固定板中应能灵活转动、其轴向间隙不大于0.01mm。压室安装孔直径110mm。所有导滑机构应导滑灵活、运动平稳。配合间隙适当。所有成型表面及浇注系统表面的光洁度不低于8级。型腔成型表面光洁度不低于9级。所有表面都不允许有击伤、擦伤或细小裂纹。

零件明细表

件号	名称	数量
17	吊　　环	8
16	连接板	2
15	定模座板	1
14	定模套板	1
13	动模套板	4
12	导　柱	4
11	导　套	1
10	浇道镶块	1
9	支撑板	3
8	浇道推杆	4
7	复位杆	4
6	垫块	2
5	动模座板	4
4	圆柱销 M12×50	2
3	内六角螺钉 M16×125	1
2	内六角螺钉 M20×105	4

件号	名称	数量
39	吊　环	4
38	圆柱销 M16×195	2
37	推板	1
36	推板固定板	1
35	推板导套	4
34	内六角螺钉 M20×170	4
33	推板导柱	4
32	复位杆	2
31	螺母 M10	4
30	螺母 M10×40	4
29	钉固定板	10
28	螺座	4
27	螺圈 M10	4
26	调整螺钉 M29×65	4
25	内六角螺钉 M29×65	2
24	圆柱销 M16×90	2
23	推杆	3
22	浇口套	1
21	定模镶块	1
20	洗口镶块	1
19	电镶块	16
18	连套柱	4

底座压铸模

铸件名称：底座
铸件材料：铝合金

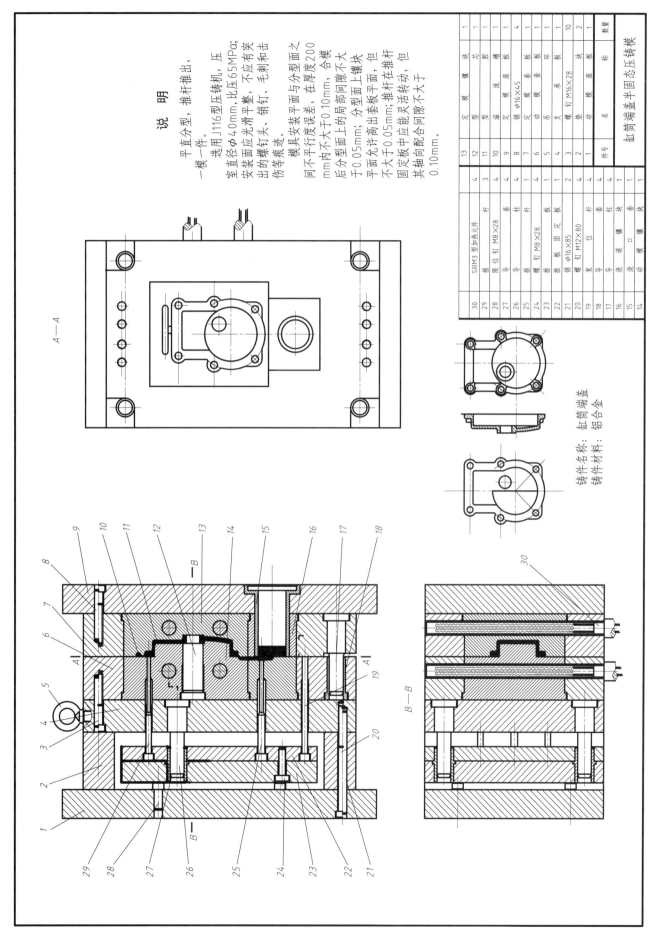

说　明

平直分型，推杆推出，一模一件，选用J116型压铸机，压室直径φ40mm，比压65MPa；安装面应光滑平整，不应有突出的螺钉头、销钉，毛刺和击伤等痕迹。

模具安装平面与分型面之间不平行度不大于0.10mm，合模后分型面上的局部间隙不大于0.05mm；分型面上套板平面不大于0.05mm；推杆在推杆固定板中应能灵活转动，但其轴向配合间隙不大于0.10mm。

模具安装平面与分型面之间内不平行度不大于0.10mm，在厚度200

A—A

铸件名称：缸筒端盖
铸件材料：铝合金

B—B

件号	名　称	数量	件号	名　称	数量
30	SRM3型加热元件	4	13	定模镶块	1
29	推杆	3	12	型芯	1
28	限位钉 M8×28	4	11	浇道	1
27	导套	4	10	定型槽板	1
26	导杆	4	9	定座	1
25	推杆	1	8	镶钉 φ16×45	4
24	螺钉 M8×28	4	7	定模套板	1
23	推板	1	6	动模套板	1
22	推板固定板	1	5	吊环	1
21	销 φ16×85	2	4	支承	1
20	螺钉 M12×80	4	3	螺钉 M16×28	10
19	复位杆	4	2	垫座	2
18	导套	4	1	动模底板	1
17	导柱	4			
16	浇口镶块	1			
15	洗动镶块	1			
14				缸筒端盖半固态压铸模	

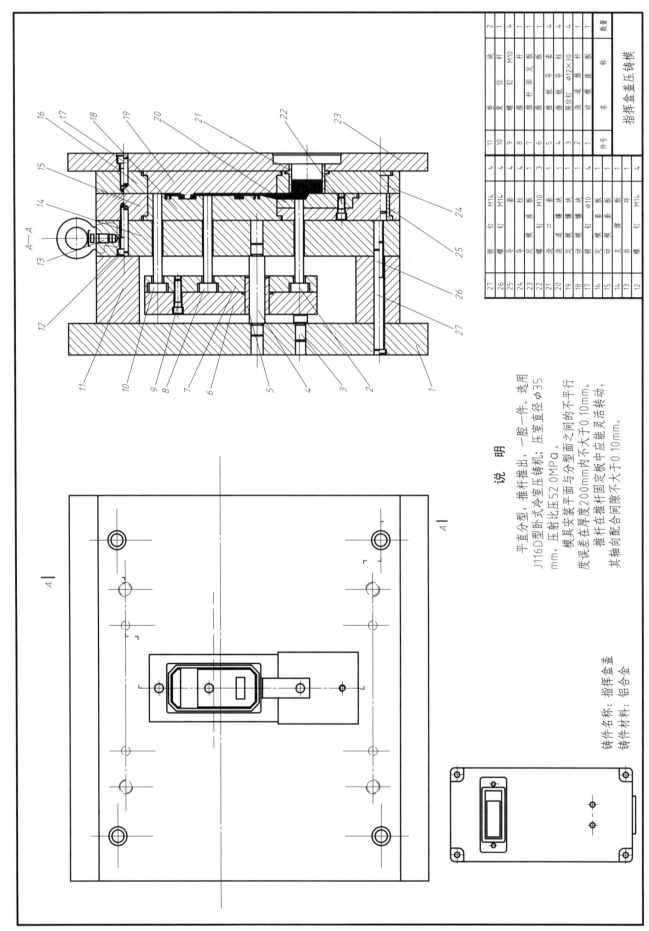

序号	名 称	数量	序号	名 称	数量
27	销 钉 M14	4	11	复位杆 块	2
26	螺 钉 M14	4	10	复位杆 M10	1
25	导 套	4	9	螺 钉 M10	4
24	定 模 座 板	1	8	推杆固定板	1
23	螺 钉 M10	3	7	推 杆 套	4
22	浇 口 套	1	6	推板导柱	4
21	浇 道 镶 块	1	5	推板导套	4
20	定 模 镶 块	1	4	限位钉 φ12×30	4
19	动 模 镶 块	1	3	浇 道 镶 块	1
18	推板导柱 φ10	4	2	动 模 座 板	1
17	定 模 套 板	1	1	推 板	1
16	动 模 套 板	1			
15	支 承 板	1			
14	吊 环	1			
13	螺 钉 M14	4			
12					

名称：招择盒盖压铸模

说 明

平直分型、推杆推出，一腔一件。选用
J116D型卧式冷室压铸机；压室直径 φ35
mm，压射比压52.0MPa。

模具安装平面与分型面之间的不平行
度误差在厚度200mm内不大于0.10mm。

推杆在推杆固定板中应能灵活转动，
其轴向配合间隙不大于0.10mm。

铸件名称：招择盒盖

铸件材料：铝合金

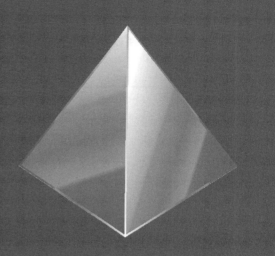

第3章

斜销抽芯结构

- 阶梯分型、斜销抽芯机构
- 阶梯分型、弯销抽芯机构
- 曲面分型、斜销抽芯结构
- 平直分型、侧向抽芯机构

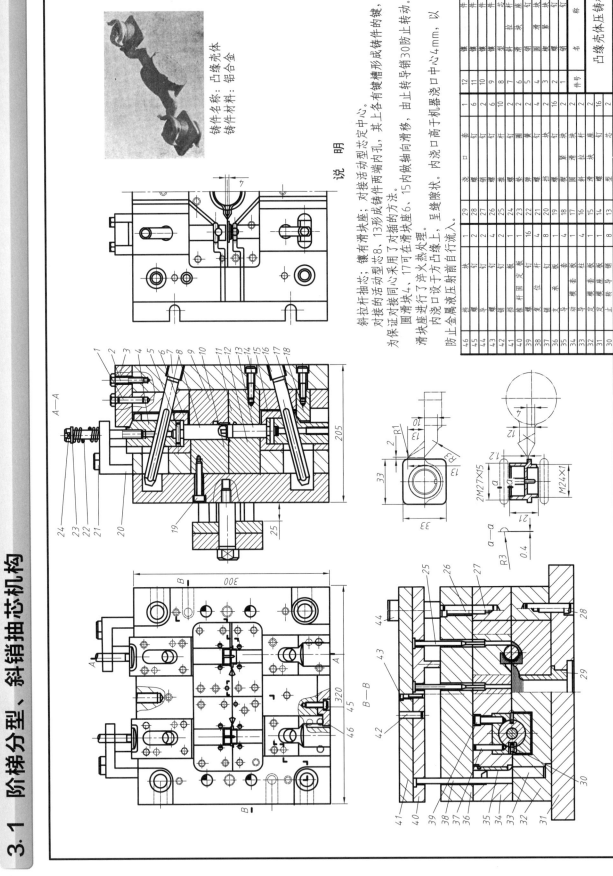

铸件名称：凸缘壳体
铸件材料：铝合金

说　明

斜拉杆描芯，镶有滑块座，对接活动型芯中心。对接活动型芯8、13形成铸件两端内孔，其上各有键槽形成铸件的键，为保证对接同心采用了对插的方法。圆滑座进行了淬火热处理。

滑块座进行了淬火热处理，15、6内做斜轴向滑移，由止转导销30防止转动。内浇口设于方凸缘上，呈缝隙状。内浇口高于机器浇口中心4mm，以防止金属液减压射前自行流入。

凸缘壳体压铸模

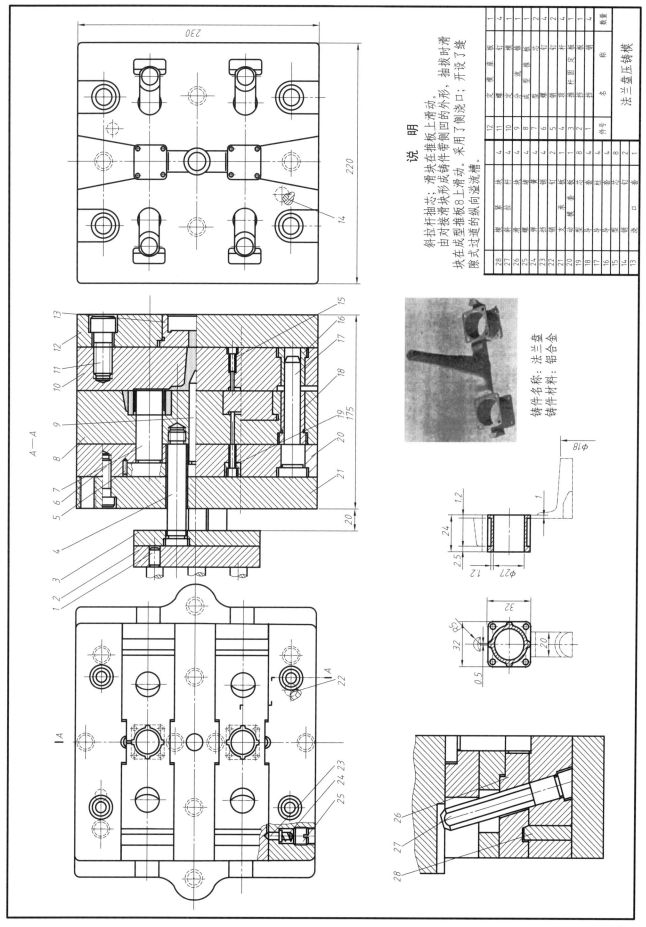

件号	名称	数量
12	定模座板	1
11	螺钉	1
10	定分流锥	1
9	流道板	2
8	成型推板	2
7	型芯	2
6	销钉	4
5	顶杆	4
4	推杆固定板	1
3	推板	1
2	销	1
1		

件号	名称	数量
28	螺钉	4
27	斜拉杆	4
26	滑块	4
25	弹簧	4
24	挡销	4
23	销钉	4
22	动型板	1
21	支承板	8
20	横浇套	8
19	型芯	4
18	导套	4
17	导柱	8
16	型套	2
15	销钉	8
14	销	2
13	浇口	1

说　明

斜拉杆抽芯；滑块在推板上滑动。由对接型推板侧成铸件带侧凹的外形，抽拔时滑块在成型滑块滑板8上滑动。采用了镶件带铸件带侧凹的外形，开设了缝隙式过渡的纵向溢流槽。

铸件名称：法兰盘
铸件材料：铝合金

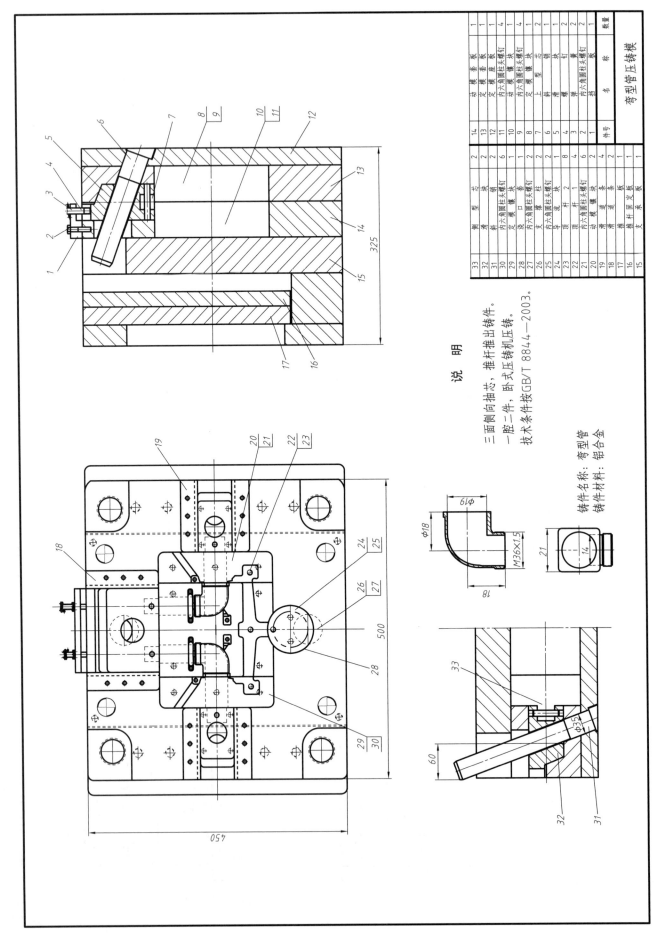

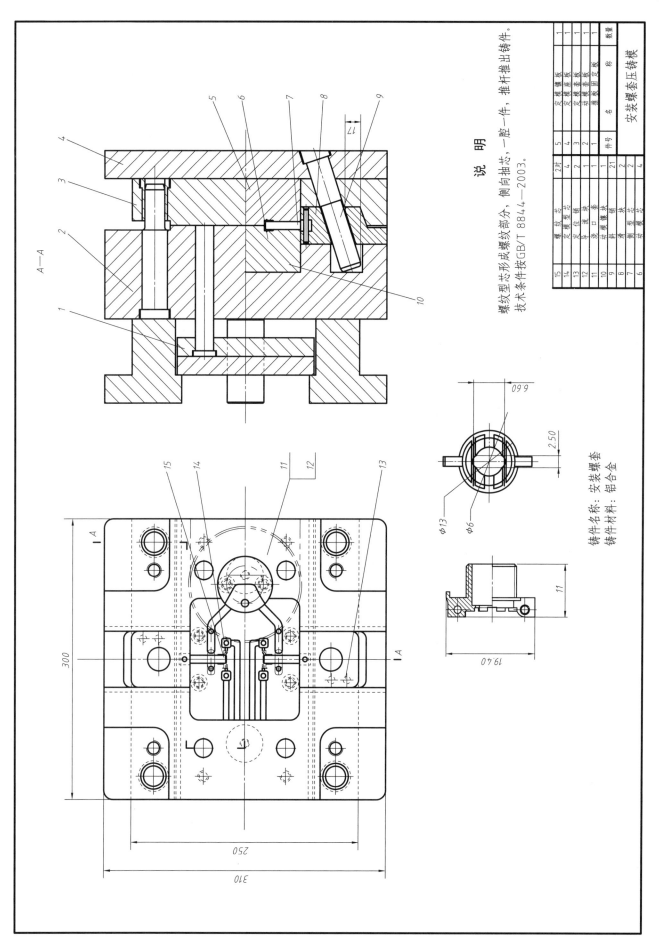

A—A

说 明

螺纹型芯形成螺纹部分，侧向抽芯，一腔一件，推杆推出铸件。

技术条件按GB/T 8844—2003。

铸件名称：安装螺套

铸件材料：铝合金

件号	名 称	数量
5	定模镶板	1
4	定模套板	1
3	定模套套板	1
2	动模套板	1
1	推板固定板	1

15	螺纹型芯	2对
14	定模型芯	4
13	定位销	1
12	浇口套	1
11	动模镶套	1
10	斜销套	21
9	斜销	2
8	侧型芯块	2
7	滑块	2
6	动模镶套	4

安装螺套压铸模

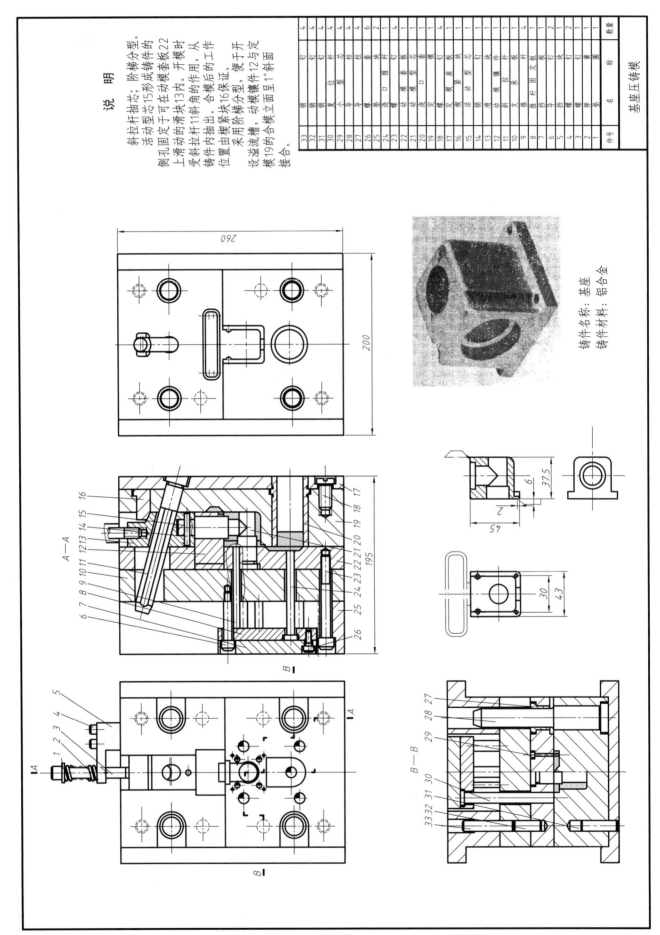

件号	名称	数量
33	销钉	4
32	销钉	4
31	复位杆	4
30	小导柱	4
29	导套	4
28	导柱	4
27	套块	2
26	推杆	6
25	销钉	1
24	浇口套	1
23	动模型芯	1
22	套块	1
21	浇口	1
20	动模板	1
19	定模板	4
18	销钉	1
17	座板	1
16	定模型芯	1
15	活动型芯	1
14	销钉	4
13	楔紧块	1
12	动模镶件	1
11	斜拉杆	1
10	支承板	1
9	定模固定板	1
8	推杆固定板	4
7	推板	1
6	挡钉	1
5	导柱	2
4	销钉	2
3	螺钉	1
2	弹簧	1
1	套圈	1

基座压铸模

铸件名称：基座
铸件材料：铝合金

说　明

斜拉杆抽芯：阶梯分型。活动型芯15形成铸件的侧孔固定于可在动模套板22上滑动的滑块13内。开模时，受斜拉杆11斜角的作用，从铸件内抽出。合模后的工作位置由楔紧块16保证，便于开设溢流槽，动模镶件12与定模19的合模立面至面呈1°斜面接合。采用阶梯分型。

260

200

195

A—A

6 7 8 9 10 11 12 13 14 15 16

17 18 19 20 21 22 23 24 25 26

B

1 2 3 4 5

B

A

37.5
6
2
45

30
43

B—B

29 28 27

33 32 31 30

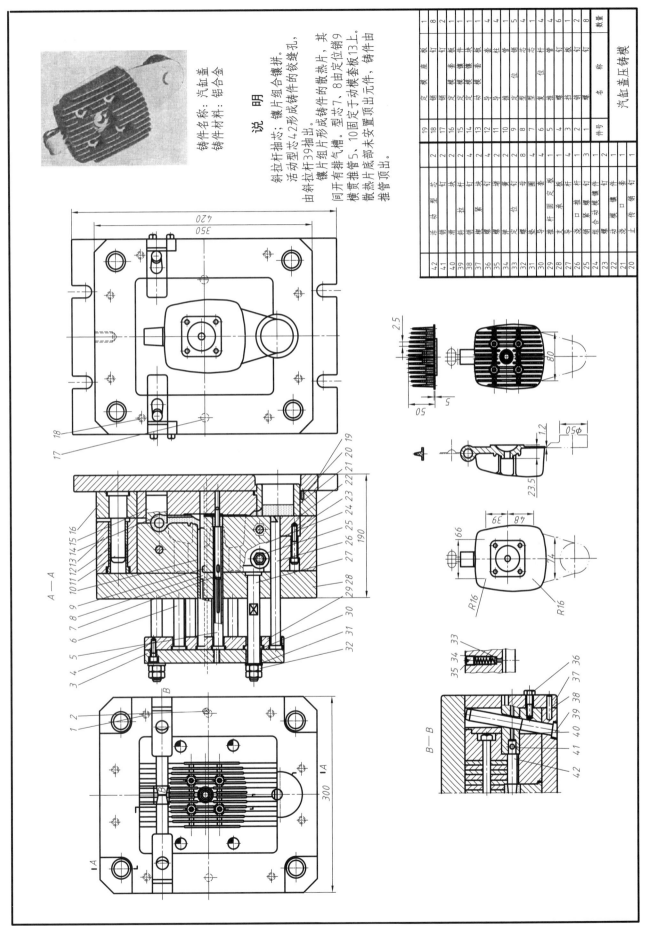

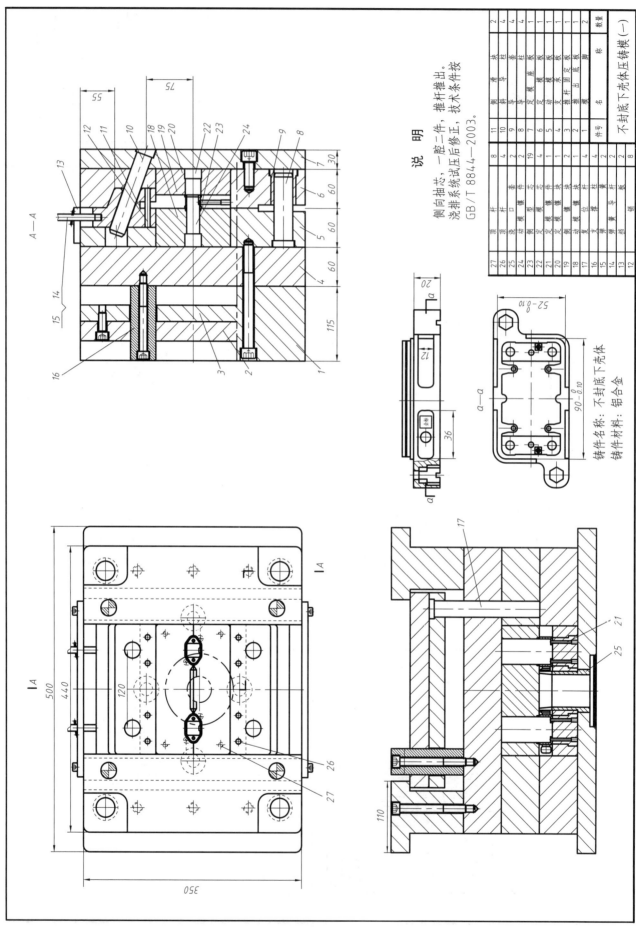

说 明

侧向抽芯，一腔二件，推杆推出。

浇排系统试压后修正，技术条件按 GB/T 8844—2003。

件号	名 称	数量
11	侧滑导柱	2
10	斜导柱	4
9	导套	4
8	定模座板	1
7	定模板	1
6	动模板	1
5	支承板	1
4	推杆固定板	1
3	推板	1
2	垫块	2

不封底下壳体压铸模（一）

件号	名 称	数量
27	顶杆	8
26	顶杆	4
25	活动镶件	2
24	浇口镶块	19
23	型芯	4
22	定模镶件	4
21	支承镶件	1
20	动模镶块	2
19	斜滑块	4
18	定滑块	4
17	复位杆	4
16	支承杆	2
15	弹簧	2
14	导柱	2
13	导套	8
12	销	

铸件名称：不封底下壳体

铸件材料：铝合金

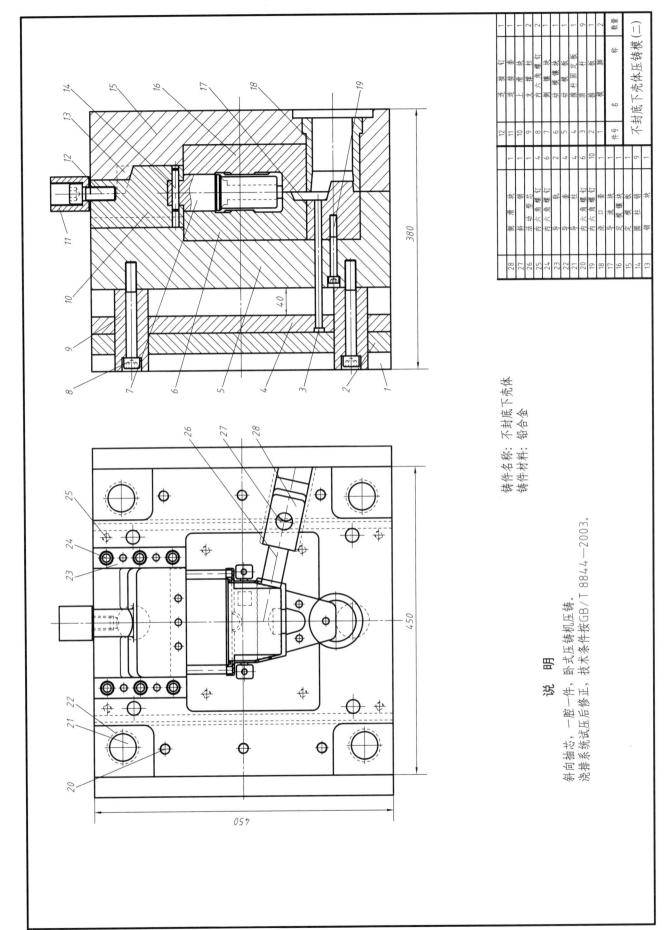

件号	名 称	数量
12	连 接 钉	1
11	弹 套	1
10	上 滑 柱	2
9	支 承 柱	1
8	内六角螺钉	1
7	动 模 镶 块	1
6	动 模 板	1
5	推 杆 固 定 板	9
4	顶 杆	1
3	推 板	1
2	垫 脚	2
件号	名 称	数量

28	侧 滑 块	1
27	薄 活 型 块	1
26	活 动 型 芯	4
25	内六角螺钉	6
24	内六角螺钉	2
23	导 轨	4
22	套 柱	4
21	内六角螺钉	6
20	内六角螺钉	10
19	洗 口 套	1
18	导 流 模 板	1
17	定 模 镶 块	1
16	定 模 板	9
15	圆 拉 杆	1
14	定 模 块	1
13	锁	1

铸件名称：不封底下壳体

铸件材料：铝合金

不封底下壳体压铸模(二)

说　明

斜向抽芯，一腔一件，卧式压铸机压铸。
浇排系统试压后修正，技术条件按GB/T 8844—2003。

压铸模具典型结构图册

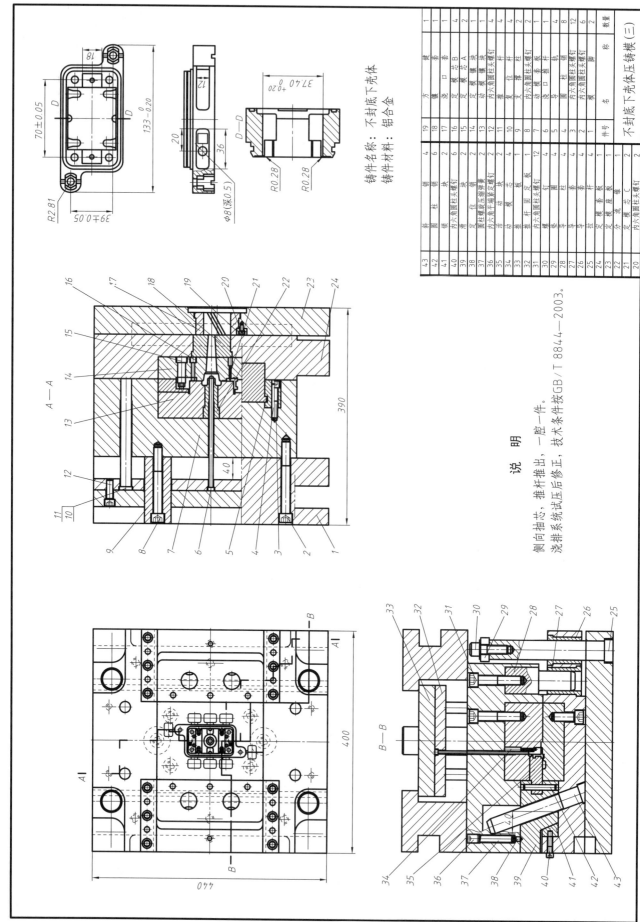

说　明

侧向抽芯，推杆推出，一腔一件。
浇排系统试压后修正，技术条件按GB/T 8844—2003。

铸件名称：不封底下壳体
铸件材料：铝合金

094

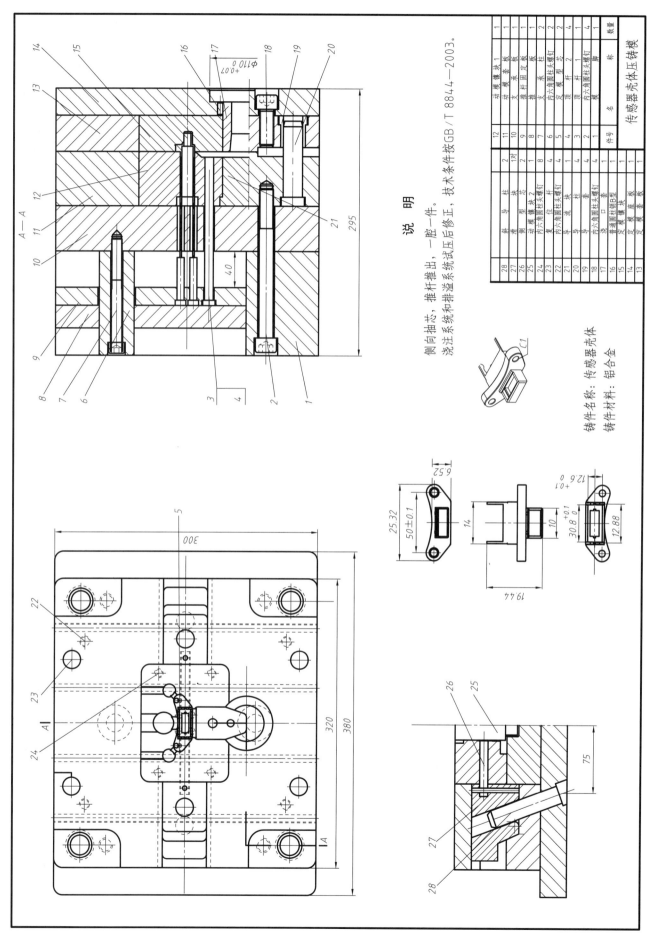

说　明

侧向抽芯、推杆推出、一腔一件。

浇注系统和排溢系统试压后修正，技术条件按GB/T 8844—2003。

铸件名称：传感器壳体

铸件材料：铝合金

件号	名　称	数量
12	动模镶块 1	1
11	支承套板	1
10	支承面定板	1
8	推杆固定板	1
7	支承柱	2
6	内六角圆柱头螺钉	6
5	定模型芯	4
3	顶杆	4
2	内六角圆柱头螺钉	4
1	模脚	1

件号	名　称	数量
28	斜导柱	2
27	滑块	1对
26	动模型镶块 2	1
25	动模镶块	1
24	内六角圆柱头螺钉	8
23	复位内六角圆柱头螺钉	4
22	定模型芯	4
21	导流块	4
20	导柱	4
19	内六角圆柱头螺钉	4
18	浇口套	1
17	楔通圆柱销	1
16	楔紧模镶型	1
15	定模镶座板	1
13	定模套板	1

传感器壳体压铸模

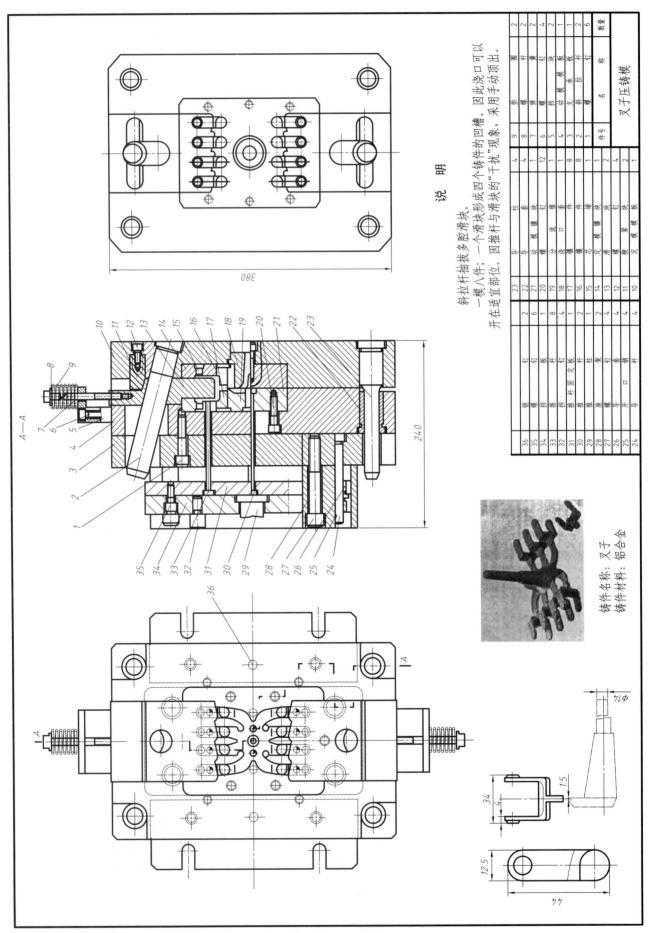

说　明

斜拉杆抽拔多腔滑块。

一模八件；一个滑块形成四个铸件的凹槽。因此浇口可以开在适宜部位。因推杆与滑块的"干扰"现象，采用手动顶出。

件号	名　称	数量
9	固 杆	2
8	螺 塞	2
7	弹 簧	4
6	螺 钉 块	2
5	动 滑 块	1
4	挡 模 板	1
3	支 承 板	2
2	垫 块	6
1	螺 钉	

23	导 柱	4
22	螺 钉	6
21	动 模 镶 块	1
20	螺 钉	12
19	分 流 锥	8
18	浇 口 套	1
17	镶 套 件	8
16	镶 件	1
15	定 模 镶 块	2
14	滑 块	1
13	螺 钉	4
12	弹 簧	4
11	定 模 套 板	2
10	定 模 座 板	1

36	销 钉	2
35	螺 钉	6
34	滑 板	1
33	滑 杆	8
32	招 销 钉	4
31	推 杆 固 定 板	1
30	推 杆	1
29	推 板	2
28	螺 架 钉	4
27	弹 销	4
26	螺 钉	4
25	开 口 销	
24	导 杆	1

铸件名称：叉子
铸件材料：铝合金

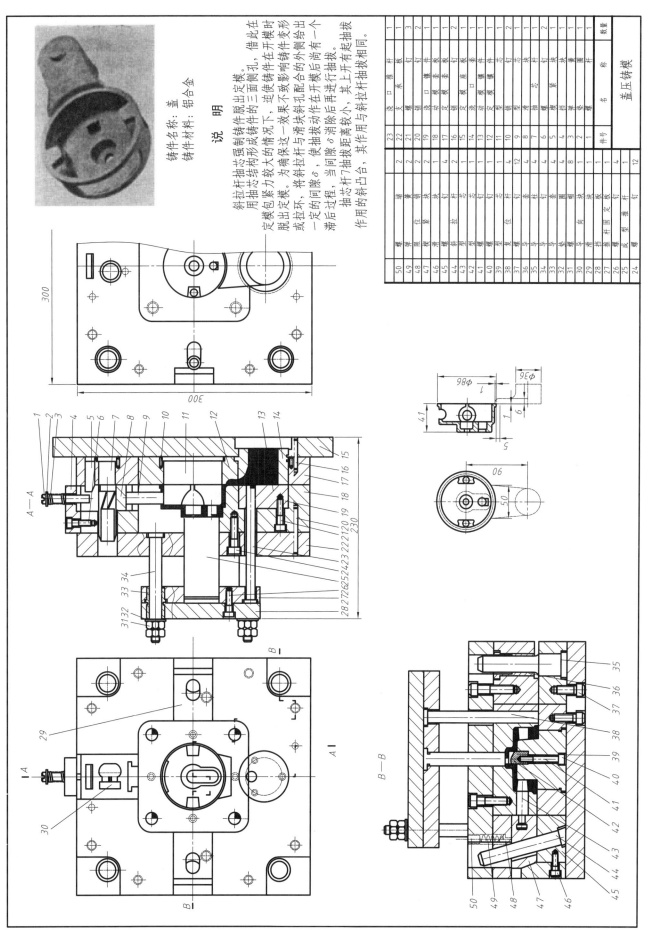

说　明

铸件名称：盖
铸件材料：铝合金

斜拉杆抽芯强制铸件脱出定模。
用抽芯结构较大的情况下，借此在
脱出包紧环，将斜拉杆成形铸件的三面侧凹，进使铸件在开模时
或拉紧环，将斜拉杆与滑块这一效果不致影响铸件变形
一定过程，当间隙δ消除后距离较小，其上开有起抽拉板
抽芯杆7抽拔距离较小，其上开有与斜拉杆抽拔
作用的斜点合台，其作用与斜拉杆抽拔相同。

A—A

300　300

B—B

盖压铸模

件号	名称	数量	件号	名称	数量
23	浇口套	1	50	螺钉	2
22	支承板	1	49	螺钉	2
21	销钉	3	48	限位块	2
20	销钉	2	47	滑块	2
19	浇口镶块	1	46	销钉	4
18	动模套板	2	45	拉杆	4
17	销钉	4	44	斜拉杆	4
16	定模套板	1	43	型芯	1
15	浇口套	1	42	螺钉	12
14	定模镶块	1	41	复位杆	1
13	销钉	1	40	螺钉	4
12	型芯	1	39	复位杆	4
11	型芯	12	38	弹簧	4
10	销钉	4	37	导柱	4
9	滑块	4	36	导套	4
8	抽芯杆	4	35	导柱	4
7	螺钉	8	34	挡圈	8
6	螺钉	1	33	导套	1
5	挡块	1	32	导向块	1
4	滑块	1	31	挡板	1
3	镶块	1	30	滑块	2
2	底板	1	29	推杆固定板	1
1	螺钉	12	28	成型推杆	4
			27	推杆	4
			26	推杆	1
			25	推杆	4
			24	螺钉	12

Φ86　Φ36
41　06　50

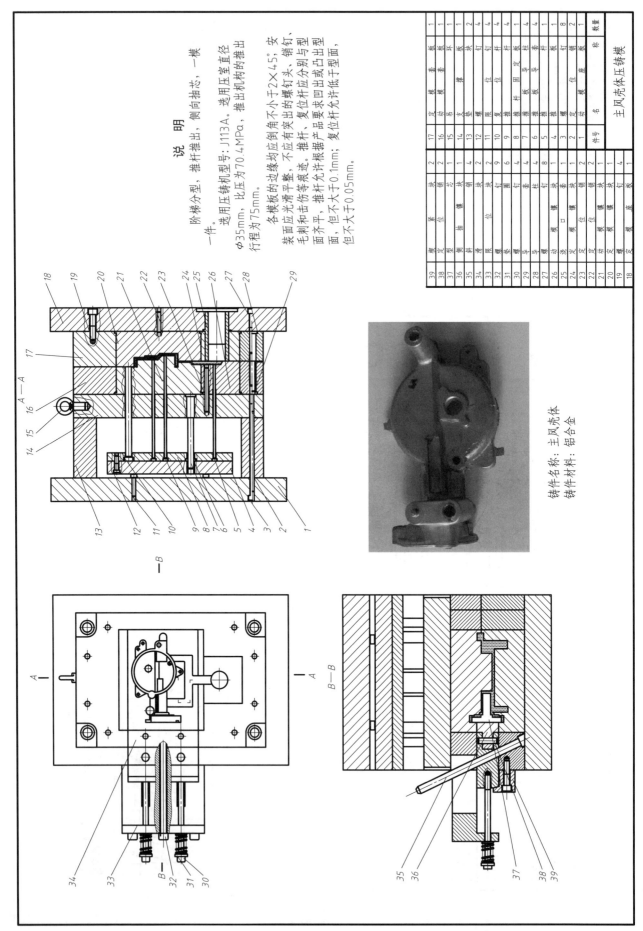

说　明

阶梯分型，推杆推出，侧向抽芯，一模一件。选用压铸机型号：J1113A。选用压室直径Φ35mm，比压为70.4MPa，推出机构的推出行程为75mm。

各模板的边缘均应倒角不小于2×45°；安装面应光滑平整，不应有突出的螺钉头、销钉、型芯和击伤等痕迹。推杆、复位杆应分别与出型面齐平，毛刺和击伤等痕迹。推杆根据产品要求凹出或凸出型面，但允许根据产品要求凹出或凸出型面；复位杆允许低于型面，但不大于0.1mm；复位杆允许低于型面，但不大于0.05mm。

铸件名称：主风壳体
铸件材料：铝合金

主风壳体压铸模

件号	名称	数量	件号	名称	数量
39	定模座板	2	17	定模套板	1
38	定位销	2	16	定距套环	1
37	型芯	1	15	吊环	1
36	销	4	14	动模板	1
35	滑块	2	13	螺钉	4
34	螺钉	2	12	限位螺钉	4
33	螺钉	2	11	复位杆	4
32	垫圈	6	10	推杆	4
31	导套	4	9	推杆固定板	1
30	导柱	4	8	推板	1
29	导套	8	7	推板导套	4
28	导柱	1	6	推板导柱	4
27	动模镶块	1	5	推杆	8
26	浇口镶块	2	4	螺钉	1
25	定模镶块	1	3	垫块	2
24	定位销	2	2	动模座板	1
23	定模镶块	1	1	螺钉	4
22	定模镶块	2	19	动模镶块	1
21	螺钉	1	18	定座板	1
20	定模座板	1			

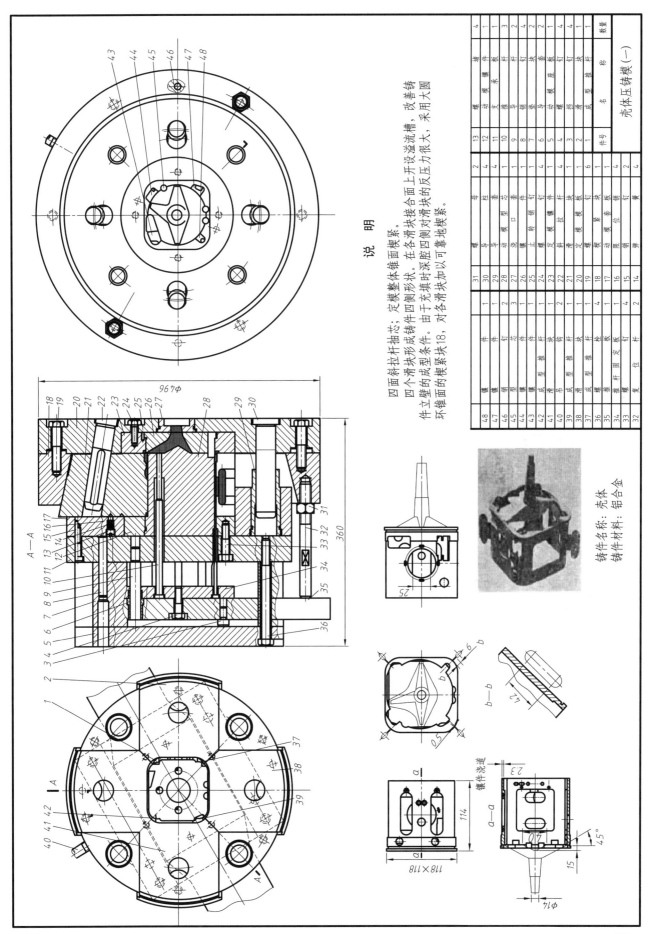

说　明

四面斜销拉杆抽芯；定模整体锥面楔紧。

四个滑块形成铸件四侧锥形状。在各滑块接合面上开设溢流槽，改善铸件立壁的成型条件。由于充填时涞腔四侧对滑块的反压力很大，采用大圆环锥面的楔紧块18，对各滑块面的楔紧加以可靠地楔紧。

铸件名称：壳体
铸件材料：铝合金

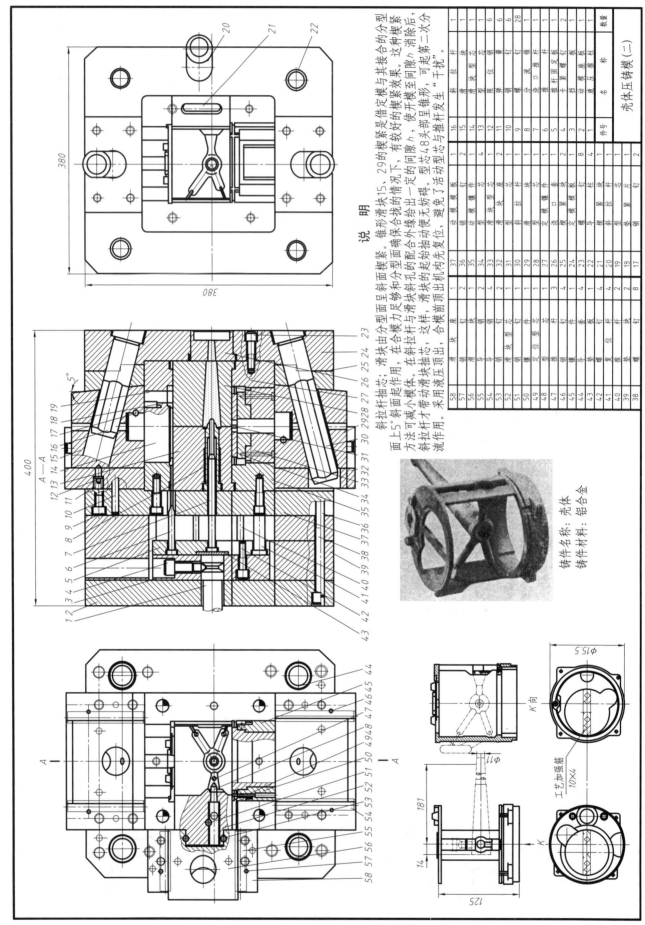

说　明

斜拉杆抽芯；滑块由分型面呈斜面楔紧。锥形滑块15、29的楔紧是借助定模与其接合的分型面的楔紧，有较好的楔紧效果。这种楔紧面方法可减小5°斜面起作用，在斜拉杆斜孔的配合外缘给以一定的间隙h，使开模至锥形，可起第二次分斜拉杆才带动滑块抽芯，这样，滑块的起始抽油始给出一定的间隙h消除后，型芯48头部呈锥形，流作用。采用液压顶出。合模前顶出机构先复位，避免了活动型芯与推杆发生"干扰"。

铸件名称：壳体
铸件材料：铝合金

件号	名 称	数量		件号	名 称	数量
16	斜拉杆	1		37	动模座板	1
15	滑块	1		36	销钉	2
14	滑块型芯	6		35	动模镶套	2
13	型位	6		34	型芯导套	4
12	镶套	28		33	导套	2
11	半销			32	型芯	1
10	分流道			31	滑块型芯	1
9	卡推杆			30	销钉	1
8	浇口镶套	1		29	滑块	1
7	推杆固定板	2		28	镶套	3
6	推杆底板	1		27	定模镶套	4
5	卡推杆			26	型芯	4
4	滑动镶块			25	镶套	4
3	斜拉块			24	导套	1
2	底座			23	螺钉	4
1	液压推杆	2		22	螺钉	1

壳体压铸模（二）

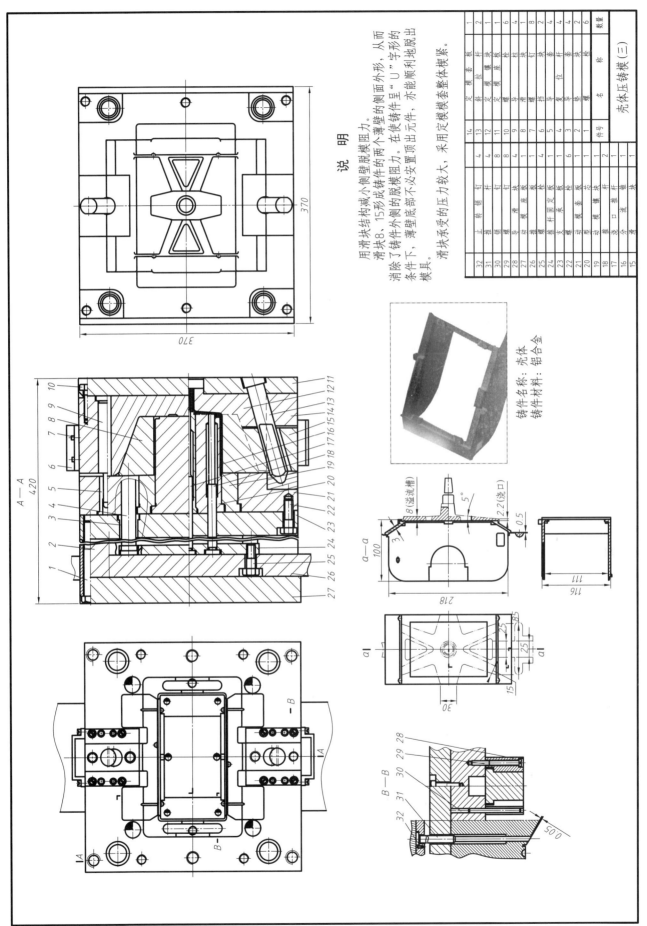

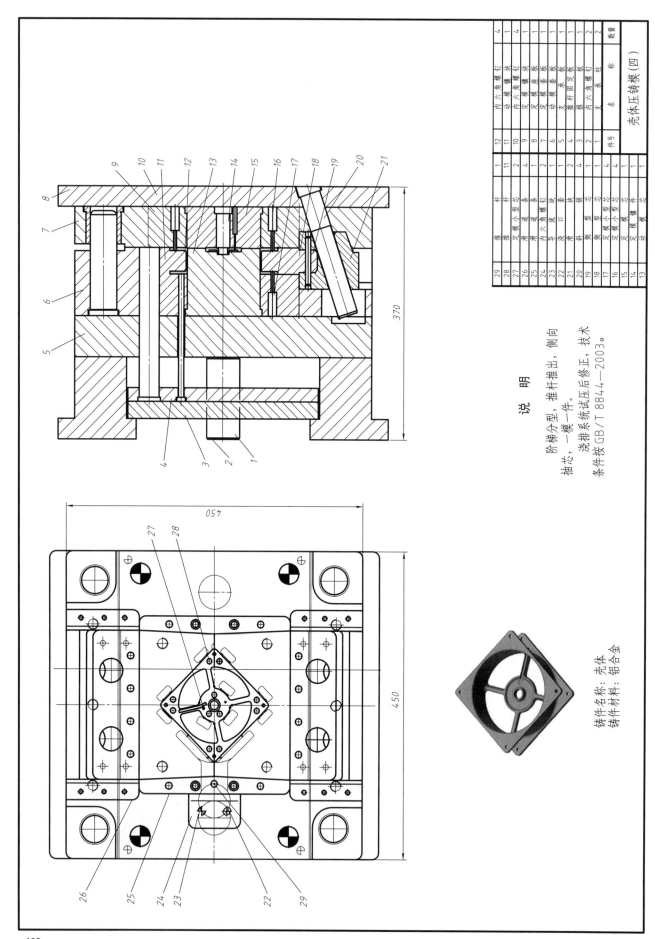

件号	名 称	数量
12	内六角螺钉	4
11	动模镶块	1
10	内六角螺钉	4
9	定模镶块	1
8	定模座板	1
6	动模座板	1
5	支承板	2
4	推杆固定板	1
3	内六角螺钉	1
2	支柱	2

件号	名 称	数量
29	推杆	1
28	推杆	11
27	定模小型芯	2
26	滑道	4
25	滑道	1
24	内六角螺钉	4
23	导套	2
22	浇口块	1
21	滑块	2
20	斜销	4
19	动模型芯	1
18	定模小型芯	4
17	定模小型芯	4
16	定模镶块	1
14	动模镶件	1
13	动模	1

壳体压铸模（四）

说　明

阶梯分型，推杆推出，侧向

抽芯，一模一件。

浇排系统试压后修正，技术

条件按GB/T 8844—2003。

铸件名称：壳体

铸件材料：铝合金

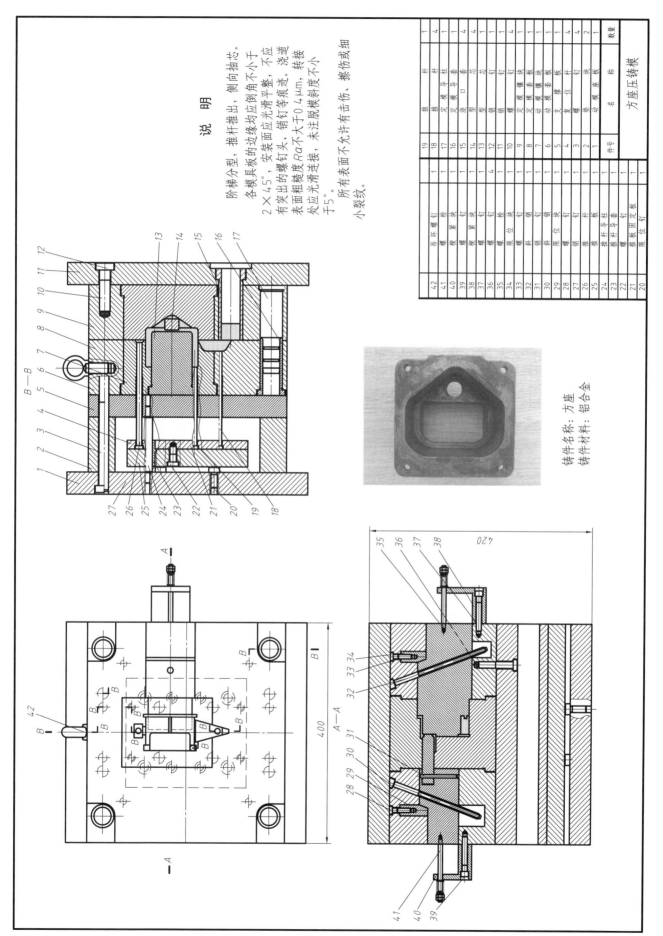

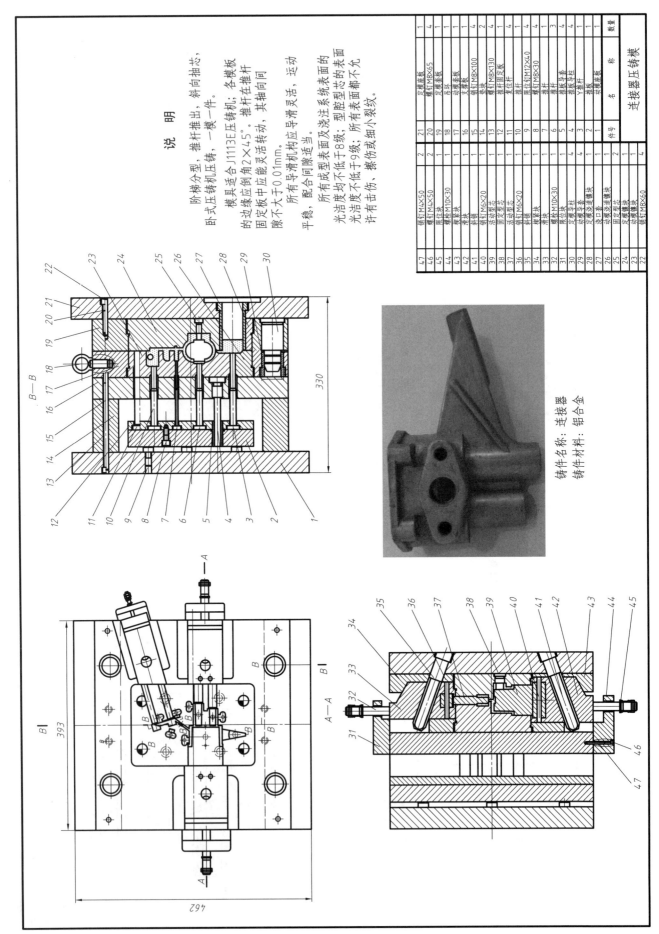

说 明

阶梯分型，推杆推出，斜向抽芯，
卧式压铸机压铸，一模一件。

模具适合 J1113E 压铸机；各模板
的边缘应倒倒角 2×45°。推杆在推杆
固定板中应能灵活转动，其轴向间
隙不大于 0.01mm。

所有导滑机构应导滑灵活，运动
平稳，配合间隙适当。

所有成型表面及浇注系统表面的
光洁度均不低于 8 级；型腔型芯的表面
光洁度不低于 9 级；所有表面都不允
许有齿伤、擦伤或细小裂纹。

铸件名称：连接器
铸件材料：铝合金

件号	名 称	数量
21	定模座板	1
20	螺钉M8×65	4
19	定模套板	1
18	动模套板	1
17	支撑板	1
16	垫块	2
15	螺钉M8×100	4
14	垫块	2
13	螺钉M8×130	4
12	推杆固定板	1
11	复位杆	4
10	推杆	4
9	螺钉M12×40	4
8	螺钉M8×30	4
7	推杆	3
6	推杆	1
5	推板导套	4
4	推板导柱	4
3	Y推杆	1
2	推板	1
1	动模座板	1

件号	名 称	数量
47	螺钉M4×50	2
46	螺钉M4×50	2
45	限位块	1
44	螺栓M10×30	1
43	楔紧块	1
42	滑块	1
41	螺钉M6×20	2
40	斜销	1
39	活动型芯	1
38	固定型芯	1
37	活动型芯	1
36	螺钉M6×20	2
35	楔紧块	1
34	滑块	1
33	螺栓M10×30	1
32	限位块	1
31	定模导柱	4
30	定模导套	4
29	浇口套	1
28	动模活动镶块	1
27	动模活动镶块	1
26	定模固定镶块	1
25	定模镶块	1
24	动模镶块	1
23	动模镶块	1
22	螺钉M8×60	4

连接器压铸模

330

393

462

104

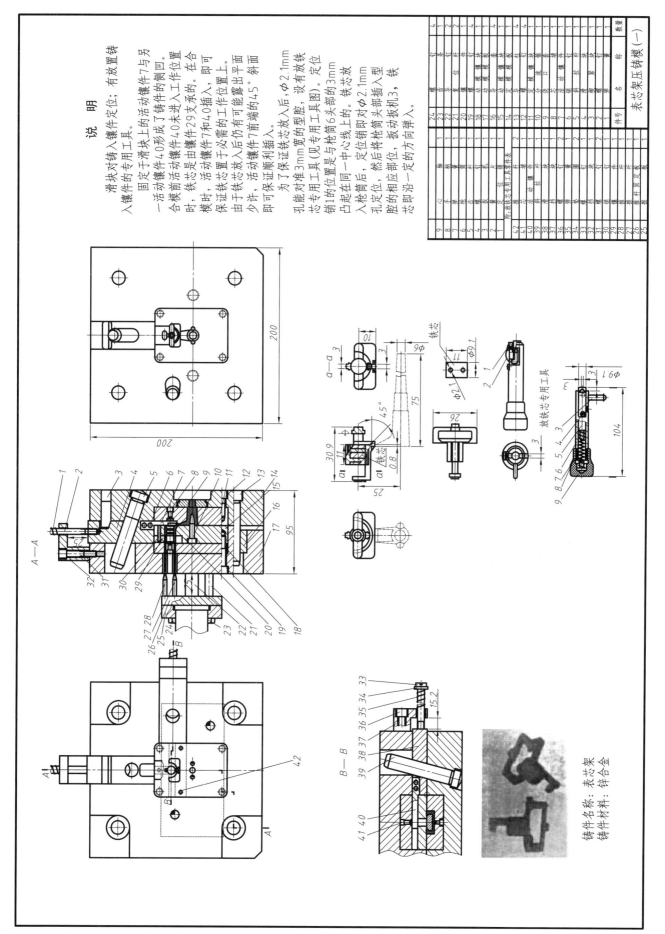

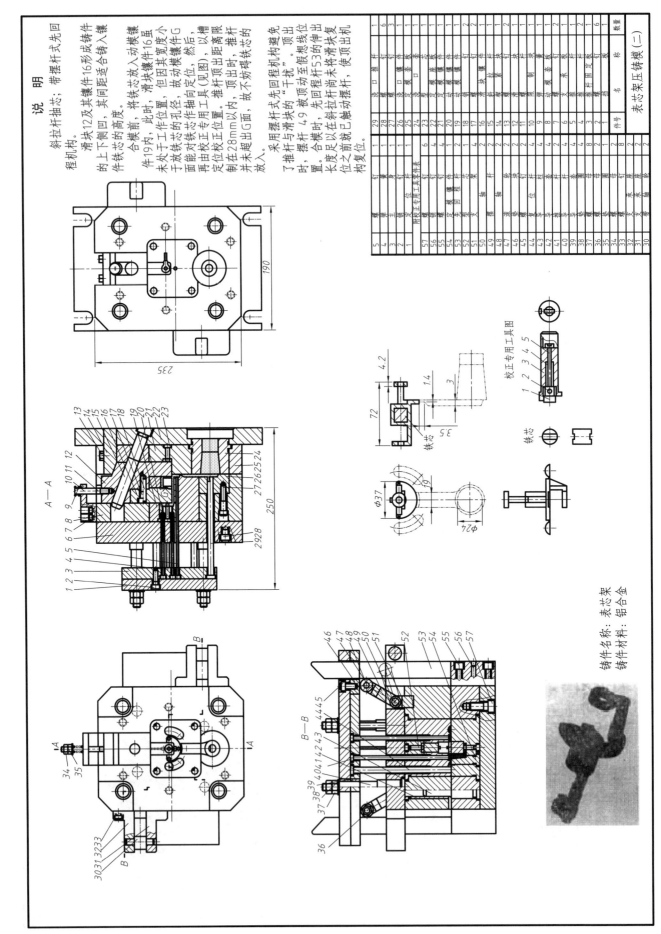

说　明

斜拉杆抽芯；带摆杆式先回程机构。

合模前，将铁芯放入动模镶件19内，此时，滑块镶件16虽未处于工作位置，但因其宽度小于放铁芯作的孔径，故动模镶件G面再由校正专用工具将铁芯轴向定位，然后，定位校正专用工具。推杆可限制在28mm以内，顶出时，推杆并未建出G面，故不妨碍铁芯的放入。

采用摆杆式先回程机构免了推杆与滑块的"干扰"。顶出时，摆杆49被顶动至假想线位置，合模时，先回程杆53的伸出长度足以在斜拉杆尚未将滑块复位之前就已触动摆杆，使顶出机构复位。

校正专用工具图

铁芯

铸件名称：表芯架

铸件材料：铝合金

表芯架压铸模（二）

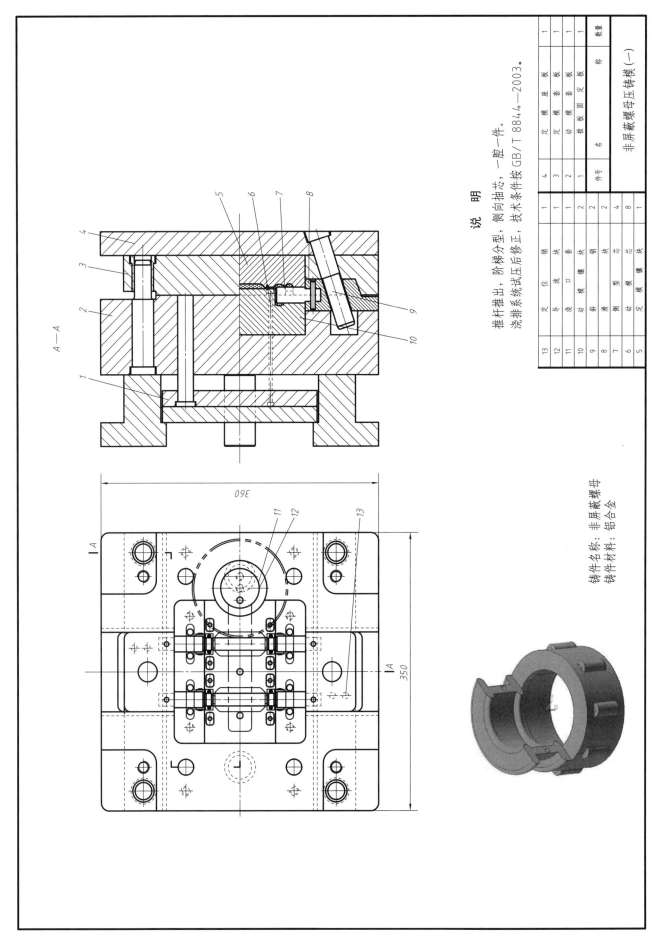

说　明

推杆推出，阶梯分型，侧向抽芯，一腔一件。
浇排系统试压后修正，技术条件按 GB/T 8844—2003。

件号	名 称	数量
4	定 模 座 板	1
3	定 模 套 板	1
2	动 模 套 板	1
1	推 板 固 定 定 模	1

13	定 位 销	1
12	导 套 块	1
11	浇 口 套	1
10	动 模 镶 块	2
9	斜 销	2
8	滑 块 型 芯	2
7	侧 型 芯	4
6	动 模 型 芯	8
5	定 模 镶 块	1

非屏蔽螺母压铸模（一）

铸件名称：非屏蔽螺母
铸件材料：铝合金

107

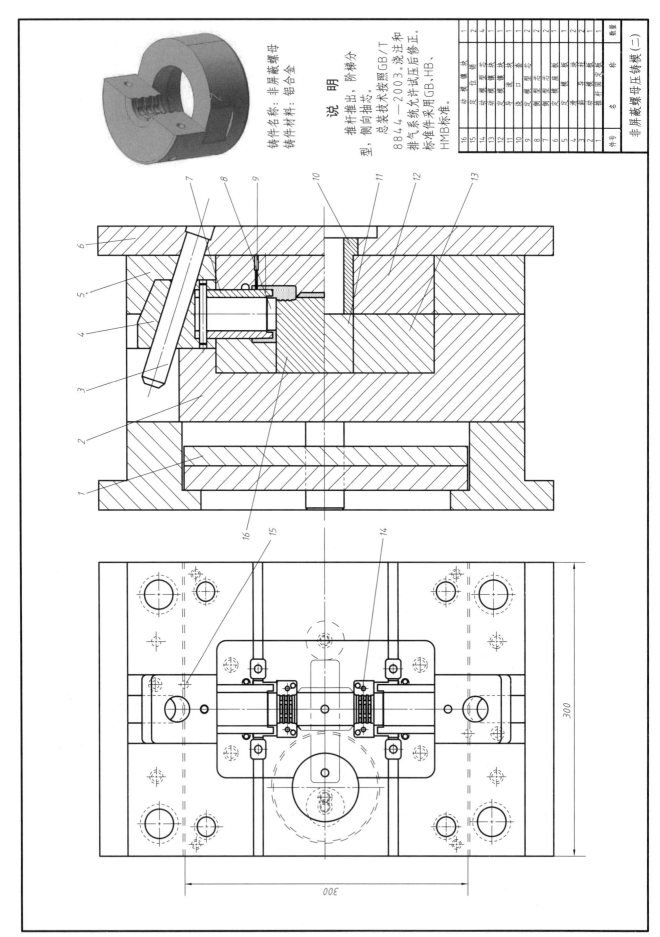

铸件名称：非屏蔽螺母
铸件材料：铝合金

说　明

推杆推出，阶梯分型，侧向抽芯。
总装技术按照 GB/T
8844—2003。浇注后允许试压修正。
排气系统允许采用 GB、HB、
标准件采用 HMB 标准。

件号	名　称	数量
16	动模镶块	1
15	定位销	2
14	动模型芯块	4
13	动模镶块	1
12	定模镶块	1
11	导套	1
10	浇口套	2
9	定模型芯	2
8	侧向型芯	1
7	定模镶板	2
6	定模模板	1
5	滑块	2
4	动模模板	2
3	导杆	1
2	推杆固定板	1
1	推杆固定板	1

非屏蔽螺母压铸模（二）

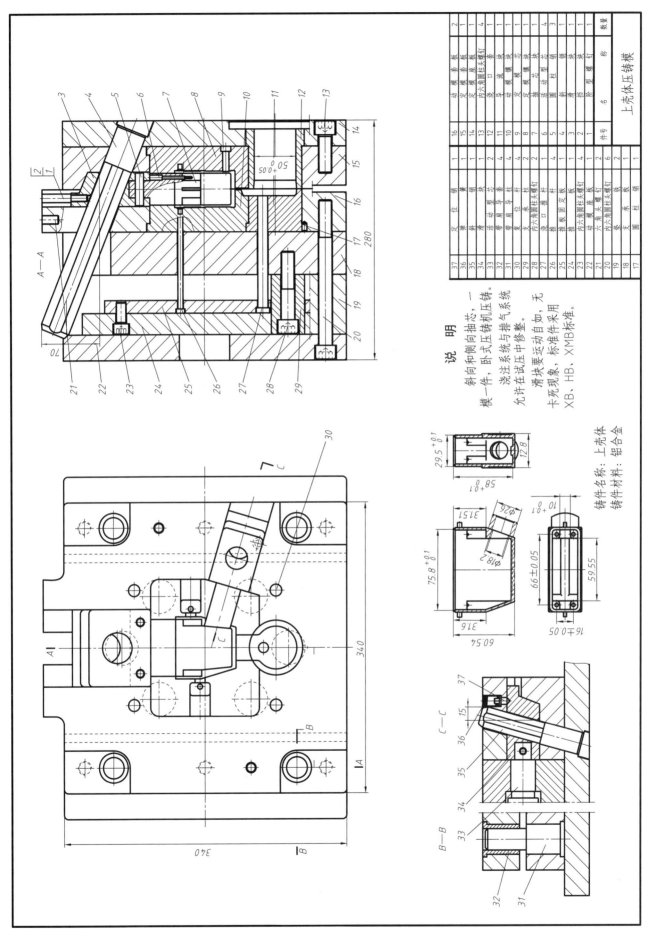

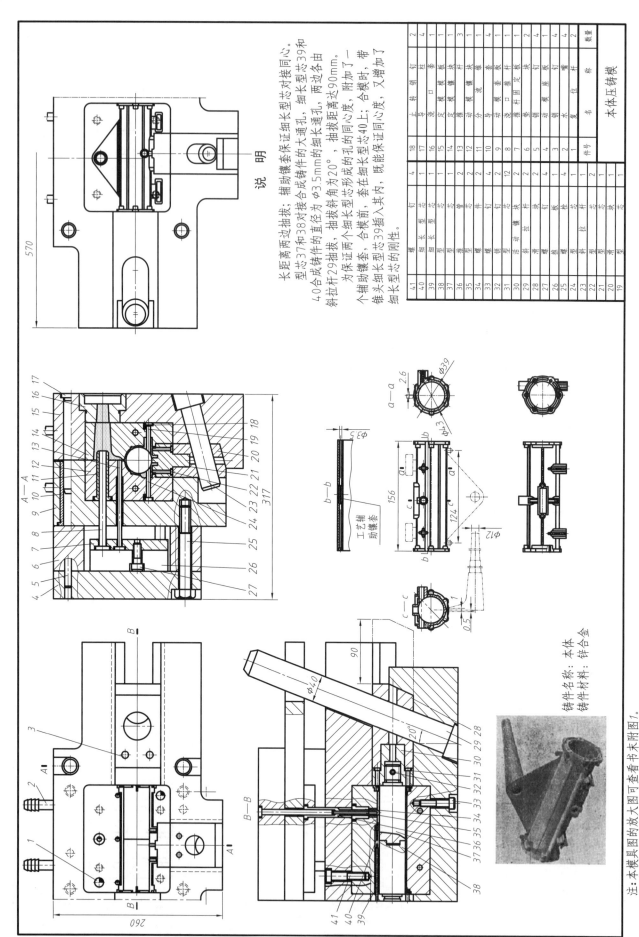

说　明

长距离两边抽拔；辅助镶套保证细长型芯对接同心。

型芯37和38对接合成铸件的大通孔，细长型芯39和40合成铸件的直径为 φ3.5mm的细长通孔，两边各由斜拉杆29抽拔，抽拔斜角为20°，抽拔距离达90mm。

为保证两个细长型芯形成的孔的同心度，附加了一个辅助镶套，合模前，套在细长型芯40上；合模时，带锥头细长型芯39插入其内，既能保证同心度，又增加了细长型芯的刚性。

铸件名称：本体
铸件材料：锌合金

本体压铸模

序号	名称	数量
41	螺钉	4
40	细长型芯	1
39	细长型芯	1
38	型芯	1
37	型芯	1
36	推杆	2
35	滑套	2
34	螺件	4
33	销钉	1
32	动型芯	12
31	活型块	2
30	斜滑块	2
29	斜拉杆	2
28	螺钉	4
27	镶套	4
26	型芯	1
25	销钉	4
24	型芯	1
23	型芯	1
22	复位杆	2
21	滑块	1
20	型芯	1
19	型芯	1

件号	名称	数量
18	螺钉	2
17	导套	4
16	导套	1
15	定模板	1
14	定模镶块	3
13	推流套	1
12	分流锥	4
11	动模套板	1
10	导套板	1
9	浇口座	2
8	推杆固定板	1
7	垫面座	4
6	销头	1
5	动模座	2
4	镶套	1
3	复位杆	2
2	型块	1
1		

注：本模具图的放大图可查看书末附图1。

110

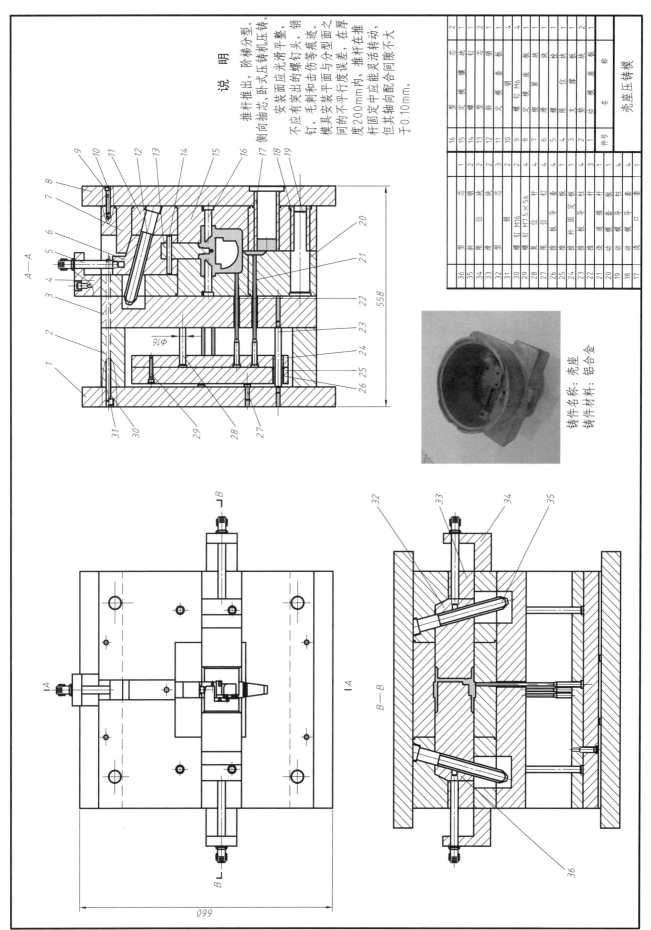

说　明

推杆推出, 阶梯压铸机压滑分型。

侧向抽抽芯, 卧式压铸机压平整。

安装面应光螺钉头、销钉、毛刺和击仿等痕迹。

不应有出的螺钉头、销钉等痕迹。

模具安装平面与分型面之间的不平行度误差, 在厚度200mm内, 推杆在推杆固定轴向应能配合间隙不大于0.10mm。

件号	名　称			
36	型芯	1	16	型芯镶套	2
35	斜销	2	15	型套	1
34	用块	2	14	型镶钉	1
33	型芯	2	13	斜销	2
32	螺钉 M16	2	12	定模销	1
31	螺钉 M7.5×56	2	11	定模座板	4
30	复位杆	4	10	季套	4
29	限位钉板	1	9	定模镶块	1
28	推板导套	4	8	定模座板	1
27	推杆固定板	1	7	楔紧块	4
26	推杆导柱	4	6	定位块	4
25	推板	1	5	滑块	4
24	浇道镶套	3	4	限位块	3
23	动模导套	1	3	支承板	1
22	动模导柱	4	2	动模座板	2
21	浇口套	1	1	模座	1
17	亮座压铸模			

铸件名称: 壳座

铸件材料: 铝合金

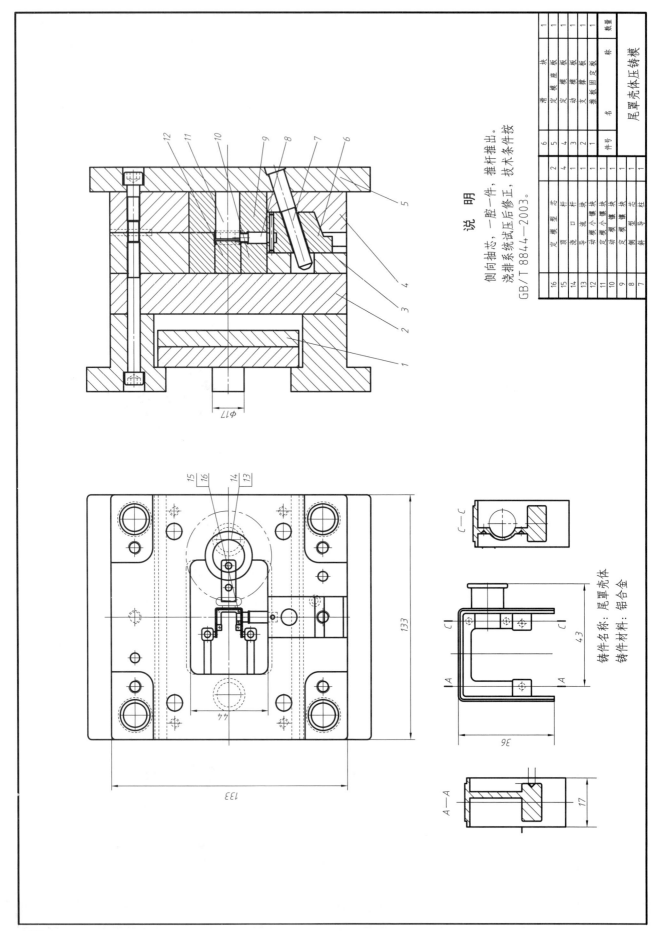

说　明

侧向抽芯，一腔一件，推杆推出。

浇排系统试压后修正，技术条件按
GB/T 8844—2003。

16	定模型芯	1
15	顶杆	2
14	浇口料杆	1
13	导模小镶块	1
12	动模小镶块	1
11	定模镶块	1
10	定模型芯	1
9	侧模型芯	1
8	斜导柱	1
7	导柱	1
件号	名称	数量

6	滑块	1
5	定模座板	1
4	定模板	1
3	动模板	1
2	支撑板	1
1	推板固定板	1
件号	名称	数量

尾罩壳体压铸模

铸件名称：尾罩壳体
铸件材料：铝合金

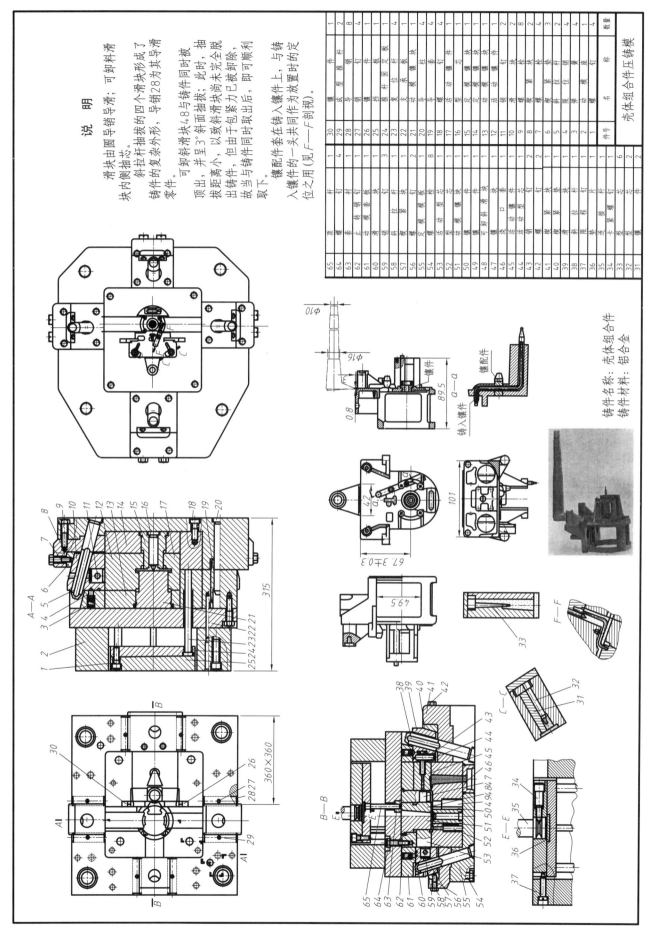

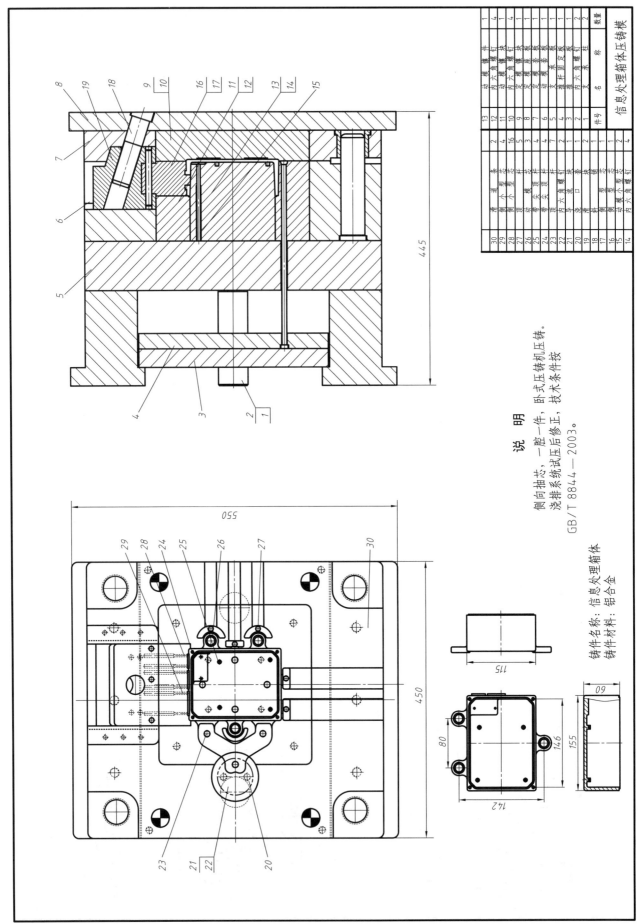

说　明

侧向抽芯，一腔一件，卧式压铸机压铸。

浇排系统试压后修正，技术条件按

GB/T 8844—2003。

铸件名称：信息处理箱体

铸件材料：铝合金

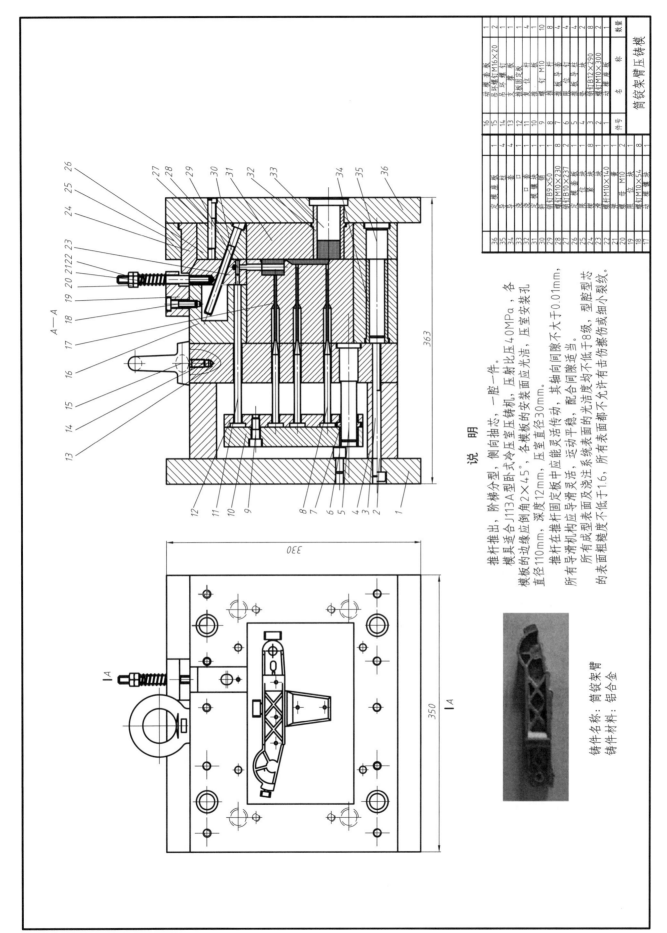

件号	名 称	数量
36	动模套板	1
35	吊环螺钉M16×20	2
34	吊环螺钉	1
33	浇道板固定板	4
32	复位板	10
31	螺钉 M10	4
30	导杆	4
29	推板导套	4
28	推板导柱	2
27	推板垫板	8
26	销钉B12×290	2
25	螺钉M10×300	1
	动模套板	

件号	名 称	数量
24	定模座板	1
23	导套	4
22	导柱	4
21	口套	1
20	浇道镶嵌	1
19	镶销	1
18	销钉B9×50	8
17	销钉B10×237	2
16	定模镶块	1
15	限位块	8
14	滑块	1
13	螺钉M10×140	2
12	螺母 M10	1
11	螺栓	2
10	螺杆M10×54	8
9	动模镶块	1

说 明

推杆推出，阶梯分型，侧向抽芯，一腔一件。

模具适合 J113A 型卧式冷室压铸机，压射比压 40MPa，各模板的安装面应磨光洁，压室安装孔直径 110mm，深度 12mm，压室直径 30mm，

推杆在推杆固定板中应能灵活传动，其轴向间隙均不大于 0.01mm，

所有导滑机构应导滑灵活，运动平稳，配合间隙适当。

所有成型表面及浇注系统表面的光洁度均不低于 8 级，型腔型芯的表面粗糙度不低于 1.6，所有表面都不允许有击伤擦伤或细小裂纹。

铸件名称：筒锭架臂
铸件材料：铝合金

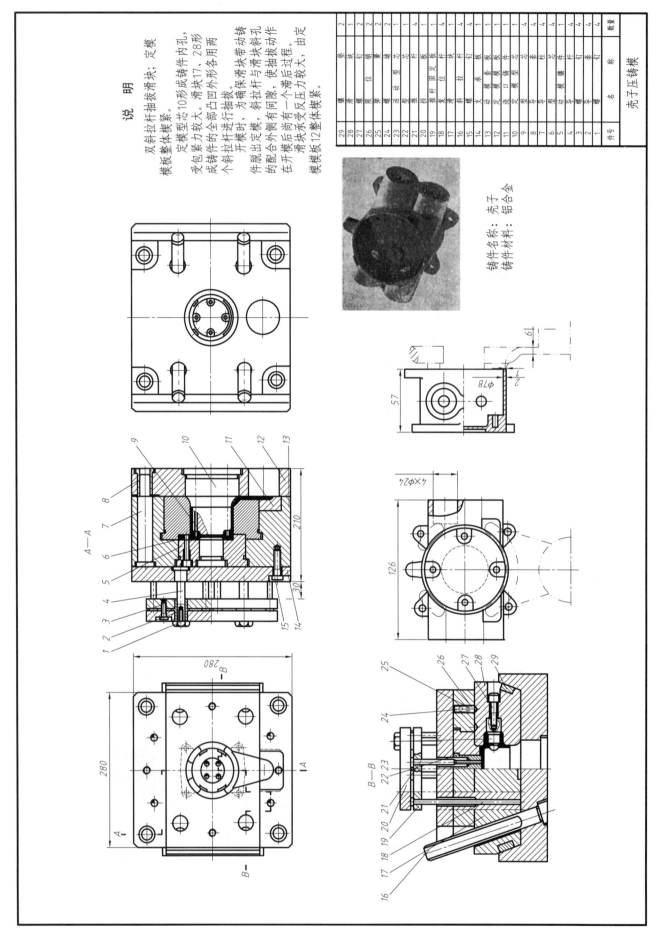

序号	名称	数量
29	镶块	2
28	滑块	1
27	钉	2
26	限位螺	2
25	弹簧	2
24	活动型芯	1
23	配型重	4
22	拉杆套	4
21	挡杆固定板	4
20	复位杆	4
19	拉杆	4
18	斜拉杆	1
17	斜滑块	4
16	钉	4
15	支承板	4
14	动模座板	1
13	横浇口镶块	4
12	定模型芯	4
11	型芯	1
10	导套	4
9	导柱	4
8	支承套	4
7	动模镶件	1
6	动模套板	4
5	导滑镶件	4
4	螺钉	1
3	钉	4
2	导柱	4
1	螺钉	4

壳子压铸模

铸件名称：壳子
铸件材料：铝合金

说　明

双斜拉杆抽拔滑块；定模
模板整体模紧。

定模成型芯10形成铸件内孔，
受包紧力较大。滑块17、28形
成铸件的全部凹凸外形各用两
个斜拉杆进行抽拔。

开模脱出定模时，为确保滑块与斜拉杆带动铸
件的配合侧间有间隙，使抽拔动作
在开模后再进行过程，由定
模模板承受反压力整体模紧。
滑块间有一个滑后较大，由定
模模板12整体模紧。

57

Φ78

2

19

4×Φ24

126

A—A

210

30

280

280

B—B

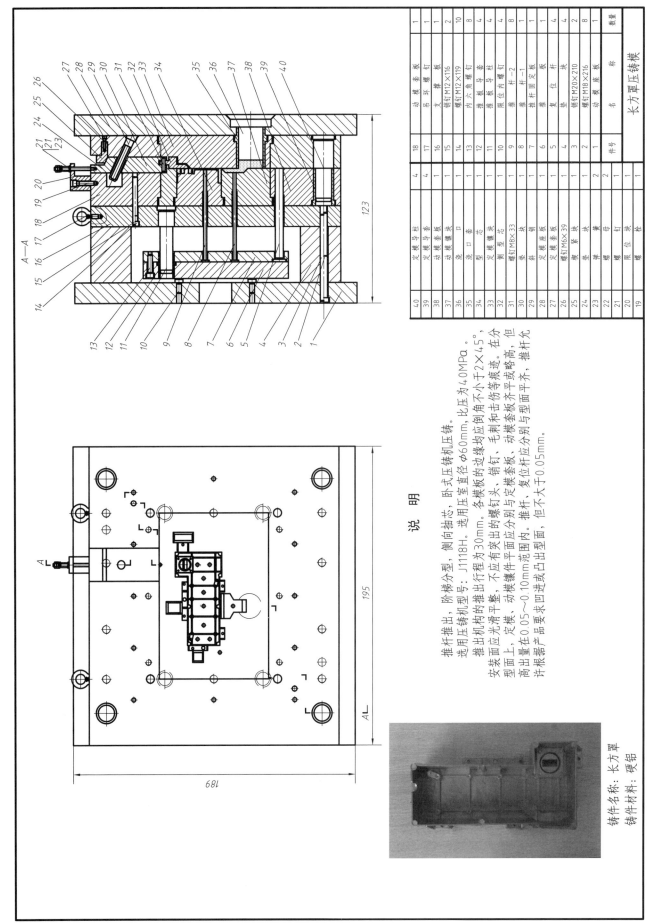

A—A

123

195

189

铸件名称：长方罩
铸件材料：硬铝

明细表

件号	名称	数量
18	动模套板	1
17	吊环螺钉	1
16	推板	2
15	销钉M12×116	10
14	螺钉M12×119	8
13	内六角螺钉	4
12	推板导套	4
11	推板导柱	8
10	限位内螺钉	4
9	推杆-2	4
8	推杆-1	2
7	推杆固定板	8
6	复位杆	1
5	垫块	4
4	销钉M20×210	4
3	螺钉M18×216	2
2	动模座板	8
1		1

长方罩压铸模

件号	名称	数量
40	定模导柱	4
39	定模导套	4
38	动模套板	1
37	动模镶块	1
36	浇口套	1
35	浇口芯	1
34	定模镶块	1
33	剧型芯	1
32	螺钉M8×33	1
31	块	1
30	斜销	1
29	定模座板	1
28	定模套板	1
27	螺钉M6×39	1
26	楔紧块	1
25	垫	1
24	导号	2
23	螺钉	2
22	弹簧	1
21	螺	1
20	限位块	1
19	螺	1

说　明

推杆推出，阶梯分型，侧向抽芯。
选用压铸机型号：J1118H。适用压室直径φ60mm，比压为40MPa。
推出机构的推出行程为30mm。各模板的边缘均应倒角不小于2×45°，
安装面应光滑平整，不应有突出的螺钉头、销钉、毛刺和击伤等痕迹。在分
型面上，定模、动模镶件平面应分别与定模套板、动模套板齐平或略高。但分
型出量在0.05～0.10mm范围内。推杆、复位杆应分别与型面平齐，推杆允
许根据产品要求凹进或凸出出型面，但不大于0.05mm。

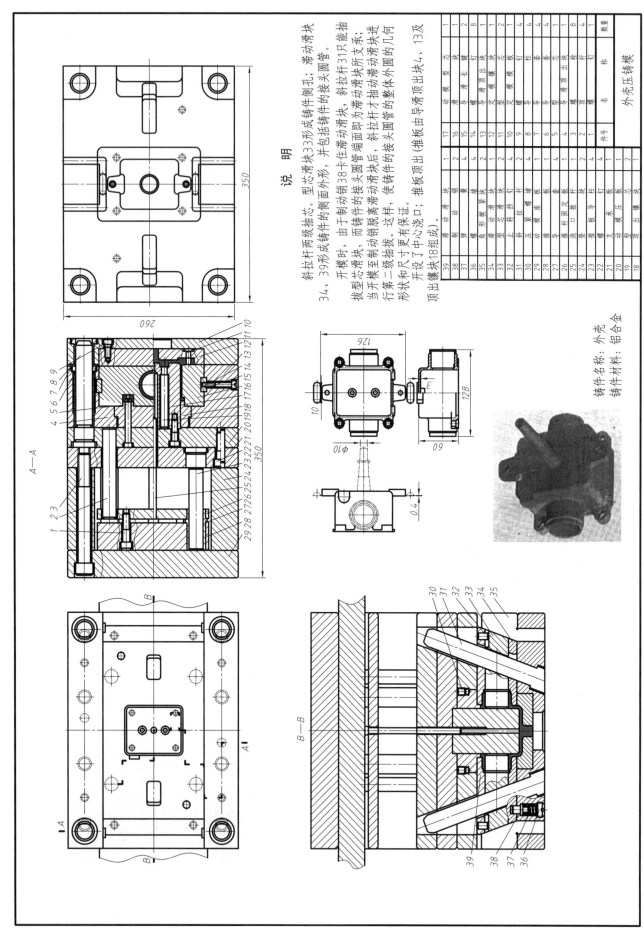

说　明

斜拉杆两级抽芯。型芯滑块33形成铸件侧孔；带动滑块34、39形成铸件的侧面外形，并包括铸件的接头圆管。

开模时，由于制动销38卡住带动滑块，斜拉杆31只能抽拔型芯滑块，而铸件的接头圆管端面即为带动滑块所支承；当开模至制动销脱离带动滑块后，斜拉杆才抽动带动滑块进行第二级抽芯，使铸件的接头圆管的整体外圆的几何形状和尺寸更有保证。这样，中心浇口，13及开设了中心浇口；推板顶出由导滑顶出块4、13及顶出镶块18组成）。

件号	名称	数量
39	带动滑块	1
38	制动销	2
37	弹簧	4
36	镶块	2
35	角形镶块	2
34	带动滑块	1
33	型芯滑块	1
32	止转销钉	4
31	斜拉杆	4
30	压紧螺钉	4
29	活动楔座板	1
28	推杆	4
27	导套	1
26	导杆固定板	1
25	浇口套	2
24	推板	1
23	推杆导柱	4
22	螺钉	1
21	支承板	2
20	动模镶块	1
19	动模压板	2
18	顶出镶块	1

件号	名称	数量
17	动模型块	1
16	带导滑型块	1
15	导柱	2
14	导套	8
13	螺钉导柱顶出	1
12	导套	1
11	定模镶块	1
10	定模型块	1
9	螺钉	4
8	导柱	4
7	导套	4
6	导柱	1
5	副带滑块	4
4	导滑顶出块	1
3	螺钉	2
2	顶销	4
1	带导滑顶出块	1

外壳压铸模

铸件名称：外壳
铸件材料：铝合金

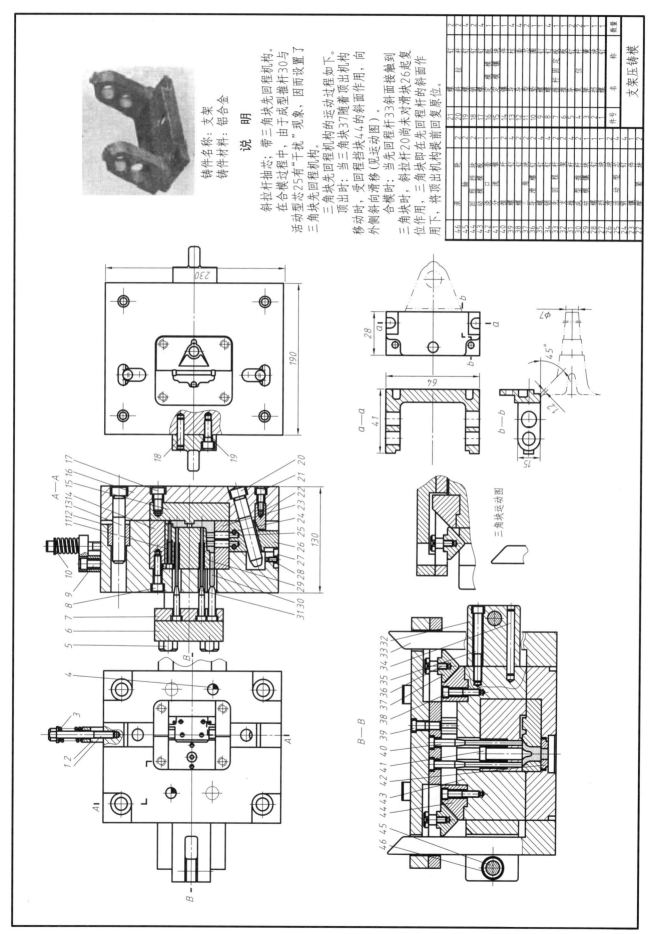

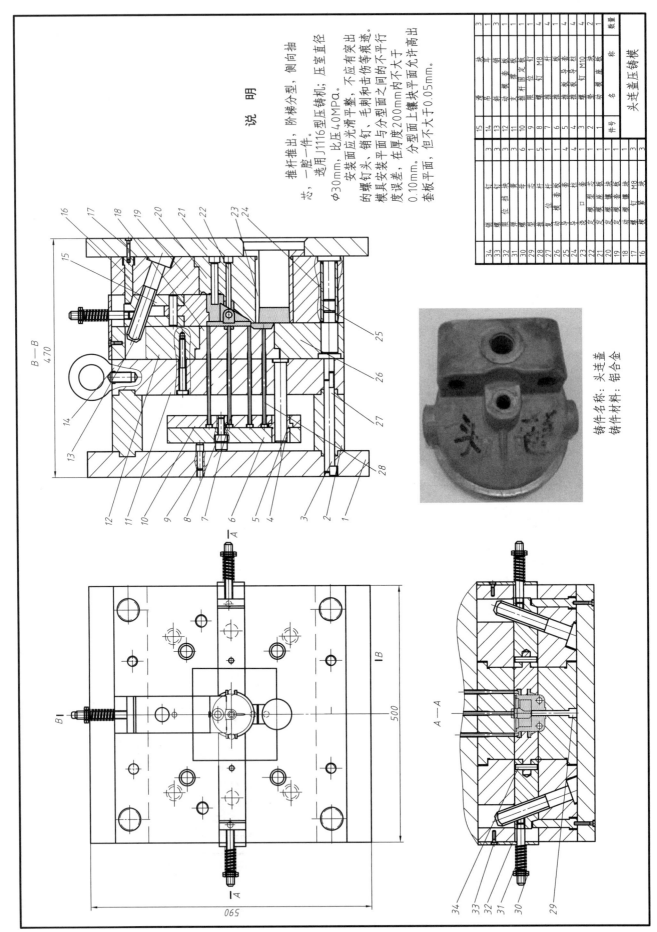

说　明

推杆推出，阶梯分型，侧向抽芯，一腔一件。

适用 J1116 型压铸机；压室直径 Φ30mm，比压 40MPa。

安装面应光滑平整，不应有突出的螺钉头、销钉，毛刺和击伤等痕迹。

模具安装平面与分型面之间的不平行度误差，在厚度 200mm 内不大于 0.10mm。分型面上镶块平面允许高出套板平面，但不大于 0.05mm。

件号	名　称	数量
15	滑块	3
14	吊环	1
13	动模套板	1
12	动模垫板	1
11	推杆固定板	1
10	销钉 M8	4
9	限位钉	1
8	推板	1
7	推板导套	4
6	推杆	4
5	推板导柱	4
4	销钉 M10	4
3	垫块	2
2	动模座板	1
1		

34	销钉	3
33	钉	3
32	单斜滑套导套	3
31	型芯	6
30	复位杆	5
29	动模镶块套板	1
28	导柱	4
27	定模镶块	1
26	定模套板	4
25	定模座板	1
24	浇口套	1
23	定模镶块	1
22	动模镶块	1
21	动模	1
20	销钉 M8	3
19	垫块	3

头连盖压铸模

铸件名称：头连盖

铸件材料：铝合金

120

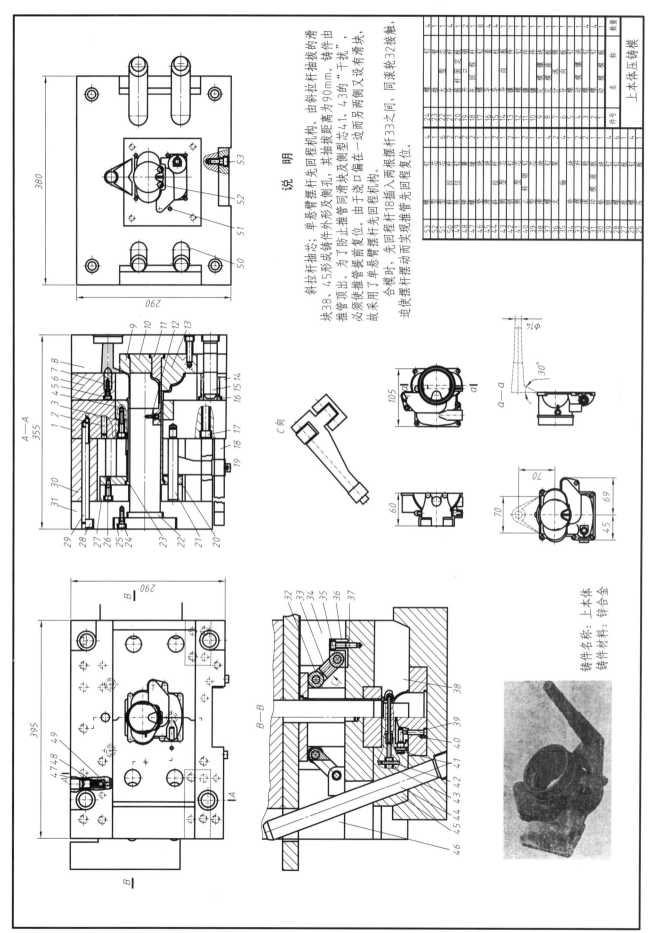

说　明

斜拉杆抽芯：单悬臂摆杆先回程机构。由斜拉杆抽拔的滑块 38、45 形成铸件外形及侧孔，其抽拔距离为 90mm。铸件由推管顶出。为了防止推管同滑块及侧型芯 41、43 的"干扰"，必须使推管提前复位。由于浇口偏在一边而另两侧又设有滑块，故采用了单悬臂摆杆先回程机构。

合模时，先回程杆 18 插入两根摆杆 33 之间，同滚轮 32 接触，迫使摆杆摆动而实现推管先回程复位。

铸件名称：上本体
铸件材料：锌合金

序号	名称	数量
53	螺钉	4
52	定位圈	1
51	大斜拉杆	4
50	拉杆固定板	1
49	单臂推出回程	8
48	螺钉	8
47	先回程杆	1
46	斜拉杆	6
45	滑块	1
44	型芯	2
43	侧型芯	2
42	螺钉	2
41	侧型芯	2
40	镶块	2
39	滚轮	4
38	滑块	4
37	滑动镶块	4
36	动模镶块	2
35	摆杆	2
34	销	4
33	摆杆	2
32	滚轮	4
31	动模框	2
30	动模板	2
29	螺钉	4
28	推板	2
27	推杆固定板	2
26	推管	2
25	复位杆	4
24	垫块	2
23	支承板	2
22	镶块	4
21	型芯	2
20	镶块	4
19	销	4
18	先回程杆	1
17	镶块	4
16	螺钉	4
15	定模框	2
14	定模板	2
13	螺钉	8
12	定模座板	1
11	浇口套	1
10	定位圈	1
9	螺钉	4
8	镶块	4
7	型芯	2
6	镶块	4
5	型芯	2
4	镶块	4
3	支承板	2
2	螺钉	4
1	上本体压铸模	—

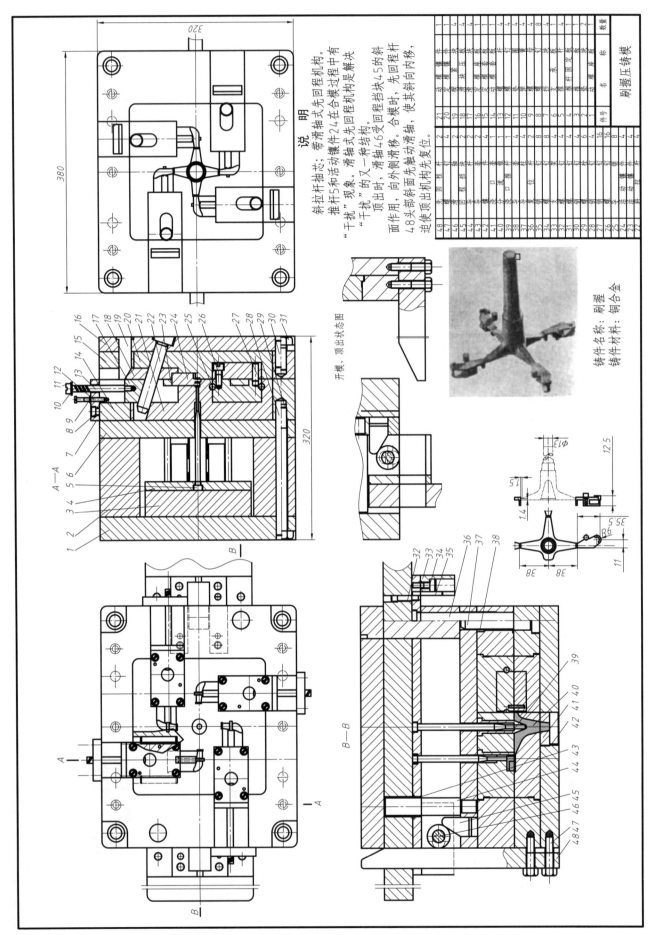

说　明

斜拉杆抽芯、带滑轴式先回程机构。

推杆5和活动镶件24在合模过程中有"干扰"现象。滑轴式先回程机构是解决这种"干扰"现象的又一种结构。

顶出作用时,滑轴46受回程挡块45的斜面作用,向外侧滑移。合模时,先回程杆48头部斜面先触动滑轴,使其斜向内移,迫使顶出机构先复位。

A—A

B—B

开模、顶出状态图

铸件名称:刷握
铸件材料:铜合金

刷握压铸模

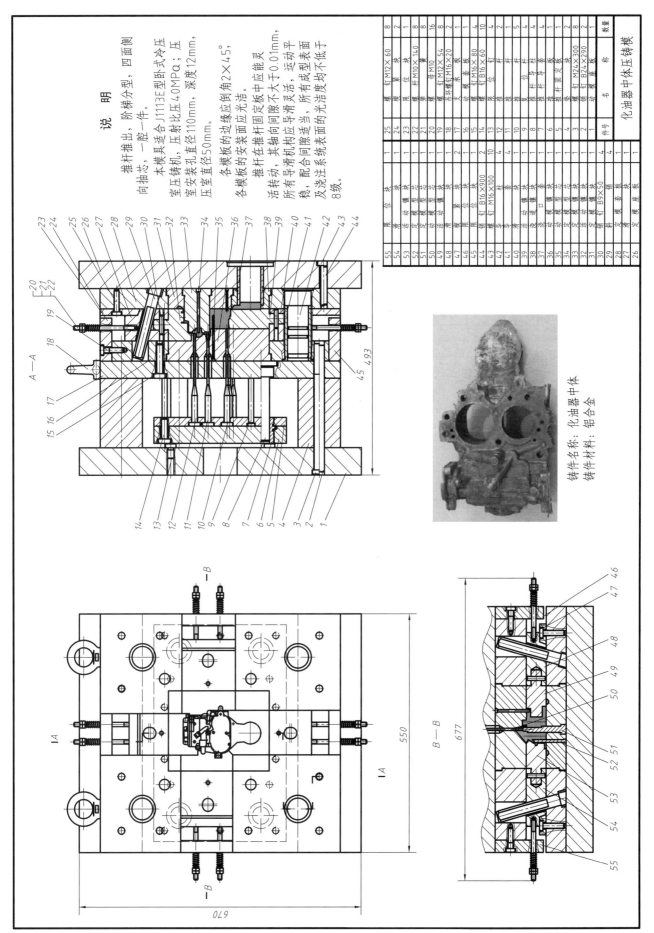

说　明

本模具适合 J1113E 型卧式冷压室压铸机，压射比压 40MPa；压室安装孔直径 110mm，深度 12mm，压室直径 50mm。

推杆推出，阶梯分型，四面侧向抽芯，一腔一件。

各模板的边缘应倒角 2×45°。

各模板的安装表面应光洁。

推杆在推杆固定板中应能灵活转动，其抽向机构应导滑灵活，运动平稳，配合间隙应导滑灵活，所有导滑机构运动灵活平稳，所有导滑间隙适当，所有成型表面及浇注系统表面的光洁度均不低于 8 级。

铸件名称：化油器中体
铸件材料：铝合金

序号	名　称	数量
55	限位块	1
54	滑动模套	1
53	活动模型型芯	1
52	定模型型芯	1
51	动模镶块	2
50	动模滑块	2
49	紧位块	2
48	螺钉 B16×900	10
47	螺钉 M16×100	4
46	导柱	4
45	滑块导套	4
44	滑动模型芯	1
43	定模镶块	2
42	动模镶块	1
41	紧位块	2
40	定模滑块	1
39	动模镶块	1
38	活动模型型芯	1
37	定模型型芯	1
36	定模固定板	1
35	定模镶块	1
34	动模镶块	1
33	活动模型芯	1
32	活动模镶块	1
31	推杆 B9×50	4
30	销	1
29	活动模套	1
28	定模座	1
27	定模板	1
26	动模镶块	2

件号	名　称	数量
25	螺钉 M12×60	8
24	紧位块	2
23	限位块	1
22	螺杆 M10×140	8
21	螺母 M10	16
20	簧	2
19	螺钉 M12×54	8
18	螺钉 M16×20	2
17	压环螺钉	1
16	推板	1
15	动模板	4
14	螺钉 M16×80	10
13	螺钉 B16×60	2
12	限位柱	4
11	导柱	4
10	复位杆	4
9	推杆固定板	1
8	推杆垫板	1
7	推板导套	1
6	推板导柱	8
5	推杆	4
4	螺钉 M24×300	1
3	钉 B24×290	2
2	动模座板	2
1	动模座板	

化油器中体压铸模

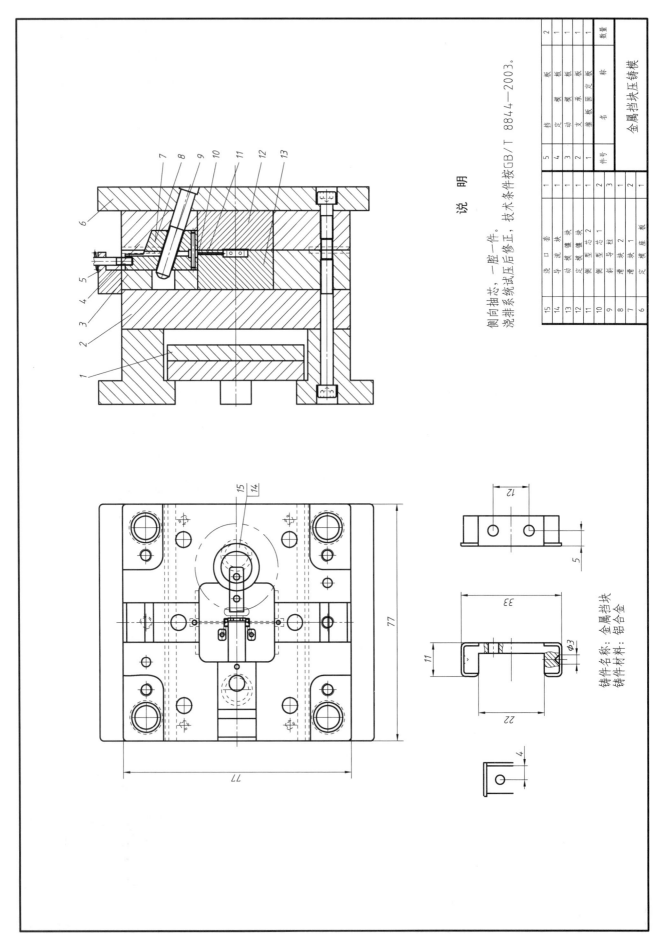

说　明

侧向抽芯，一腔一件。
浇排系统压后修正，技术条件按GB/T 8844—2003。

件号	名　称	数量
5	挡　板	2
4	定模板	1
3	动模板	1
2	支承板	1
1	推板面定板	1

15	浇口套	1
14	导流块	1
13	动模镶块	1
12	定模镶块 2	1
11	侧型芯 1	1
10	斜型导柱	2
9	料杆 2	3
8	滑块 1	1
7	隔块 2	2
6	定模座板	1

铸件名称：金属挡块
铸件材料：铝合金

金属挡块压铸模

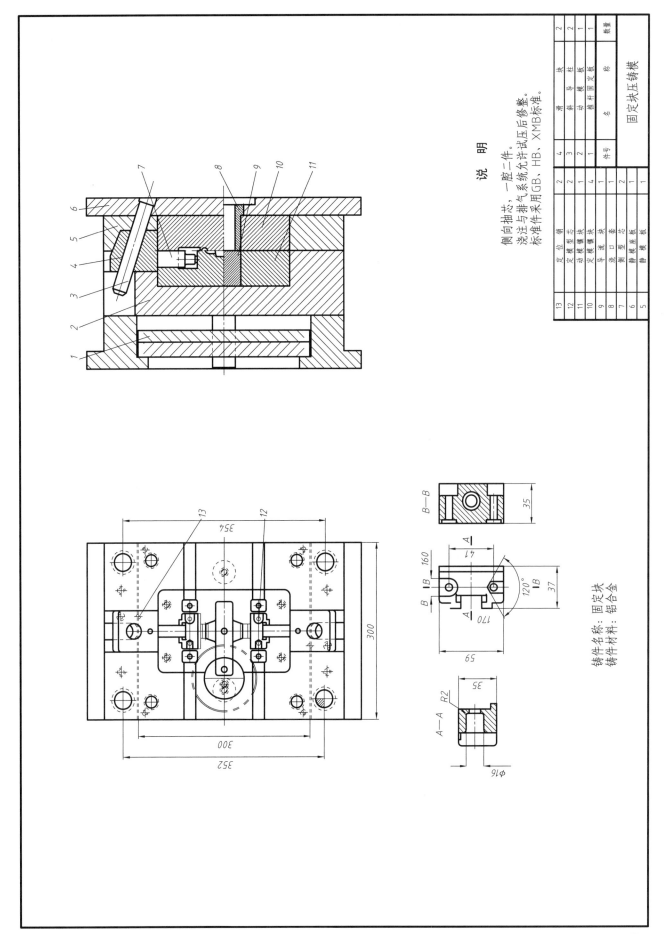

序号	名　称	数量
	滑 块	2
	斜 导 柱	2
	动 模 板	1
	推杆固定板	1

说　明

侧向抽芯，一腔二件。
浇注与排气系统允许试压后修整。
标准件采用 GB、HB、XMB 标准。

13	定位镶销	2		4	滑　块	2
12	定模型芯	2		3	斜导柱	2
11	动模镶块	1		2	动模板	1
10	定模镶块	4		1	推杆固定板	1
9	导套	1		序号	名　称	数量
8	浇口型芯	1				
7	侧型芯	2			固定块压铸模	
6	静模座板	1				
5	静模板	1				

铸件名称：固定块
铸件材料：铝合金

固定块压铸模

125

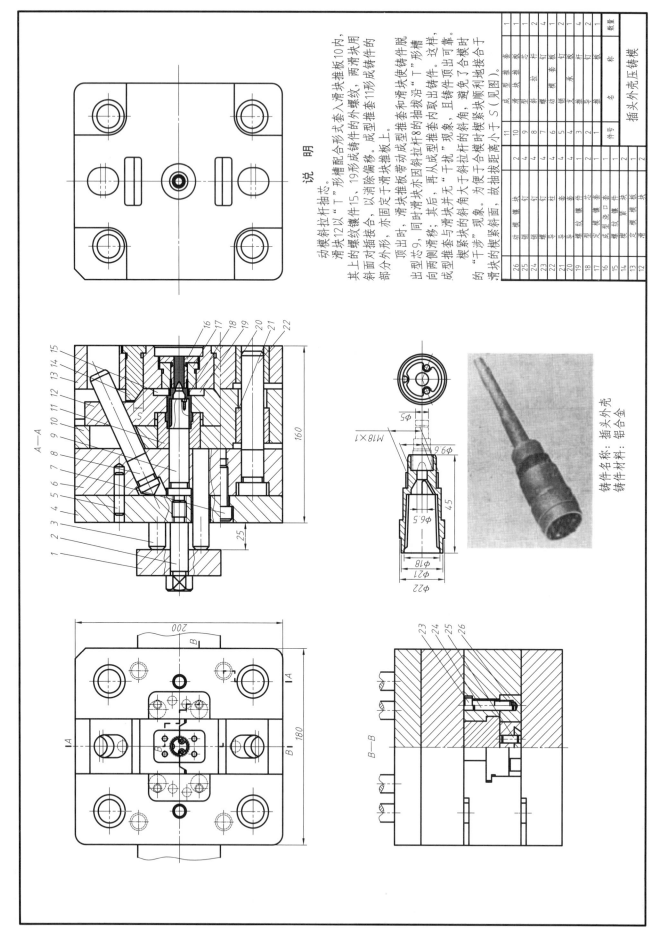

说　明

动模斜拉杆抽芯。

滑块12以"T"形槽配合形式套入滑块推板10内，其上的螺纹嵌件15、19形成铸件的外螺纹，两滑块用斜面对插接合，以消除偏移。成型推套11形成铸件的部分外形，亦固定于滑块推板上。

顶出时，滑块推板带动成型推套和滑块使铸件脱出型芯9，其后，再从成型斜拉杆8抽拔沿"T"形槽向两侧滑移，且铸件顶出可靠。这样，成型推套与滑块因斜拉杆的斜角，避免了合模时的"干涉"现象；同时滑块并无"干扰"现象，取出铸件时楔紧块的斜角大于滑块拉杆的斜角，且铸件顶出合模接合于滑块的楔紧时楔紧块顺利地接合于滑块的楔紧距离小于 S（见图）。

序号	名称	数量
26	动模镶块	2
25	销钉	4
24	螺钉	4
23	螺钉	4
22	导套	4
21	导柱	4
20	螺纹镶件	1
19	成型镶套	1
18	定型活套口套	2
17	成型斜拉杆	1
16	螺纹镶块	1
15	定型镶板	1
14	定位	1
13	横板	1
12	滑	1
11	成型推套	1
10	滑块推板	1
9	型芯	2
8	斜拉杆	4
7	销钉	2
6	动模板	1
5	垫板	4
4	支承板	4
3	销钉	2
2	轴承	2
1	推板	1
	插头外壳压铸模	

铸件名称：插头外壳
铸件材料：铝合金

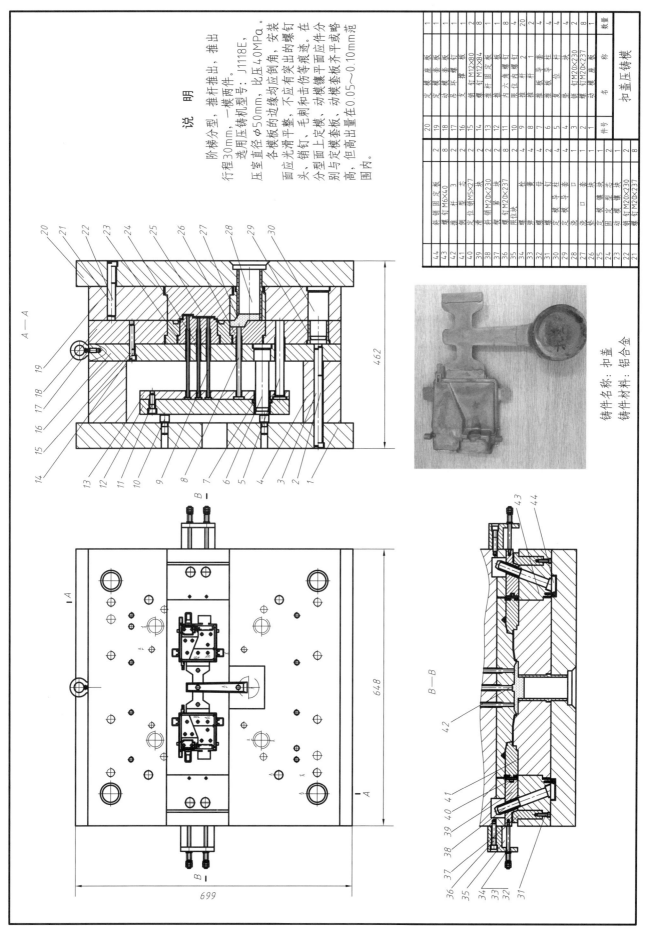

件号	名称	数量
33	模架	1
32	动模板	1
31	挡模块	4
30	定模镶块	4
29	复位杆	4
28	导柱	1
27	导套	1
26	斜导柱	1
25	滑块	1
24	浇口镶块	1
23	滑块镶件	1
22	正活块镶件	1
21	斜模镶销	2
20	定模镶块	1
19	定模镶块	2
18	弹簧	1
17	成型镶件	1
16	书钉	1
15	滑块	12
14	动模滑块	1
13	书钉	2
12	弹簧	1
11	挡动模	1
10	螺钉	2
9	成型镶块	8
8	推杆固定板	6
7	推杆固定板	1
6	成型定板	1
5	螺钉	4
4	推杆	1
3	铝板	1
2	导套	2
1	导套	2

阻尼盒压铸模

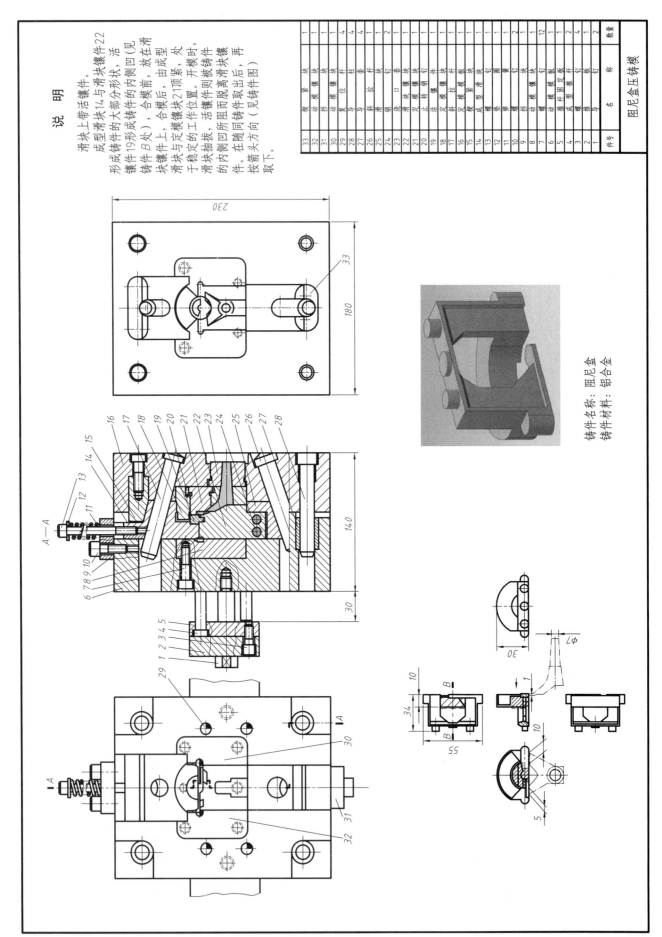

铸件名称：阻尼盒
铸件材料：铝合金

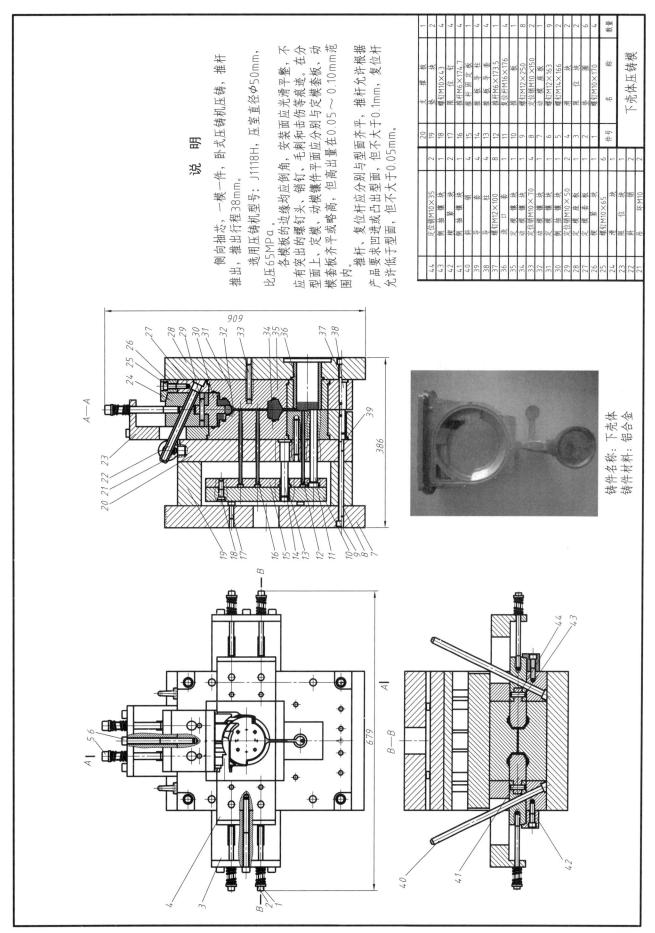

件号	名称	数量
44	定位销 M10×35	2
43	侧抽镶块	1
42	模套紧块	2
41	侧抽镶块	4
40	套	4
39	导套	4
38	螺钉 M12×100	8
37	浇口板	1
36	动模镶块	1
35	定位销 M10×70	4
34	动模镶块	1
33	动模座板	1
32	侧抽镶块	1
31	定模镶块	1
30	定模座板	1
29	定模套板	1
28	螺钉 M10×50	4
27	模套紧块	1
26	螺钉 M10×65	6
25	滑座	1
24	限位销	1
23	斜销	2
22	吊环 M10	2
21		

件号	名称	数量
20	支承板	1
19	堵块	2
18	螺钉 M10×43	4
17	限位钉	4
16	推杆 M6×174.7	4
15	推杆固定板	4
14	推板导套	4
13	推板导柱	4
12	推杆 M6×173.5	4
11	推板	1
10	复位杆 M16×176	8
9	螺钉 M12×250	2
8	定位销 M10×150	9
7	动模板	1
6	螺钉 M12×163	2
5	螺钉 M14×166	2
4	套	6
3	限位钉	4
2	复位圈	1
1	螺钉 M10×170	4

下壳体铸模

说　明

侧向抽芯、一模一件、卧式压铸机压铸、推杆推出、推出行程38mm。

适用压铸机型号：J1118H，压室直径 ϕ50mm，比压65MPa。

各模板的边缘均应倒角，安装面应光滑平整，不应有突出的螺钉头、销钉、毛刺和击伤等痕迹。在分型面上，定模、动模镶件平面应分别与定模套板、动模套板齐平或略高，但高出量应在0.05～0.10mm范围内。

推杆、复位杆应分别与型面齐平，推杆允许根据产品要求凹进或凸出型面，但不大于0.1mm，复位杆允许低于型面，但不许大于0.05mm。

铸件名称：下壳体
铸件材料：铝合金

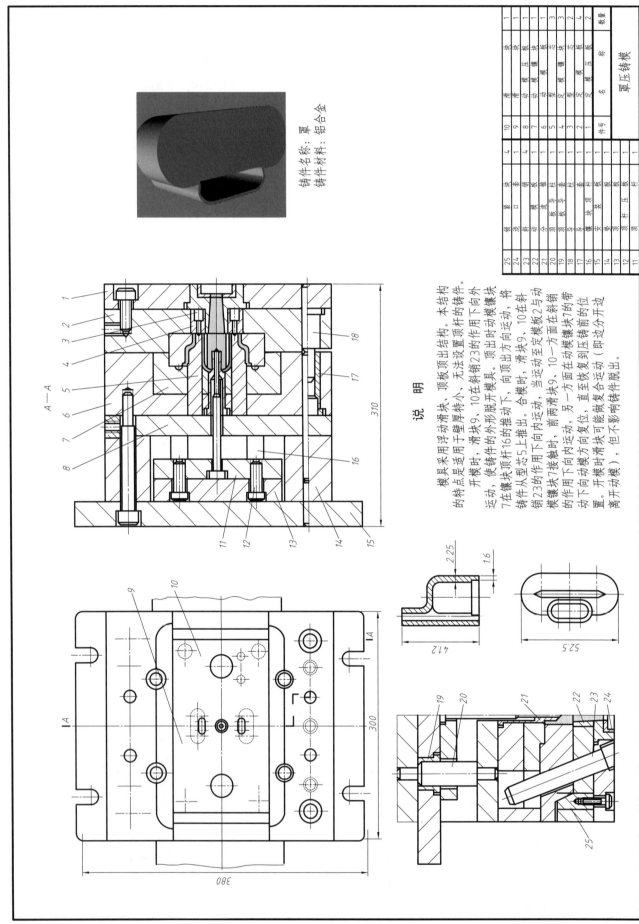

铸件名称：罩
铸件材料：铝合金

单压铸模

说　明

模具采用浮动滑块、顶板顶出结构。本结构的特点是适用于壁厚特小、无法设置顶杆的罩的铸件。开模时，滑块9、10在斜销23的作用下向外运动，使铸件的外形脱开模具。顶出时动模镶块7在镶块16的推动下，向顶出方向运动，将铸件从型芯5上推出。合模时，滑块9、10在斜销23的作用下向内运动，前两滑块9、10一方面在动模镶块7的带动下向动模方向复位，另一方面至恢复到压铸前的位置。开模时滑块可能做做恢复合模运动（即向分开边离动模），但不影响铸件脱出。

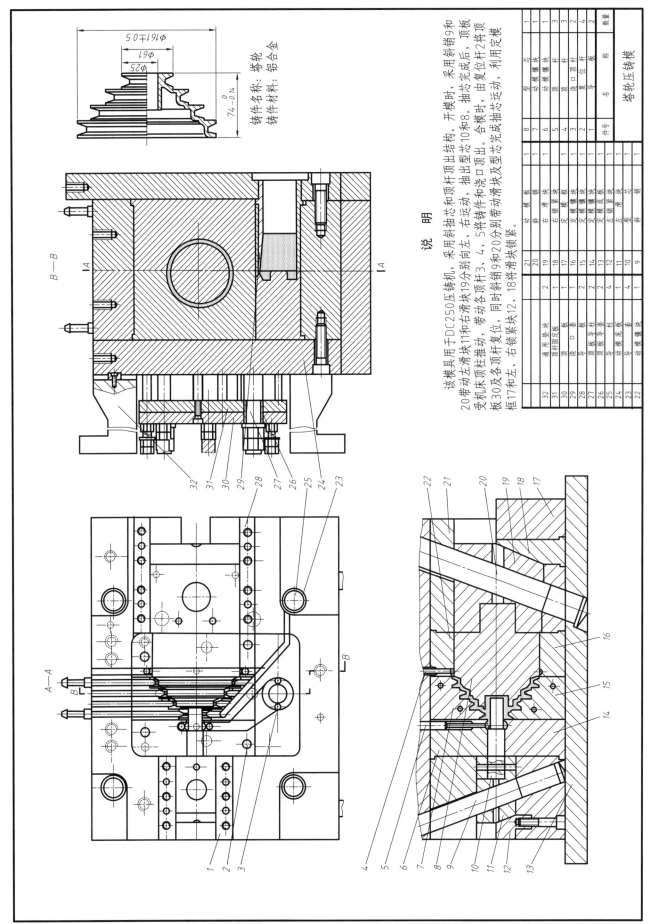

铸件名称：塔轮
铸件材料：铝合金

塔轮压铸模

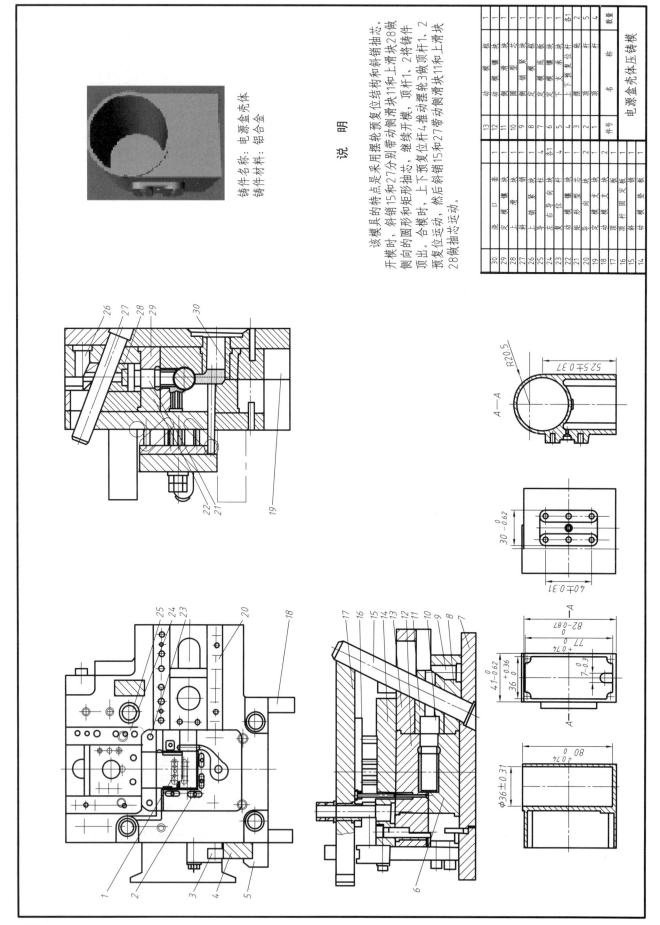

铸件名称：电源盒壳体
铸件材料：铝合金

说 明

该模具的特点是采用摆轮预复位结构和销斜抽芯。开模时，斜销15和27分别带动侧滑块11和上滑块28做侧向的圆形和矩形抽芯，继续开模，顶杆1、2将铸件顶出。合模时，上下顶复位杆4推动摆轮3做顶杆1、2预复位运动，然后斜销15和27带动侧滑块11和上滑块28做抽芯运动。

件号	名称	数量
13	动模镶块	1
12	动模滑块	1
11	侧滑块	1
10	圆领镶件	1
9	圆领紧块	1
8	定模镶件	各1
7	定模镶块	1
6	下导套	1
5	支承柱	2
4	垫板	5
3	顶板	4

电源盒壳体压铸模

序号	名称	数量
30	浇口镶块	1
29	定模滑块	1
28	上滑块	1
27	斜销	1
26	上领镶件	各1
25	上导柱	各1
24	左右定位块	1
23	复位杆	1
22	斜模形块	2
21	动模镶件	1
20	导形块	2
19	定模支块	1
18	动模支块	1
17	顶杆固定板	
16	顶杆	
15	斜销	
14	动模垫板	

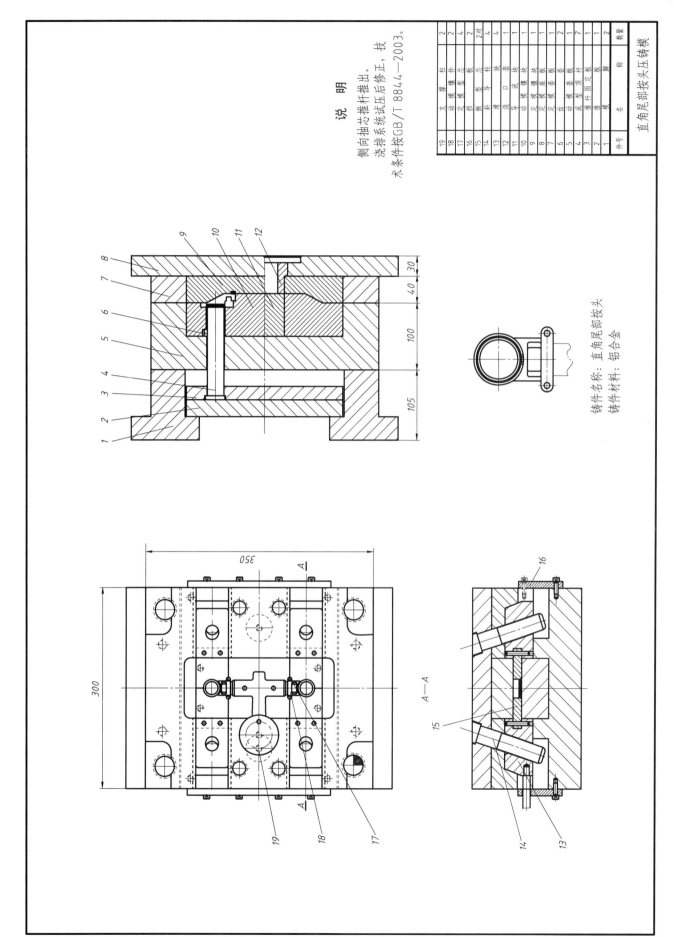

序号	名称	数量
19	支撑柱	2
18	动模座板	2
17	定模型芯板	4
16	挡块	2
15	侧型芯	2对
14	斜导柱	4
13	滑块	4
12	浇口套	1
11	定模镶块	1
10	动模镶块	1
9	定模镶套板	2
8	定模座板	2
7	动模垫板	1
6	动模型芯板	1
5	推杆固定板	1
4	推板	1
3	推杆回程板	2
2	顶针	1
1	支脚	2

直角尾部接头压铸模

说　明

侧向抽芯推杆推出。

浇排系统试压后修正，技

术条件按GB/T 8844—2003。

铸件名称：直角尾部接头

铸件材料：铝合金

3.2 阶梯分型、弯销抽芯机构

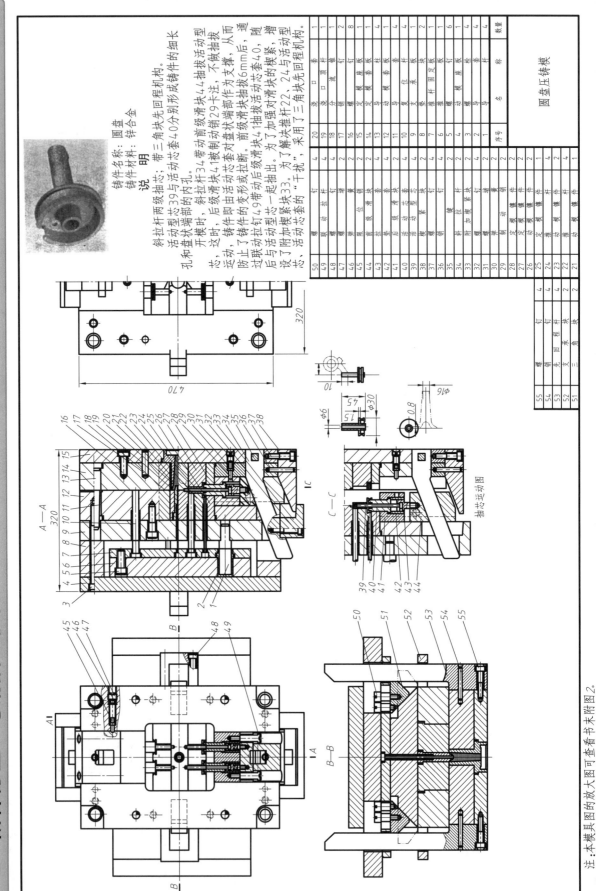

铸件名称：圆盘
铸件材料：锌合金

说明

斜拉杆两级抽芯型芯39与活动型芯套40分别形成铸件的细长孔和盘状端部的内孔。

开模时，铸件即由活动型芯套对盘状端部抽拔6mm后，通过联动拉杆49带动后级滑块41抽拔活动型芯套40，随后与活动型芯33一起抽出。为了解决干扰，采用了三角块先回程机构。

带三角块先回程机构。斜拉杆34带动前级滑块44抽拔活动型芯，不做抽拔运动，后级滑块41被制动销29卡注，从而防止了铸件的变形或被拉断，前级滑块后加强对滑块的楔紧，增设了附加楔紧块系33，为了加强对滑块22、24与活动型芯，活动型芯套40的楔紧，采用了三角块先回程机构。

序号	名称	数量
20	浇套	1
19	浇口套	1
18	顶销	1
17	流道钉	8
16	钉	1
15	定座板	4
14	定模套板	4
13	动模套板	4
12	套板	2
11	导柱	1
10	复位板	1
9	系板	2
8	垫块	4
7	杆固定板	6
6	推板	4
5	螺动模板	4
4	螺钉	2
3	座板	2
2	导柱	4
1	动模套	4

序号	名称	数量
50	螺钉	4
49	联动拉杆	4
48	螺钉	2
47	导套	2
46	销	2
45	前级滑块	2
44	前级滑块	4
43	导套	2
42	后级滑块	4
41	后级滑块	2
40	活动型芯套	4
39	活动型芯	4
38	楔紧块	2
37	螺钉	4
36	楔紧块	2
35	楔紧块	2
34	斜拉杆	2
33	附加楔紧块	2
32	螺钉	2
31	螺钉	2
30	型芯	2
29	制动销	2
28	定模镶件	2
27	定模镶件	4
26	动模镶件	4
25	定模镶件	1

序号	名称	数量
55	螺钉	4
54	销回程杆	4
53	支承钉	2
52	三角块	2
51		

圆盘压铸模

A—A
320

B—B

C—C
抽芯运动图

注：本模具图的放大图可查看书末附图2。

134

3.3 曲面分型、斜销抽芯机构

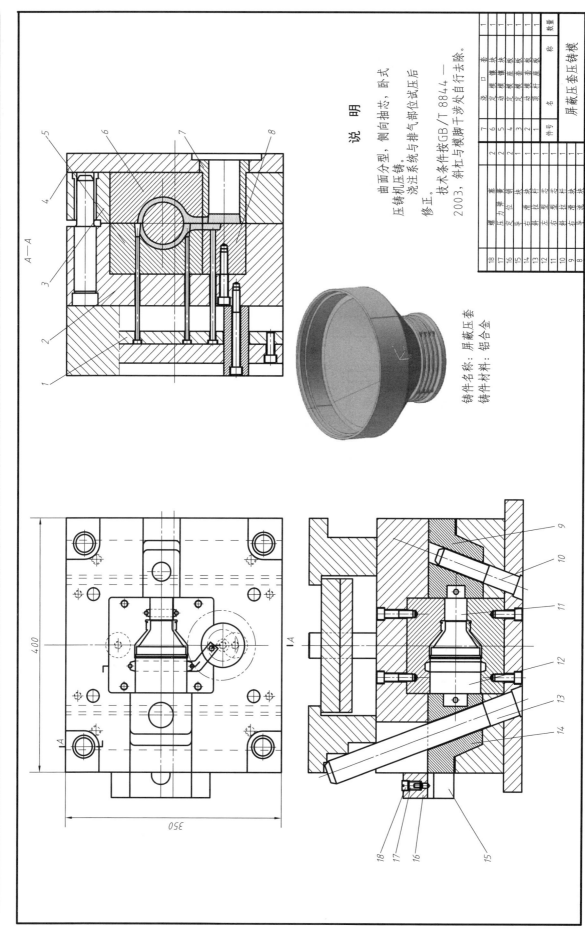

18	弹力柱塞	2		7	定模镶块	1
17	压力弹簧	2		6	动模镶块	1
16	导柱	2		5	定模座板	1
15	滑块	1		4	定模套板	1
14	斜滑型芯	1		3	动模套板	1
13	左右斜型芯	1		2	顶杆座板	1
12	左右滑块	1		1	动模座板	1
11	左右斜销	1	件号	名　称	数量
10	斜导滑槽	1				
9	斜导滑槽	1		屏蔽压套压铸模	

铸件名称：屏蔽压套
铸件材料：铝合金

说　明

曲面分型，侧向抽芯，卧式
压铸机压铸。浇注系统与排气部位试压后
修正。技术条件按GB/T 8844—
2003，斜杠与模脚干涉处自行去除。

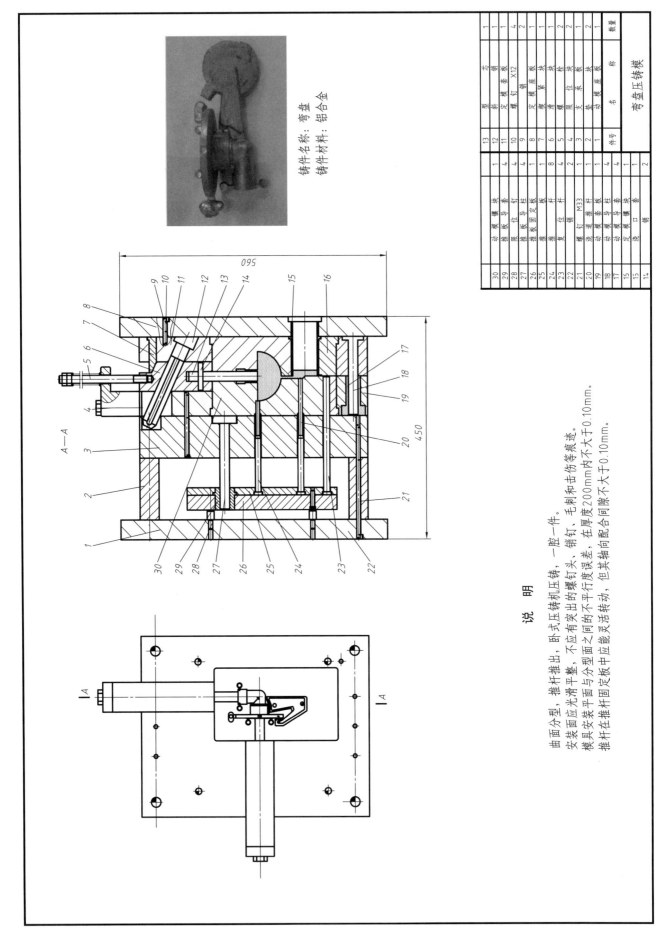

铸件名称：弯盘
铸件材料：铝合金

件号	名称	数量
13	型芯销	1
12	定模套板	1
11	螺钉X12	4
10	销	2
9	销座板	1
8	镶块	1
7	镶块	2
6	镶块	2
5	限位块	2
4	支承板	1
3	导套块	1
2	动模座板	1

弯盘压铸模

件号	名称	数量
30	动模镶块	1
29	推板导套	4
28	限位钉	4
27	推板固定板	1
26	推板	1
25	推杆	8
24	复位杆	4
23	限位块	2
22	螺钉 M33	1
21	浇道推杆	1
20	推杆	4
19	动模套板导柱	4
18	动模镶块	1
17	定模套板导套	1
15	浇口套	1
14	销	2

说 明

曲面分型，推杆推出，卧式压铸机压铸，一腔一件。

安装面应光滑平整，不应有突出的螺钉头、销钉，毛刺和击伤等痕迹。

模具安装平面与分型面之间的不平行度误差，在厚度200mm内不大于0.10mm。

推杆在推杆固定板中应能灵活转动，但其轴向配合间隙不大于0.10mm。

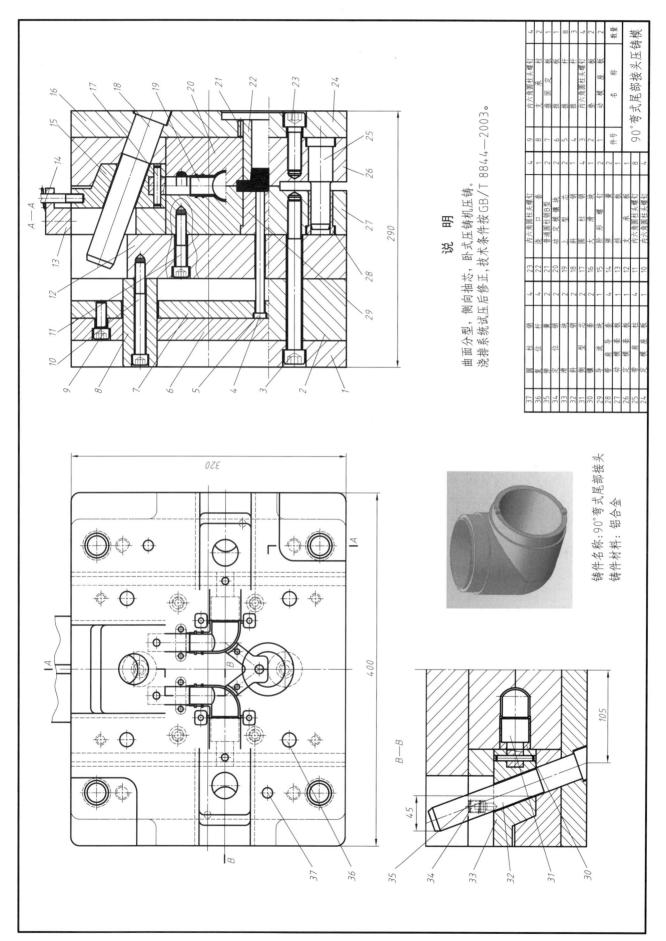

说　明

曲面分型、侧向抽芯、卧式压铸机压铸。

浇排系统试压后启修正，技术条件按GB/T 8844—2003。

铸件名称：90°弯式尾部接头
铸件材料：铝合金

件号	名　称	数量
9	内六角圆柱头螺钉	4
8	支撑固定板	1
7	推板	2
6	推杆	8
5	推杆	3
4	内六角圆柱支撑板	4
3	垫板	2
2	动模板	2
1	动模座板	2

件号	名　称	数量
23	内六角圆柱头螺钉	4
22	浇口	4
21	普通圆柱销B型	2
20	动定螺钉	2
19	上螺栓	2
18	斜型镶块	2
17	圆柱型芯	2
16	镶块	2
15	大弹形销	4
14	滑块	1
13	支撑挡板	2
12	轴承座板	1
11	内六角圆柱头螺钉	4
10	内六角圆柱头螺钉	1

件号	名　称	数量
37	圆柱销	—
36	复位杆	—
35	弹簧	—
34	限位块	—
33	滑块	—
32	斜销	—
31	圆型型芯	—
30	镶块	—
29	普通圆柱导套	—
28	动模垫套	—
27	定模座板	—
26	带肩导柱	—
25	定模板	—
24	定模座板	—

320

290

400

105

45

A—A

B—B

IA

B

B

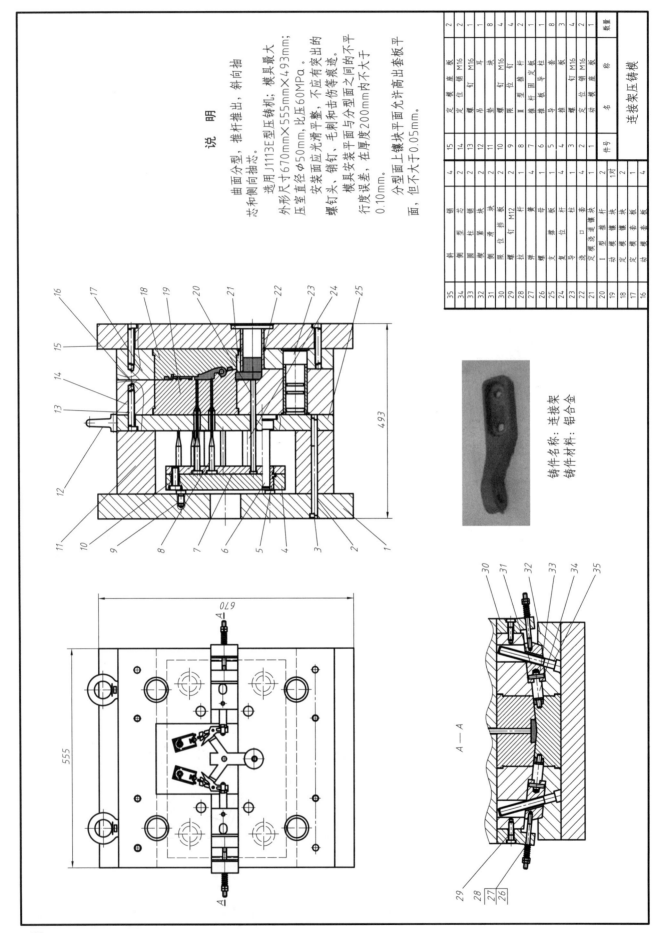

说　明

曲面分型，推杆推出，斜向抽芯和侧向抽芯。

适用J1113E型压铸机；模具最大外形尺寸直径Φ50mm，比压60MPa。压室直径Φ50mm，比压60MPa。

安装面应光滑平整，不应有突出的螺钉头、销钉、毛刺和击伤等痕迹。

模具安装平面与分型面之间的不平行度误差，在厚度200mm内不大于0.10mm。

分型面上镶块平面允许高出套板平面，但不大于0.05mm。

铸件名称：连接架
铸件材料：铝合金

连接架压铸模

件号	名　称	数量
15	定模座板	2
14	定位销 M16	2
13	螺钉 M16	1
12	吊耳	8
11	垫块	4
10	螺钉 M16	4
9	限位钉	2
8	推杆固定板	1
7	推杆	8
6	导柱	3
5	推板	4
4	螺钉 M16	2
3	定位销	1
2	动模座板	

件号	名　称	数量
35	斜销	4
34	圆型芯	2
33	模柱	2
32	侧滑块	2
31	限位挡钉	2
30	螺钉 M12	2
29	拉杆	1
28	弹簧	4
27	支撑板	1
26	螺母	4
25	复位杆	4
24	导柱	1
23	定模流道镶块	1
22	定模口杆	1对
21	动型推杆	2
20	定模镶块	1
19	定模套板	1
18	动模套板	4

138

3.4　平直分型、侧向抽芯机构

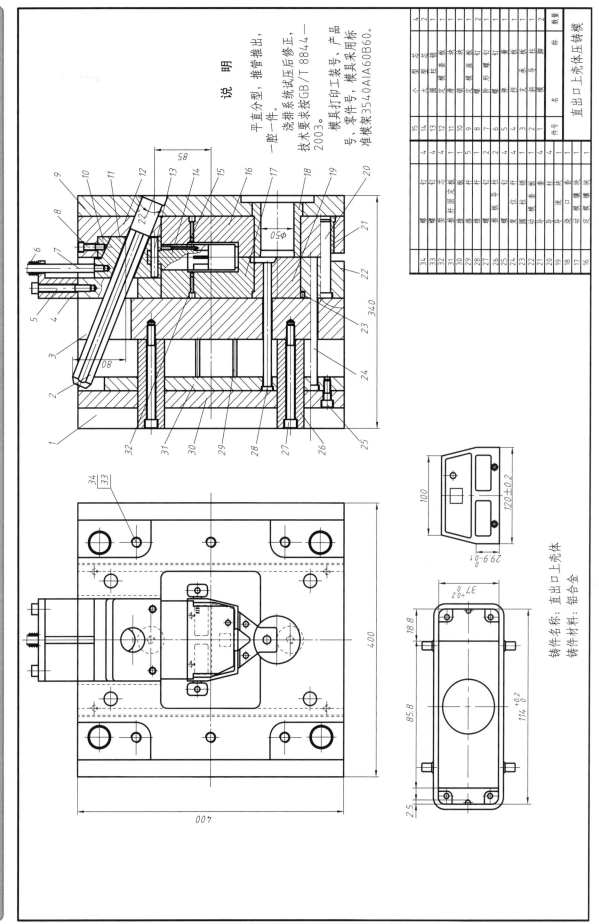

件号	名称	数量		件号	名称	数量
33	支承板	4		14	吊环螺钉B12×60	2
32	浇口套	1		13	推杆螺钉M10×20	1
31	定模套板	1		12	推杆固定板	1
30	斜导柱	2		11	推杆固定板	1
29	斜滑块	2		10	螺钉M12×50	8
28	斜模固定板	2		9	限位	1
27	紧楔	2		8	中心推杆	1
25	螺栓M8×90	4		7	动模推板	4
24	弹簧	4		6	推板导套	4
23	限位导柱	4		5	推板导柱	4
22	定位块	4		4	复位块	2
21	定模导板	4		3	弹簧	2
20	推杆	8		2	销钉B12×140	1
19	定模座板	5		1	动模座板	1
18	定模套板	1				
17	螺钉M6×30	4				
16	动模套板	1				
				名 称		数量
				端架压铸模		

说 明

平直分型，侧向抽芯，一腔一件，模具适合
J1113A压铸机，各模板的边缘应倒角2×45°，各
模板的安装面应光滑平整。

压室安装孔直径110mm，深度10mm，压室直径
50mm。

推杆在推杆固定板中应能灵活转动，其轴向运动
间隙不大于0.01mm。所有导滑机构应导滑灵活，运动
平稳，配合间隙适当。

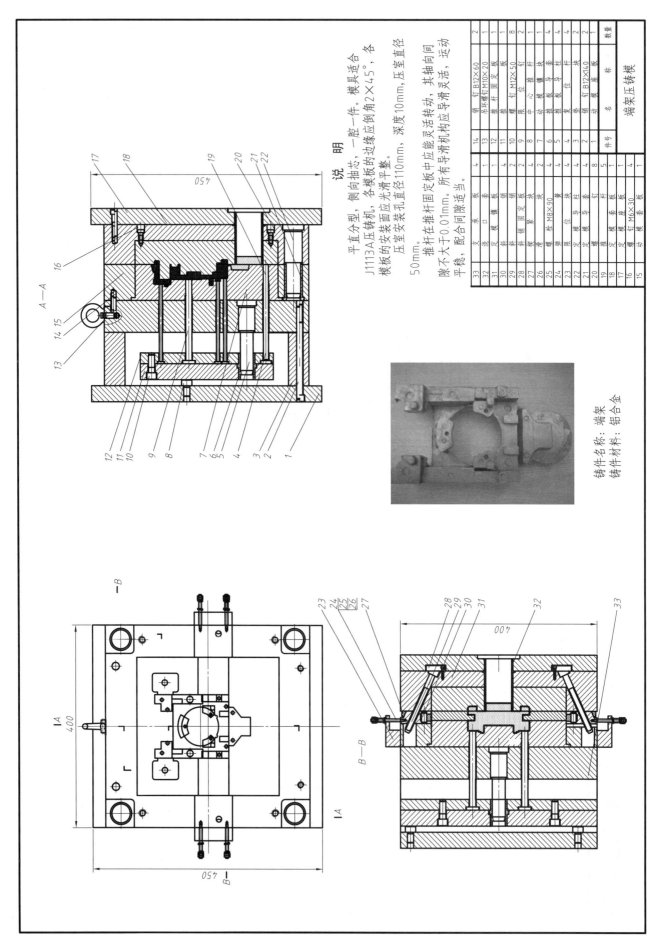

铸件名称：端架
铸件材料：铝合金

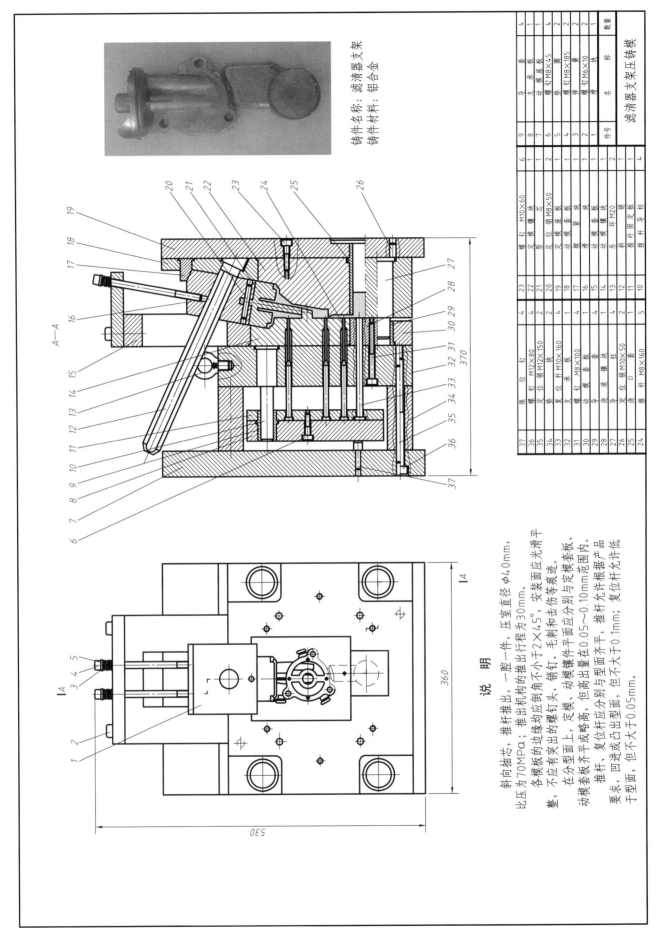

铸件名称：滤清器支架
铸件材料：铝合金

件号	名　称	数量
9	导　套	4
8	支撑板	1
7	动模板	4
6	定位钉 M8×45	4
5	销 圈	2
4	螺钉 M8×185	2
3	簧	2
2	螺钉 M6×10	2
1	滑 块	1

滤清器支架压铸模

23	螺 钉 M10×60	6
22	型模镶块	1
21	定位销 M8×50	2
20	定模座板	1
19	动模座板	1
18	模座套板	1
17	滑模镶块	1
16	动模镶块	4
15	吊环 M20	1
14	斜销	2
13	浇口板	1
12	推杆固定板	1
11	推杆导柱	4

37	原 位 钉 M12×80	4
36	螺 钉 M12×150	2
35	定位销块	2
34	复位杆 M10×160	1
33	支承板	1
32	螺 钉 M8×100	1
31	动模套板	1
30	导套	4
29	滑道镶块	1
28	导柱	4
27	定位销 M10×50	2
26	浇口套	1
25	推杆 M8×160	5

说　明

斜向抽芯，推推推出，一腔一件，压室直径 φ40mm，
比压为 70MPa；推出机构的推出行程为 30mm。

各模板的边缘均倒角不小于 2×45°，安装面应光滑平
整，不应有突出的螺钉头、销钉，毛刺和击伤等痕迹。

在分型面上，定模、动模镶件平面应分别与定模套板、
动模套板齐平或略高，但高出量在 0.05～0.10mm 范围内。

推杆、复位杆应分别与型面齐平，推杆允许根据产品
要求，复位杆应凹进或凸出型面，但不大于 0.1mm；复位杆允许低
于型面，但不大于 0.05mm。

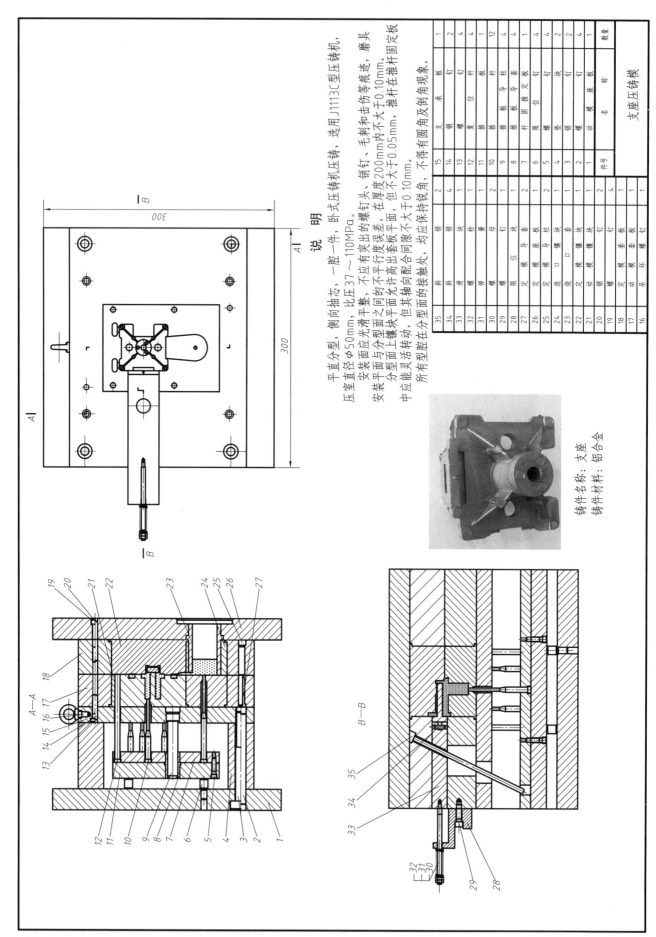

铸件名称：支座
铸件材料：铝合金

说 明

平直分型，侧向抽芯，一腔一件，卧式压铸机压铸，选用J1113C型压铸机，压室直径Φ50mm，比压37～110MPa。

安装平面应光滑平整，不应有突出溢平面、毛刺和击伤等损痕，磨具安装平面与分型面之间的不平度误差，在厚度200mm内不大于0.10mm。

分型面上镶块出套板平面允许高出套板平面，但不大于0.05mm。推杆在推杆固定板中应能灵活转动，但其轴向配合型面的接触平面不大于0.10mm。

所有型腔在分型面的接触处，均应保持锐角，不得有圆角及倒角现象。

件号	名 称	数量
35	斜销	2
34	滑块	4
33	螺栓	1
32	螺母	2
31	螺钉	1
30	推板	2
29	推板导柱	2
28	限位块	2
27	定模座板	2
26	定模导柱	1
25	定模板	2
24	浇口套	1
23	定模镶块	1
22	错块	1
21	动模镶块	2
20	螺钉	1
19	动模座板	4
18	套板	1
17	动模板	1
16	吊环	1

件号	名 称	数量
15	支承板	1
14	销钉	2
13	螺钉	4
12	复位杆	4
11	推板	1
10	推杆	12
9	推板	4
8	推杆导柱	4
7	推杆固定板	1
6	限位块	4
5	螺钉	4
4	垫块	2
3	螺钉	4
2	座板	1
1	动模座板	1

支座压铸模

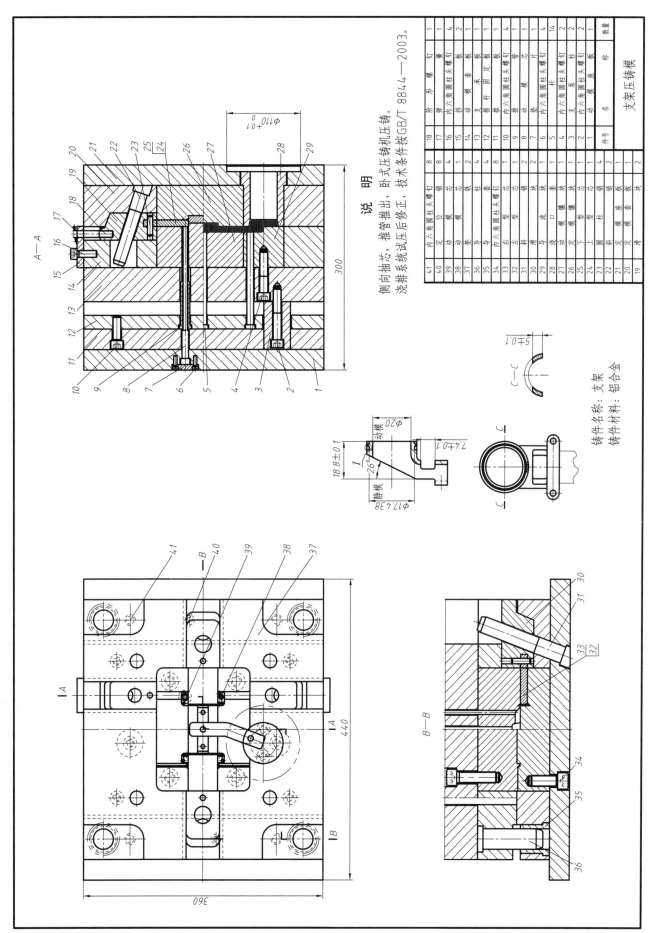

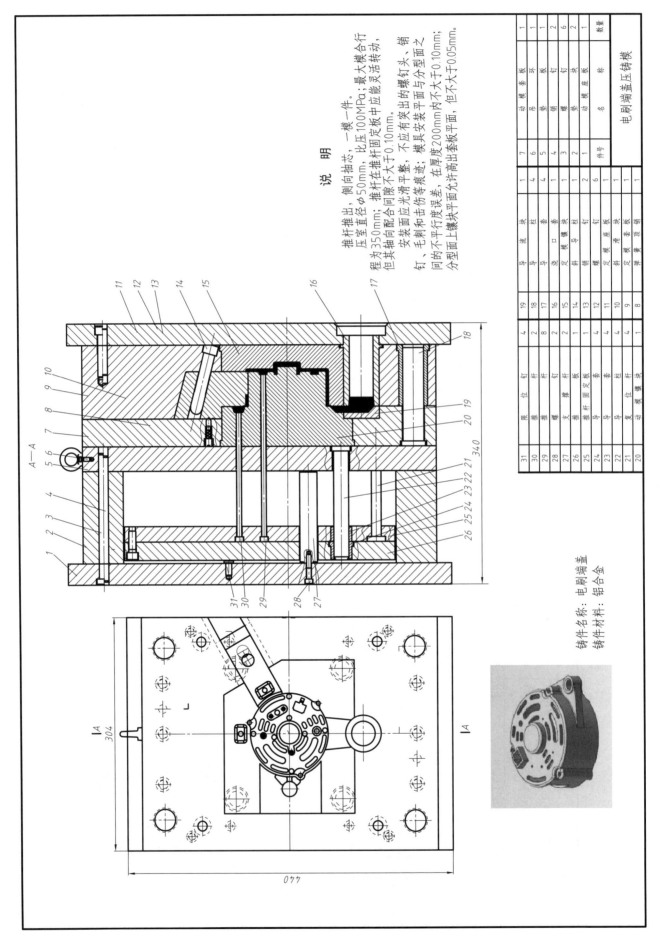

说　明

推杆推出，侧向抽芯，一模一件；最大模合行压至直径φ50mm，比压100MPa；最大模合行程为350mm；推杆在推杆固定板中应能灵活转动，但其轴向配合间隙不大于0.10mm。

安装面应光滑平整，不应有突出的螺钉头、销钉、毛刺和击伤等痕迹；模具安装平面与分型面之间的不平行度误差，在厚度200mm内不大于0.10mm；分型面上镶块平面允许伸出高出套板平面，但不大于0.05mm。

铸件名称：电刷端盖
铸件材料：铝合金

31	限位钉	4		19	导套	1		7	动模垫板	1
30	推杆	2		18	导柱	4		6	吊环	1
29	推杆	8		17	套套	4		5	销	2
28	支承钉	2		16	浇口镶块	2		4	钉	6
27	推杆板	1		15	定模导套	1		3	垫块	2
26	推杆固定板	1		14	斜导柱	1		2	动模座板	1
25	套套	2		13	螺钉	4		1	名称	数量
24	导柱	4		12	定模滑块	1		件号		
23	导柱	4		11	斜滑块	4				
22	复位杆	1		10	定模座板	1				
21	动模镶块	1		9	浇套顶销	1				
20				8	套	1				

电刷端盖压铸模

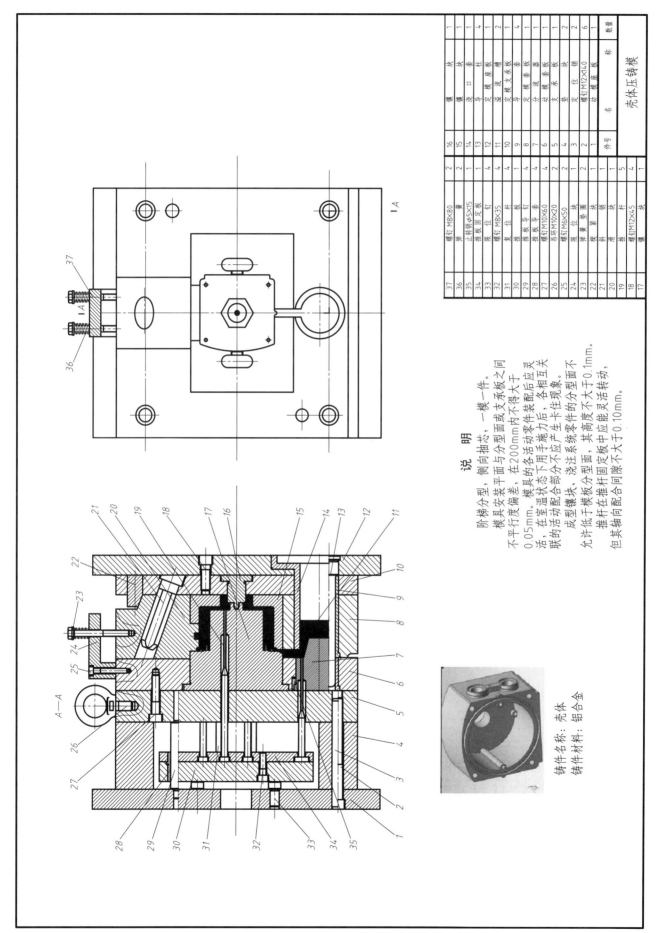

序号	名称	数量
37	螺钉 M8×80	2
36	弹簧	2
35	止转销 φ5×15	1
34	推板固定板	4
33	限位固定板	4
32	螺钉 M8×35	4
31	复位杆	4
30	推板导柱	4
29	推板导套	4
28	螺钉 M10×20	4
27	吊环 M10×60	2
26	螺钉 M6×50	1
25	限位套螺套	2
24	弹簧套块	1
23	限位块	1
22	斜销	1
21	滑块	1
20	滑杆	5
19	螺钉 M12×45	4
18	镶块	1
17		

序号	名称	数量
16	螺块	1
15	镶套	1
14	浇口套	4
13	导柱	2
12	定模座板	1
11	定模支承板	4
10	导滑槽	1
9	定模套板	1
8	导柱	2
7	分流器	1
6	动模套板	2
5	动模支承板	6
4	定位销	
3	螺钉 M12×140	
2	动模座板	
1		

壳体压铸模

A—A

说　明

阶梯分型，侧向抽芯，一模一件。
模具安装平面与分型面或支承板之间
不平行度偏差，在200mm内不得大于
0.05mm。模具的各活动零件装配后应灵
活，在室温状态下用手施力后，各相互关
联的活动配合部分不应产生卡住现象。
成型活动镶块，浇注系统零件的分型面不
允许低于模板分型面，其高度不大于0.1mm。
推杆在推杆固定板中应能灵活转动，
但其轴向配合间隙不大于0.10mm。

铸件名称：壳体
铸件材料：铝合金

145

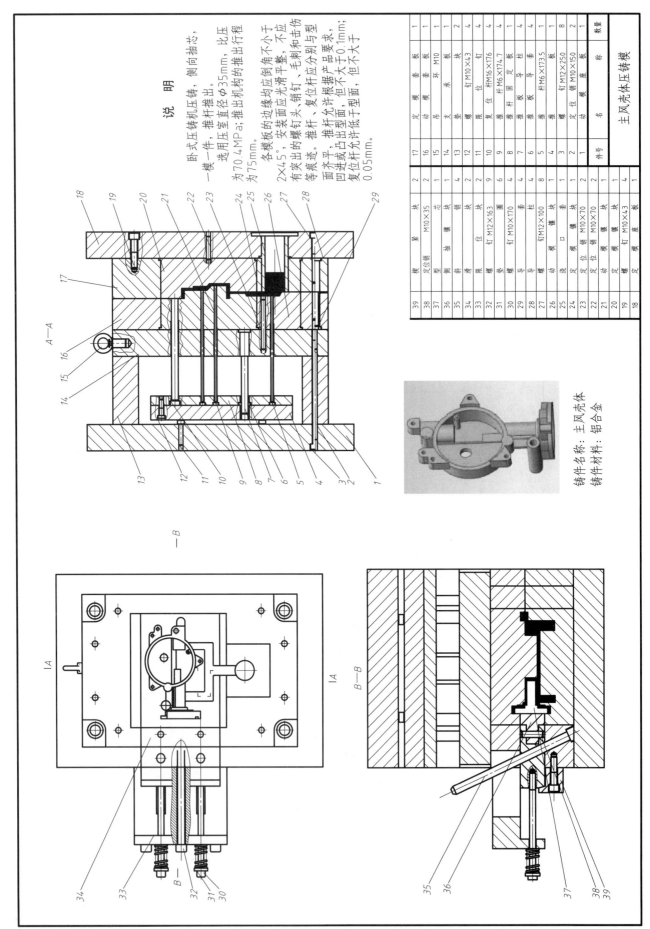

说　明

卧式压铸机压铸，侧向抽芯、
一模一件，推杆推出。
选用压室直径为φ35mm，比压
为70.4MPa；推出机构的推出行程
为75mm。
各模板的边缘均应倒角不小于
2×45°；安装钉头、销钉，不应
有突出的螺钉头、销钉，毛刺和击伤
等痕迹。推杆、复位杆应分别与型
面齐平，推杆允许根据产品要求，
凹进或凸出型面，但不大于0.1mm；
复位杆允许低于型面，但不大于
0.05mm。

铸件名称：主风壳体
铸件材料：铝合金

件号	名　称	数量
17	定模套板	1
16	动模吊环 M10	1
15	支承板	1
14	垫块	2
13	螺钉 M10×43	4
12	复位钉	4
11	复位杆 M16×176	4
10	推杆固定板	4
9	推板	4
8	推板导套	4
7	推杆 M6×173.5	4
6	螺钉 M12×250	1
5	定模镶块 M10×150	8
4	动模座板	2
3		1

主风壳体压铸模

件号	名　称	数量
39	定位销 M10×35	2
38	型芯	2
37	侧抽芯	1
36	斜销	4
35	滑块	2
34	限位销 M12×163	4
33	螺母	9
32	垫圈	2
31	螺钉 M10×170	6
30	导套	4
29	导柱	4
28	螺钉 M12×100	8
27	动模口	1
26	定位销 M10×70	4
25	定位销 M10×70	2
24	动模镶块	1
23	动模镶块	2
22	螺钉 M10×43	2
21	定模座板	4
20	定模	1

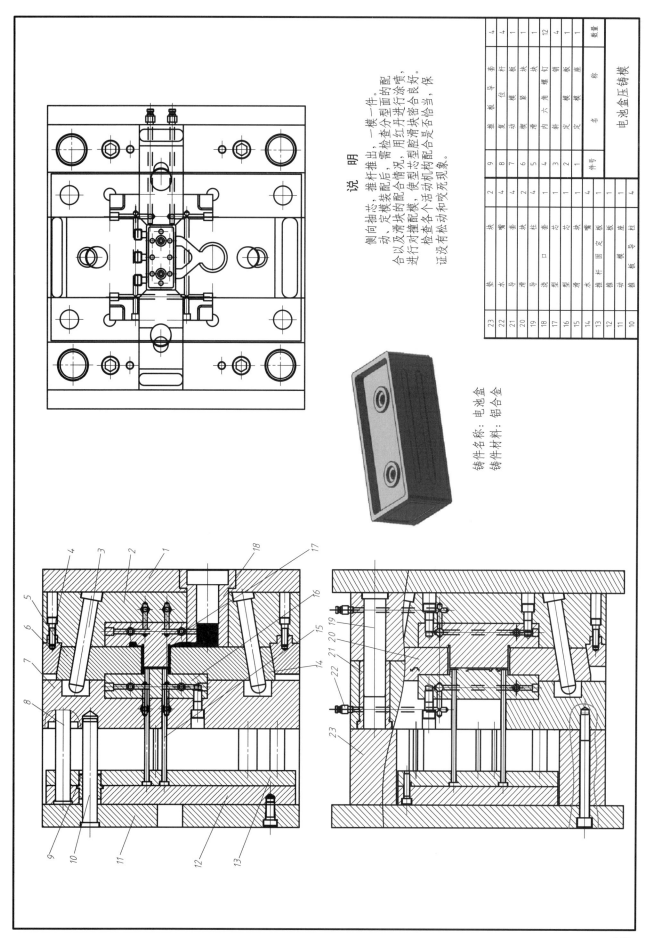

件号	名称	数量
9	推板导套	4
8	复位杆	4
7	动模板	1
6	模架	1
5	内六角螺钉	12
4	斜销	4
3	定模板	1
2	定模座	1
件号	名称	数量

件号	名称	数量
23	座	2
22	水嘴	4
21	导滑块	2
20	导柱	4
19	浇口套	1
18	型芯	1
17	型芯	1
16	滑块	4
15	水嘴	1
14	推杆固定板	1
13	定位板	1
12	动模板	1
11	推板导柱	4

电池盒压模

说　明

侧向抽芯、定芯装配后，检查分型面的配
动，及滑块的装配情况，推杆推出，一模一件。
合模定滑块的配合模，需用红丹进行涂黄，
进行对着配模，使型芯型腔机构配合密合良好，保
检查各个活动机构配合是否恰当。用红丹型腔配合是否恰当，保
证没有松动和咬死现象。

铸件名称：电池盒
铸件材料：铝合金

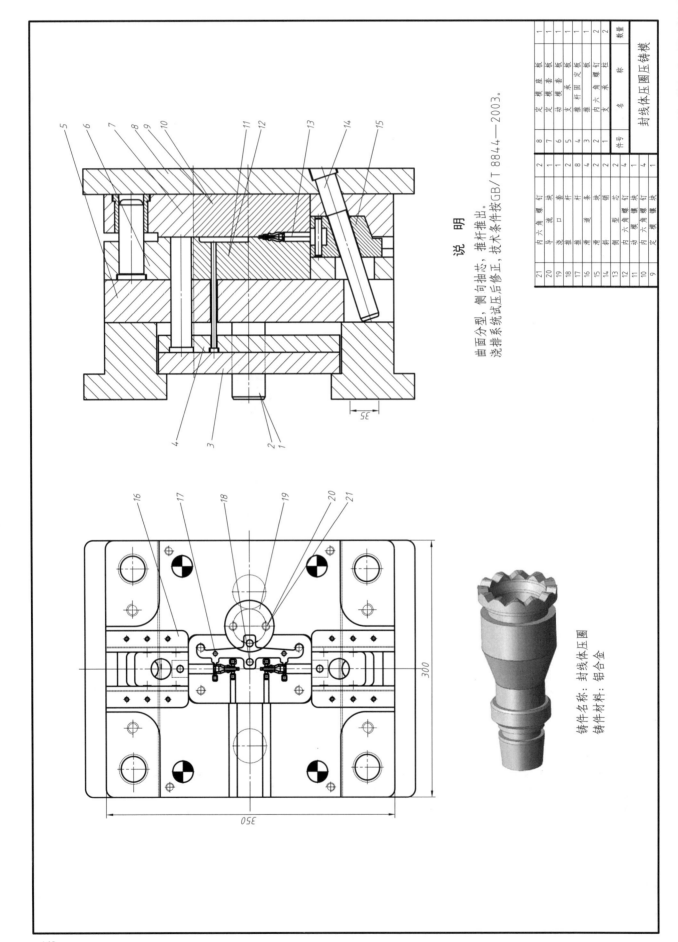

说　明

曲面分型、侧向抽芯、推杆推出。

浇排系统试压后修正，技术条件按GB/T 8844—2003。

件号	名　称	数量
8	定模座板	1
7	定模套板	1
6	动模套板	1
5	支承板	1
4	推杆固定板	1
3	推杆系板	1
2	内六角螺钉	2
1	支承柱	2

封线体圈压铸模

件号	名　称	数量
21	内六角螺钉	2
20	导套	1
19	浇口套	2
18	推套	8
17	推杆	8
16	滑条	2
15	滑块	2
14	斜销	2
13	型芯	2
12	内六角螺钉	4
11	动模镶块	1
10	内六角螺钉	4
9	定模镶块	1

铸件名称：封线体压圈

铸件材料：铝合金

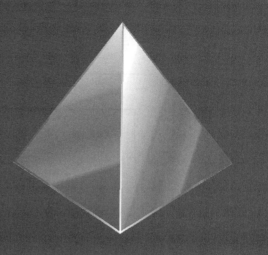

第4章

斜滑块抽芯结构

- 四面斜滑块、有导滑机构
- 斜滑块抽芯机构
- 斜滑块抽芯、开模制动机构

4.1 四面斜滑块、有导滑机构

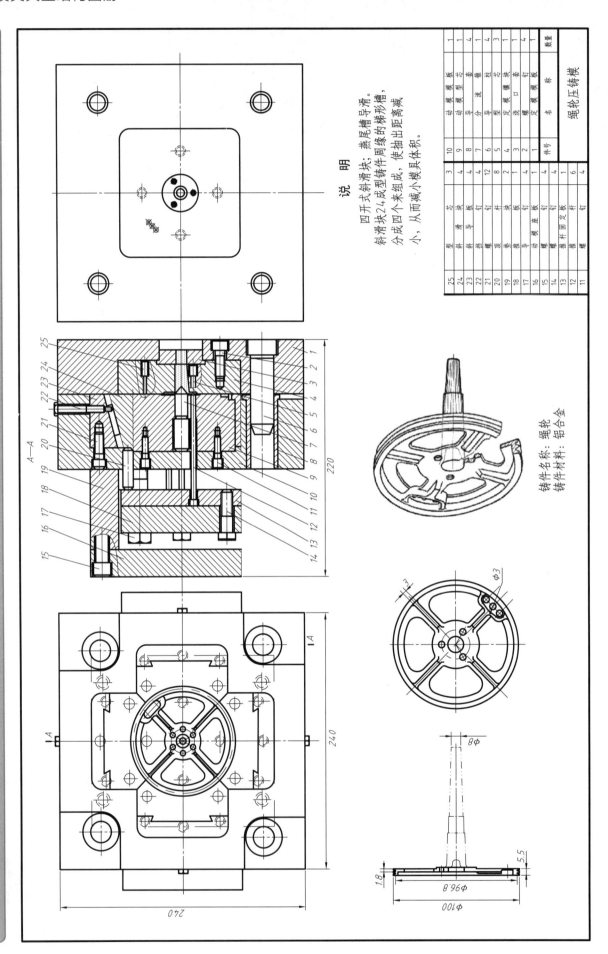

说　明

四开式斜滑块；燕尾槽导滑。

斜滑块24成型铸件周缘的梯形槽，分成四个来组成，使抽出距离减小，从而减小模具体积。

铸件名称：绳轮
铸件材料：铝合金

序号	名称	数量
10	动模模板	1
9	动模型芯	1
8	导套	4
7	导柱	4
6	分流柱	3
5	导柱	1
4	型芯镶块	1
3	定模镶块	1
2	浇口套	1
1	定模模板	1

序号	名称	数量
25	型芯	3
24	斜滑块	4
23	斜导板	4
22	螺钉	12
21	顶杆	8
20	型芯杆	2
19	推杆板	1
18	推杆导板	1
17	动模座板	1
16	螺钉	4
15	斜导板固定板	1
14	推杆	6
13	螺钉	4

绳轮压铸模

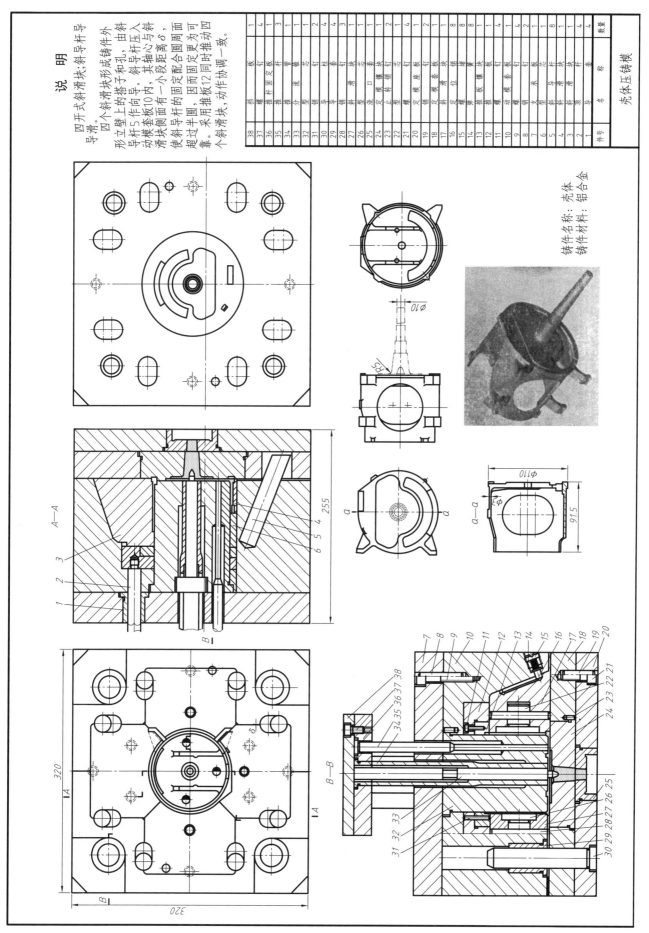

说　明

四开式斜滑块;斜导杆导
滑。四个斜滑块形成铸件外
形立壁上的搭子和孔,由斜
导杆5作向导。斜导杆压入斜
动模块套板侧面有一小段距离δ,
使斜导杆的固定配合圆周面
超过半圆,因而固定更为可
靠。采用斜滑块,动作协调一致。
四个斜滑块套板10内,斜
导杆心离合圆同面可
推过板12同时推动协调一致。

铸件名称:壳体
铸件材料:铝合金

件号	名称	数量
38	挡板	1
37	推杆固定板	4
36	推板	3
35	推杆	1
34	浇道套	1
33	分流锥	1
32	型芯	2
31	导钉	2
30	导套	4
29	斜滑块	3
28	斜导杆	2
27	滑块套板	1
26	定位销	2
25	上镶块	4
24	转芯	2
23	定模座板	8
22	镶块钉	8
21	型芯	1
20	定模板	4
19	销钉	2
18	定模镶块	8
17	定位销	8
16	螺钉	4
15	弹簧	4
14	弹簧镶块	4
13	推板	1
12	推板	1
11	动模镶块	2
10	套板	4
9	销钉	8
8	动模板	1
7	螺钉	4
6	支承板	1
5	斜导杆	4
4	斜滑块	4
3	滑块	4
2	导柱	4
1	导套	4

壳体压铸模

φ70　R5　φ110　91.5　255　320　δ
A—A　B—B　a—a

4.2 斜滑块抽芯机构

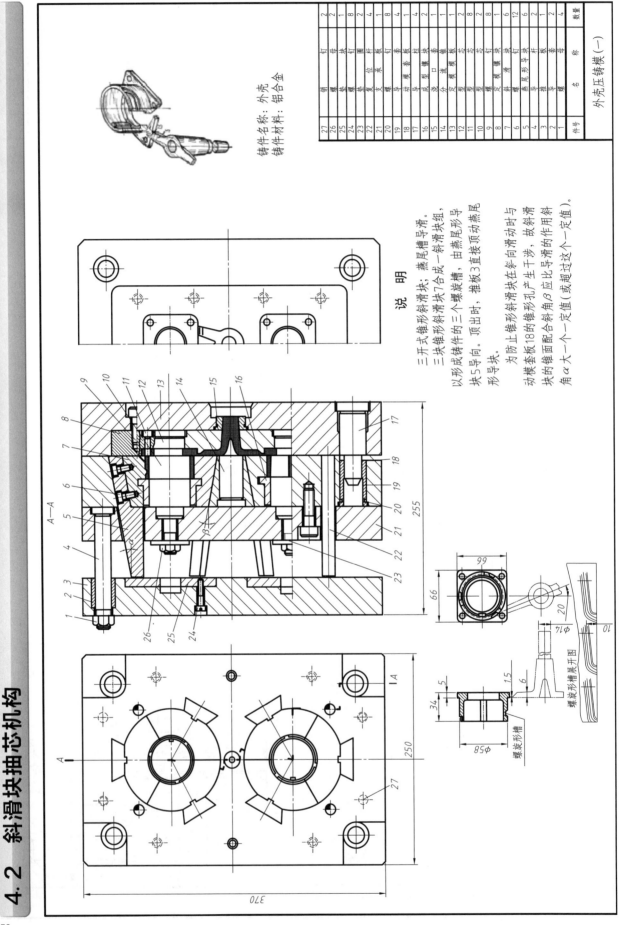

铸件名称：外壳
铸件材料：铝合金

件号	名 称	数量
27	销 钉	2
26	螺 钉	2
25	垫 块	1
24	圆柱销	8
23	复位杆	4
22	支承板	1
21	螺 钉	4
20	导 套	4
19	动模套板	1
18	型 芯	1
17	分流锥	1
16	浇口套	8
15	分模板	1
14	定模镶块	1
13	型 芯	8
12	型 芯	1
11	螺 钉	6
10	定距螺钉	12
9	斜滑块	6
8	锥形导套	6
7	螺 钉	2
6	导 柱	2
5	推 杆	2
4	套 板	2
3	导 套	2
2	垫 板	2
1	螺 母	4
件号	名 称	数量

外壳压铸模（一）

说 明

三开式锥形斜滑块；燕尾槽导滑。

三块锥形斜滑块7合成一斜滑块组，以形成铸件的三个螺旋槽，由燕尾形导块5导引向。顶出时，推板3直接顶动燕尾形导块。

为防止锥形斜滑块在杀向滑动时与动模套板18的锥形孔产生干涉，故斜滑块的锥面配合斜角β应比导滑的作用斜角α大一个一定值（或超过这个一定值）。

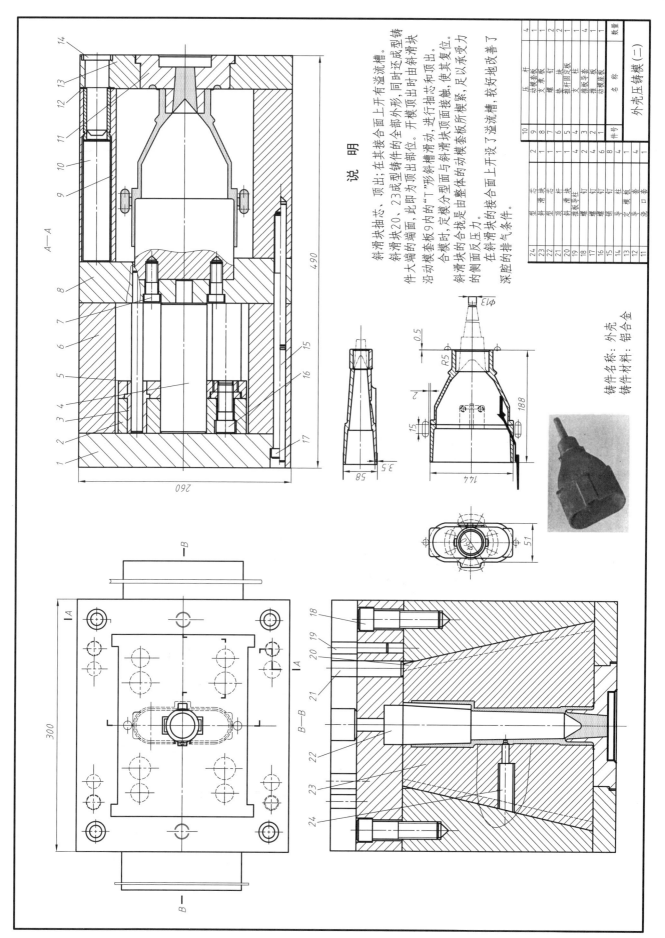

说　明

斜滑块抽芯、顶出；在其接合面上开有溢流槽。

斜滑块 20、23 成型铸件的全部外形，同时还成型铸件大端的端面，此即为顶出部位。开模顶出时由斜滑块沿动模套板 9 内的"T"形斜槽滑动，进行抽芯和顶出。

合模时，定模分型面与斜滑槽项块项面接触，使其复位。

斜滑块的合模分型面是由整体动模套板所楔紧，足以承受力的侧面反压力。

在斜滑块的接合面上开设了溢流槽，较好地改善了深腔的排气条件。

铸件名称：外壳
铸件材料：铝合金

件号	名　称	数量
10	动模套板	4
9	支承板	1
8	螺钉	2
7	垫块	2
6	推杆固定板	1
5	支承板	1
4	推板导套	1
3	推板导柱	1
2	动模座板	1
1		4

24	型芯	1
23	斜滑块	2
22	型芯	1
21	顶销	1
20	斜滑块	4
19	推杆	2
18	推板导柱	2
17	螺钉	6
16	螺钉	8
15	导套	4
14	导柱	4
13	定模套板	1
12	浇口套	1
11		4

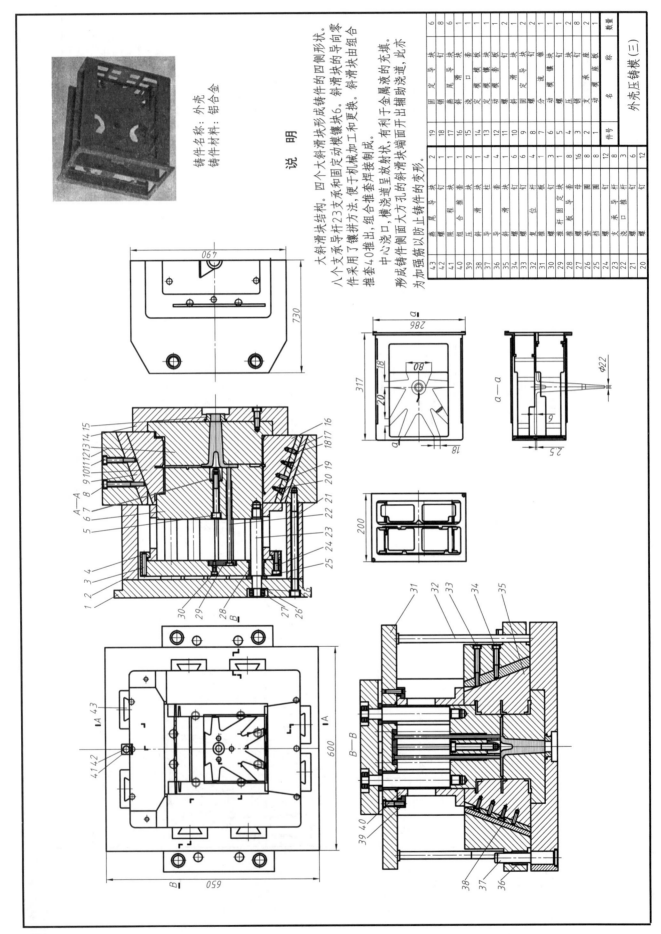

铸件名称：外壳
铸件材料：铝合金

说　明

大斜滑块结构。四个大斜滑块成形铸件的四侧形状。八个支承导滑杆23支承和固定动模镶块6。斜滑块的导向零件采用了镶拼方法，便于机械加工和更换。斜滑块由组合推套40推出，组合推套焊接制成。中心浇口，横浇道呈放射状，有利于金属液的充填。形成铸件侧面大方孔的斜滑块端面开出辅助浇道，此亦为加强筋以防止铸件的变形。

序号	名称	件号	数量
19	固定导滑块	43	6
18	定导块	42	8
17	燕尾导块	41	6
16	斜滑块导套	40	1
15	浇口套	39	1
14	定模镶块	38	1
13	横浇块	37	4
12	动模套板	36	1
11	导柱	35	6
10	斜滑块	34	6
9	斜导钉	33	4
8	复位圆螺母	32	3
7	推定位板	31	1
5	推杆固定导块	29	3
4	推板	28	16
3	垫座圈	27	8
2	支承导钉	26	8
1	动模座板	25	12
	螺钉	24	8
	支承导杆	23	3
	浇口	22	6
	推钉	21	6
	螺钉	20	12

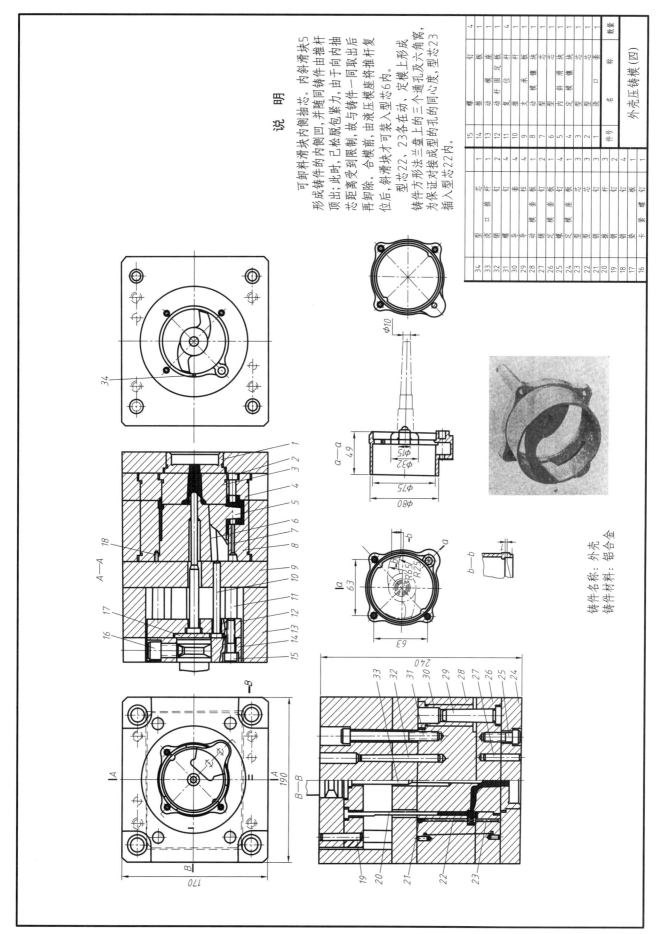

说　明

可卸料滑块滑块内侧抽芯。内斜滑块5形成铸件的内侧凹，并随同推杆顶出；此时，已松脱包紧力，由于向内抽芯距离受到限制，故与铸件一同取出后再卸除。合模前，由液压模座将推杆复位后，型芯22、23各往动，定模上形成铸件方形法兰盘上的三个通孔及六角窝，为保证对接成型的同心度，型芯23插入型芯22内。

铸件名称：外壳
铸件材料：铝合金

件号	名 称	数量		件号	名 称	数量
1	口套	1		16	卡紧螺钉	4
2	型镶	2		17	垫板	1
3	定模镶块	3		18	推杆	4
4	斜滑块	3		19	销钉	2
5	内滑块	4		20	推杆	4
6	动模镶块	2		21	型芯	3
7	支承块	1		22	型芯	3
8	复推杆	2		23	型芯	1
9	动推杆	4		24	螺钉	4
10	推杆	1		25	法兰	1
11	定位块	2		26	定模镶	2
12	定模板	1		27	螺钉	4
13	座板	1		28	套板	1
14	推板	1		29	导套板	4
15	螺钉	4		30	导柱	4
				31	螺钉	2
				32	卸料板	1
				33	型壳口	4
				34	型芯	1

外壳压铸模（四）

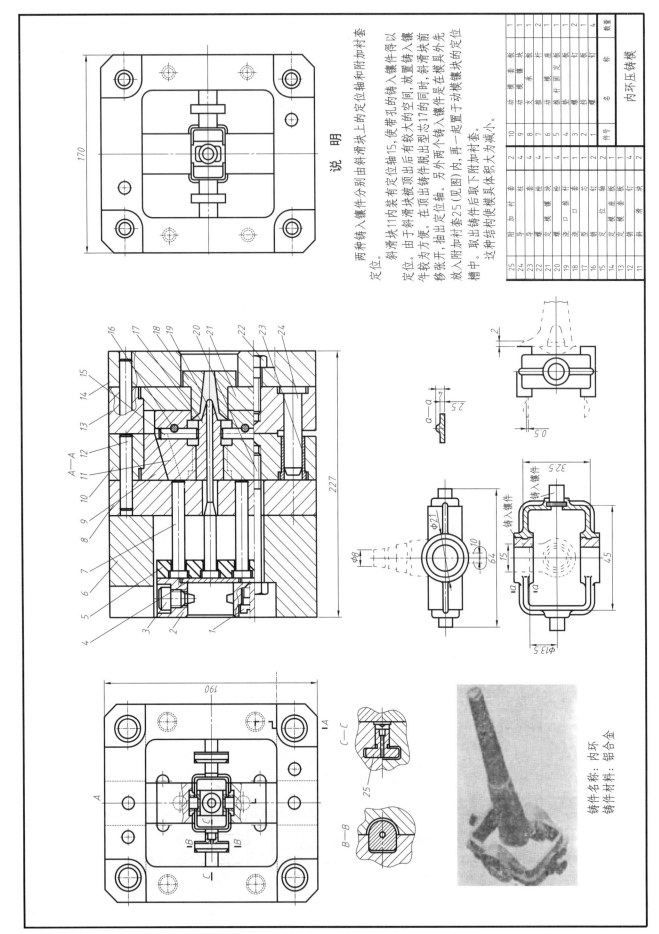

说 明

两种铸入镶件分别由斜滑块上的定位轴和附加衬套定位。

斜滑块11内装有定位轴15,使带孔的铸入镶件得以定位。由于斜滑块被顶出后有较大的空间,放置铸入镶件较为方便。在顶出型芯17的同时,斜滑块外先移张开,抽出定位轴。另外两个铸件定芯在模具外先放入附加衬套25(见图)内,再一起置于动模镶块的定位槽中。取出铸件后取下附加衬套。

这种结构使模具体积大为减小。

号	名 称	数量
25	附加衬套	2
24	导 柱	4
23	导 套	4
22	螺 栓	4
21	模 镶 块	4
20	螺 口 塞	1
19	浇 口 套	1
18	推 杆	1
17	型 芯	1
16	定 模 镶	2
15	定 位 轴	1
14	定 模 座 板	1
13	定 模 套 板	4
12	销 钉	4
11	斜 滑 块	2

号	名 称	数量
10	动 模 套 板	1
9	动 模 镶 块	1
8	支 承 板	2
7	推 杆 座	1
6	推 杆 固 定 板	1
5	推 杆	1
4	螺 钉	1
3	销 钉	2
2	销 钉	2
1	螺 钉	4

内环压铸模

铸件名称:内环
铸件材料:铝合金

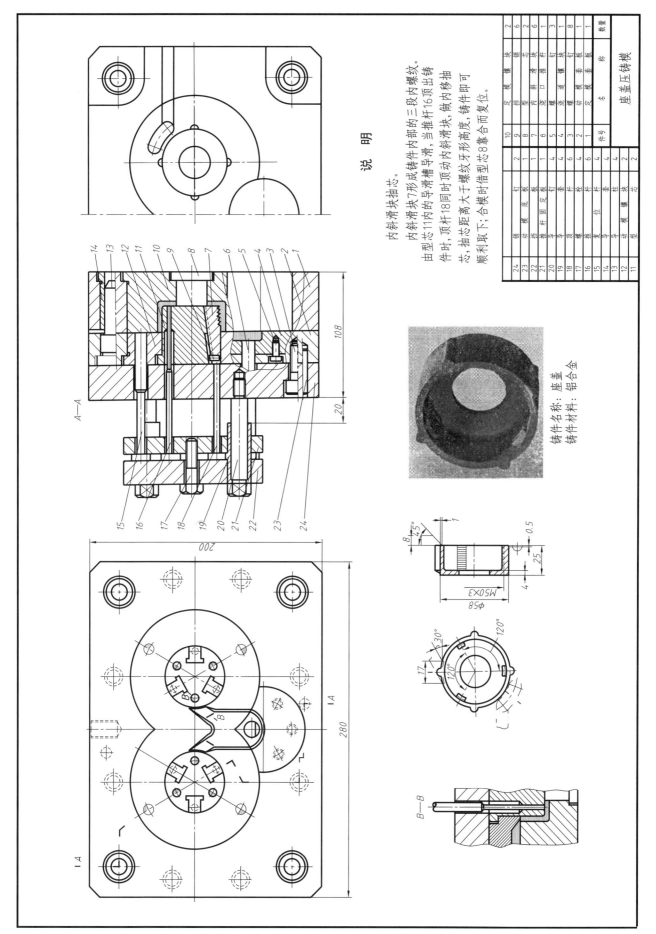

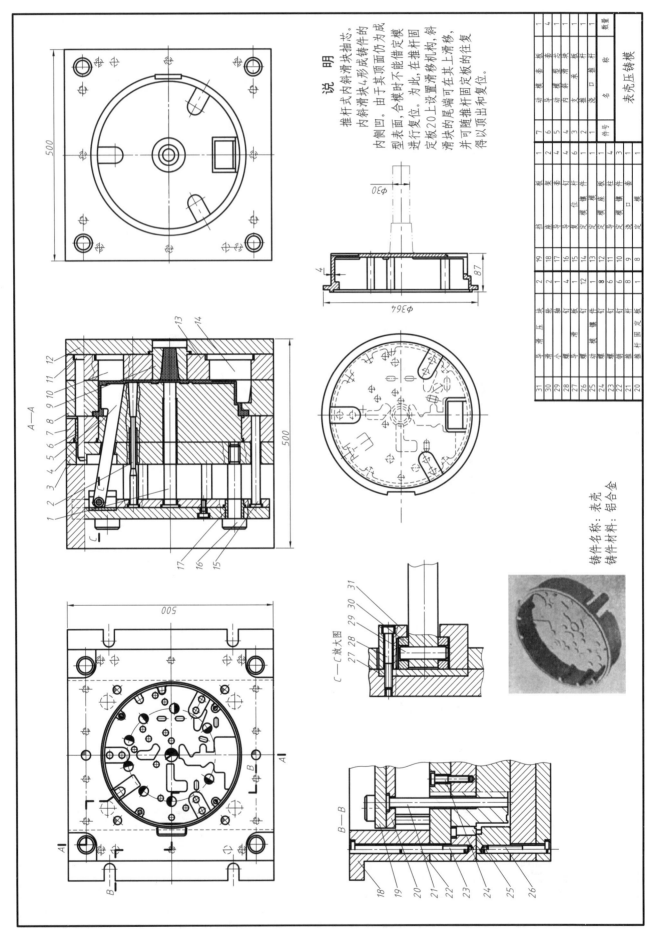

说　明

推杆式内斜滑块抽芯。
内斜滑块4形成铸件的
内侧凹。由于其顶面不能借定模
型表面进行复位。为此，在推杆固
定板20上设置滑块上滑移，斜
滑块的尾端推杆固定板的往复
并可随推杆固定板的往复
得以顶出和复位。

铸件名称：表壳

铸件材料：铝合金

件号	名称	数量
7	动模套板	1
6	导套	4
5	动模镶件	1
4	内斜滑块	1
3	支承板	1
2	浇口套	1
1	推杆	1

表壳压铸模

19	挡板	2
18	座垫	1
17	导柱	4
16	导套	1
15	复位杆	4
14	定模镶件	12
13	定模座板	1
12	定模板	8
11	定模镶件	6
10	浇口	1
9	浇口套	8
8	定模板	1

31	导柱	1
30	滑块	4
29	小型芯	1
28	螺钉	4
27	导套	1
26	动模镶件	1
25	模镶板	1
24	螺钉	8
23	螺钉	6
22	导柱	1
21	推杆	8
20	推杆固定板	1

A—A

C—C放大图

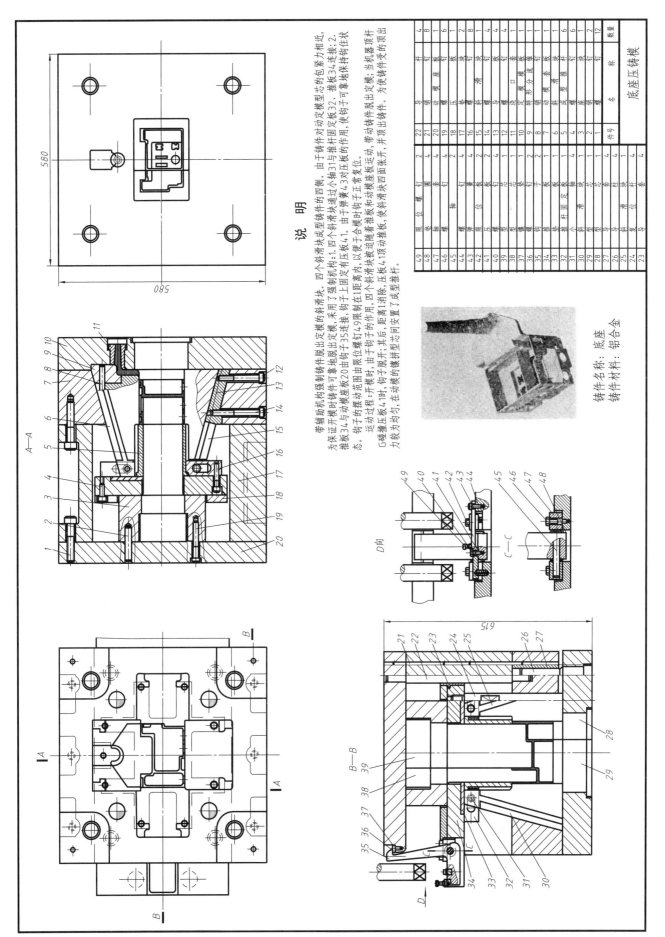

序号	名称	数量		序号	名称	数量
49	限位螺钉	2		22	导 杆	4
48	挡 块	4		21	销 钉	8
47	螺 钉	4		20	动模座板	1
46	套	4		19	垫 板	6
45	螺 钉	4		18	压 块	2
44	轴	4		17	挡 块	1
43	压 板	2		16	销 钉	4
42	限位螺钉	2		15	弹 簧	4
41	压 板	1		14	推 板	1
40	型 芯	1		13	销 钉	6
39	镶 套	1		12	定模分流锥	1
38	钩 子	1		11	浇 口 模	1
37	垫 板	1		10	定模镶件	1
36	推 板	4		9	动模镶件	1
35	钩 子	4		8	个 型 套	6
34	推 杆	4		7	成 型 镶	6
33	小推杆固定板	1		6	推 板	2
32	推杆固定板	1		5	斜 型 块	2
31	小 轴	4		4	弹 簧	1
30	斜型块	4		3	镶 块	1
29	导 套	4		2	斜滑块	4
28	导 套	4		1	复位杆	12
27	斜滑块	1		件号	名 称	数量
26	复位杆	4			底座压铸模	
25	镶 块	1				
24	斜型块	1				
23	复位杆	4				

铸件名称：底座
铸件材料：铝合金

说 明

带辅助机构强制铸件脱出模的斜滑块。四个斜滑块定模成型铸件的四侧。
为保证开模时铸件可靠地脱出定模，采用了强制制动机构：1. 四个斜滑块通过小轴 31 与推杆固定板 32、推杆 34 连接；2. 推板 34 与动模座板 20 由钩子 35 连接，钩子上固定有压板 41。由于弹簧 43 对压板钩子有合复位。
钩子的摆动范围由限位螺钉 49 限制在 1 距离内，以便于合模时钩子正常复位。运动过程：开模时，由于钩子脱开，四个斜滑块随着推板运动，带动推杆板动模座板运动，并顶出铸件受斜滑块四面张开，使铸件受顶出力较为均匀，在动模的镶拼型芯同安置了成型推杆。G 碰撞推板 4 时，钩子脱开；其后，距离 1 消除，压板 4 顶动推板，距离 1 顶动型芯。

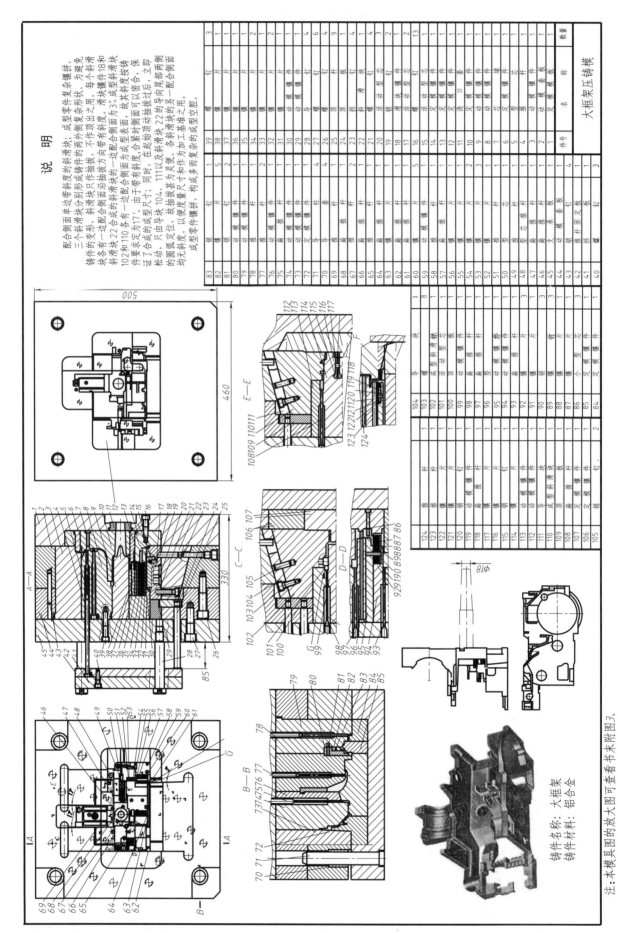

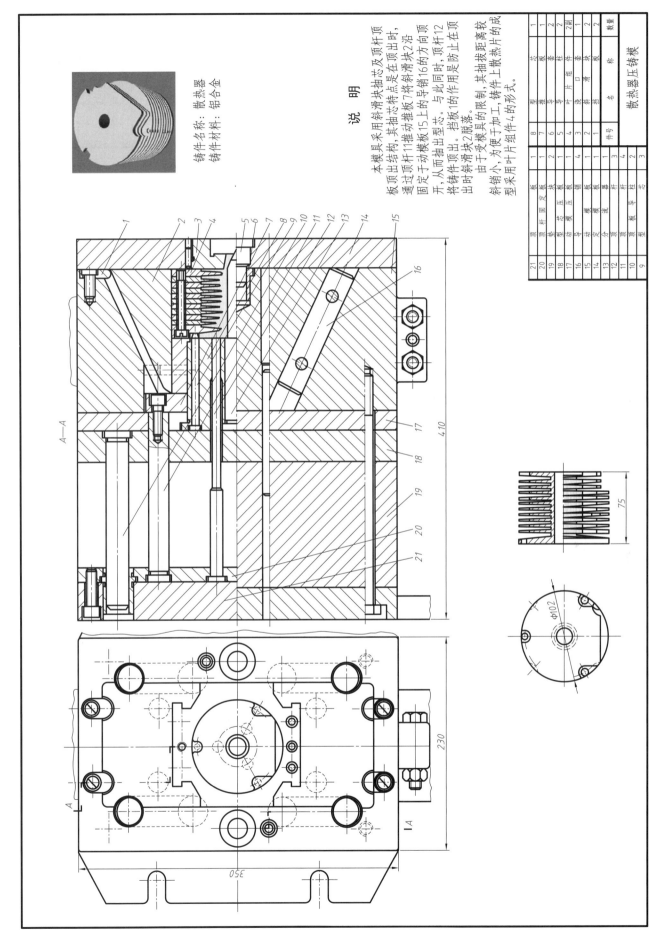

铸件名称：散热器
铸件材料：铝合金

说　明

本模具采用斜滑块抽芯及顶杆顶板顶出结构，其抽芯特点是在顶杆顶出时，通过顶杆11推动推板15上的导销16的方向顶固定于动模板15上的导销16的方向顶开，从而抽出型芯。与此同时，顶杆12将铸件顶出。挡板1的作用是防止在顶出时斜滑块2脱落。

斜销1的限制，其抽拔距离较由于受模具的限制，铸件上散热片的成型采用叶片组件4的形式。

散热器压铸模

件号	名称	数量
8	型芯	1
7	推杆套	1
6	导套	2
5	叶片组件	2副
4	浇口套	2
3	斜滑块	2
2	挡块	1

件号	名称	数量
21	顶杆固定板	1
20	顶杆套板	2
19	型芯压块	1
18	动模压板	2
17	导柱	4
16	导销	1
15	横流板	1
14	定模板	1
13	分流板	4
12	顶杆	1
11	顶杆	1
10	顶板	2
9	型芯	3

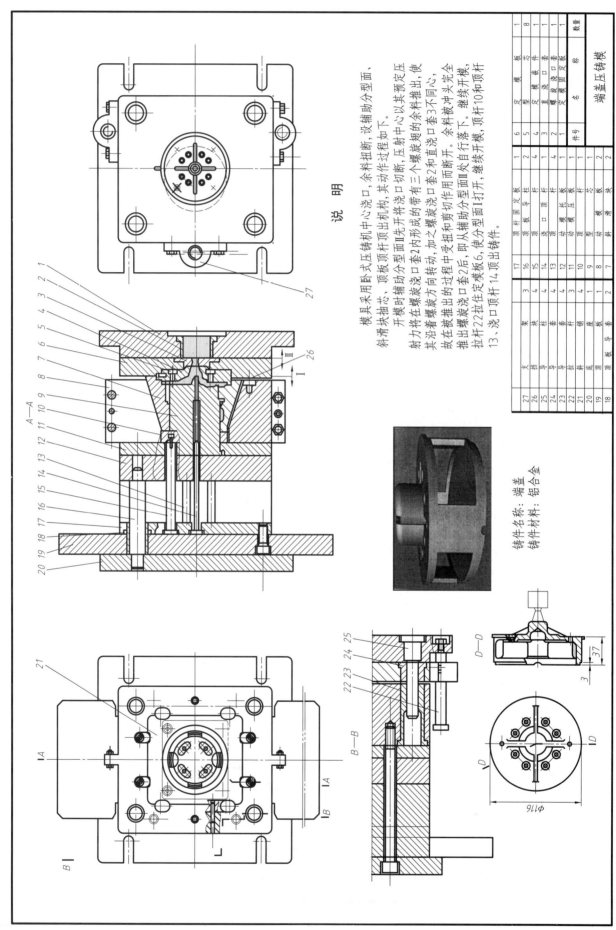

说　明

模具采用卧式压铸机中心浇口，余料扭断，设辅助分型面，斜滑块抽芯，顶板顶杆顶出机构，其动作过程如下。

开模时辅助分型面Ⅱ先开将浇口切断，压射中心以其预压射力将在螺旋浇口套2内形成的带有三个小螺旋翅的余料推出，使其沿着螺旋方向转动，加之螺旋浇口套2和直浇口套3不同心，故在被推出的过程中受扭和剪切作用而断开。余料被冲头完全推出螺旋浇口套2后，即从辅助分型面Ⅱ处自行落下。继续开模，拉杆22拉住定模板6，使分型面Ⅰ打开，继续开模，顶杆10和顶杆13、浇口顶杆14顶出铸件。

铸件名称：端盖
铸件材料：铝合金

序号	名称	数量
6	定模座板	1
5	定型模	8
4	直浇口套	1
3	螺旋浇口套	1
1	定模直定板	1

序号	名称	数量
17	顶杆固定板	3
16	顶板导柱	4
15	顶杆导套	4
14	浇口顶杆	1
13	顶杆	4
12	动模螺母	3
11	动模托板	1
10	顶杆	1
9	型模	1
8	动模板	1
7	斜滑块	2

序号	名称	数量
27	支承导套	3
26	导套	4
25	导柱	4
24	导套	4
23	拉杆	3
22	拉杆	1
21	斜销	1
20	底板	1
19	顶板导套	2
18	顶板导柱	2

端盖压铸模

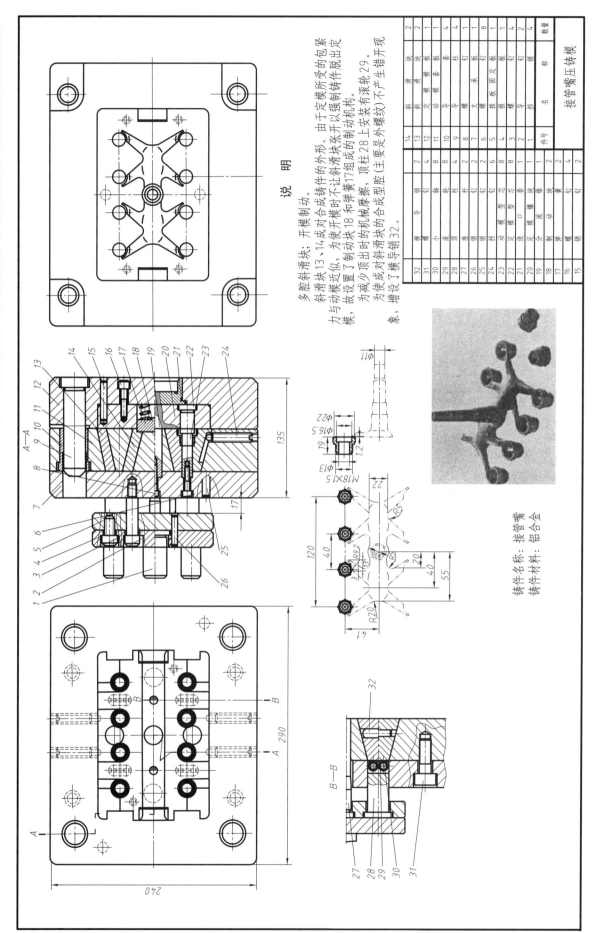

说　明

多腔斜滑块。

斜滑块13、14成对合成铸件的外形。由于定模所受的包紧力与动模近似，故设近置了制动块18和弹簧17组成的制动机构。

为减少顶出时的摩擦，顶柱28上安装有滚轮29。

为使成对斜滑块的合成型腔（主要是外螺纹）不产生错开现象，增设了模导销32。

开模制动。

为使开模时不让斜滑块张开以强制铸件脱出定模，成对滑块13、14成对合模。

铸件名称：接管嘴
铸件材料：铝合金

序号	名称	数量
32	模导销	2
31	推管嘴	2
30	小滑块	8
29	滚轮	8
28	顶柱	4
27	推杆	2
26	销钉	2
25	销钉	6
24	挡销	8
23	动模型芯	8
22	定模型芯	8
21	浇口套	1
20	定模分流块	1
19	制动块	1
18	弹簧	2
17	销钉	4
16	销钉	2
15	导销	2
14	斜滑块	2
13	斜滑块	2
12	定模板	1
11	模套	4
10	导套	4
9	导柱	4
8	螺钉	1
7	支承系	8
6	顶管板	1
5	推板固定板	1
4	销钉	4
3	推钉	2
2	导销	4
1	模导销	2

接管嘴压铸模

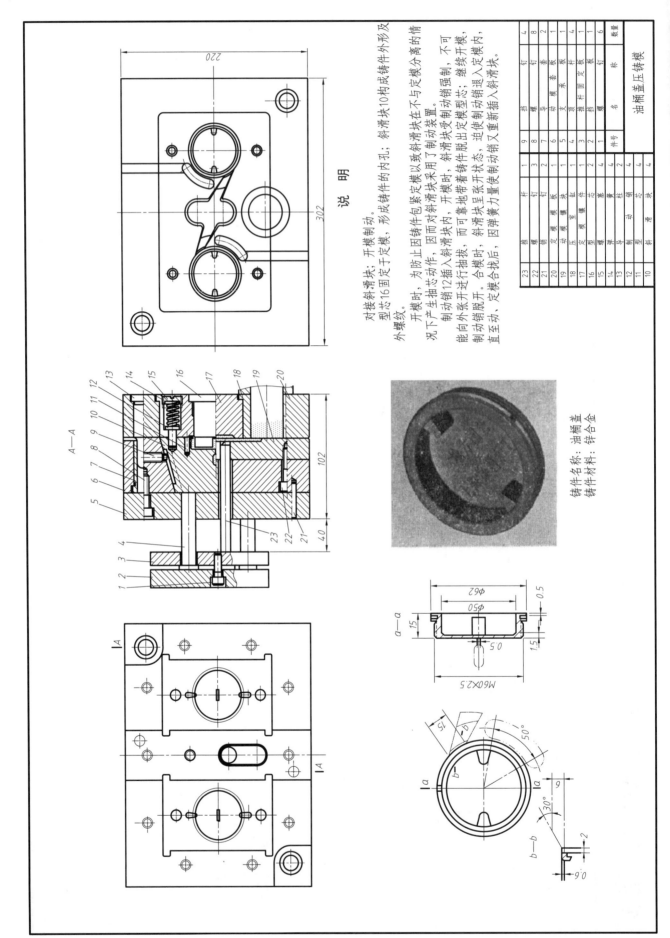

说　明

对接斜滑块；开模制动。

开模时，为防止因铸件包紧定模以致斜滑块在不与定模分离的情况下产生抽芯动作，因而对斜滑块内、开模时，斜滑块带着铸件脱出定模型芯，不可能向外张开进行抽拔，而可靠地带着铸件呈张开状态，迫使制动销退入定模内，制动销脱开。合模时，斜滑块呈张开状态开始合模，继续开模，制动销12插入斜滑块内，开模时，斜滑块受制动销制强制，不可直至动，定模合拢后，因弹簧力量使制动销又重新插入斜滑块。型芯16回定于定模、形成铸件的内孔；斜滑块10构成铸件外形及外螺纹。

铸件名称：油箱盖
铸件材料：锌合金

油箱盖压铸模

件号	名　称	数量
23	推杆	1
22	销钉	3
21	销钉	2
20	定模镶块	1
19	动模镶块	1
18	压型室镶件	1
17	定型镶件	2
16	型芯	4
15	螺杆	2
14	弹簧	4
13	导套	4
12	制动销	4
11	型芯	4
10	斜滑块	4

件号	名　称	数量
9	挡钉	4
8	螺钉	8
7	导套	2
6	动模套板	1
5	支承板	4
4	顶杆	1
3	推杆固定板	1
2	挡板	1
1	螺钉	6

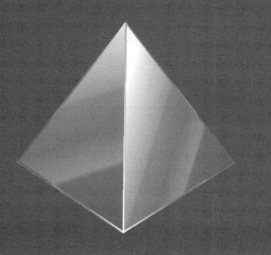

第5章

手动、液压及其他抽芯结构

- 手动抽芯机构
- 液压抽芯机构
- 机动齿轮齿条抽芯机构

5.1 手动抽芯机构

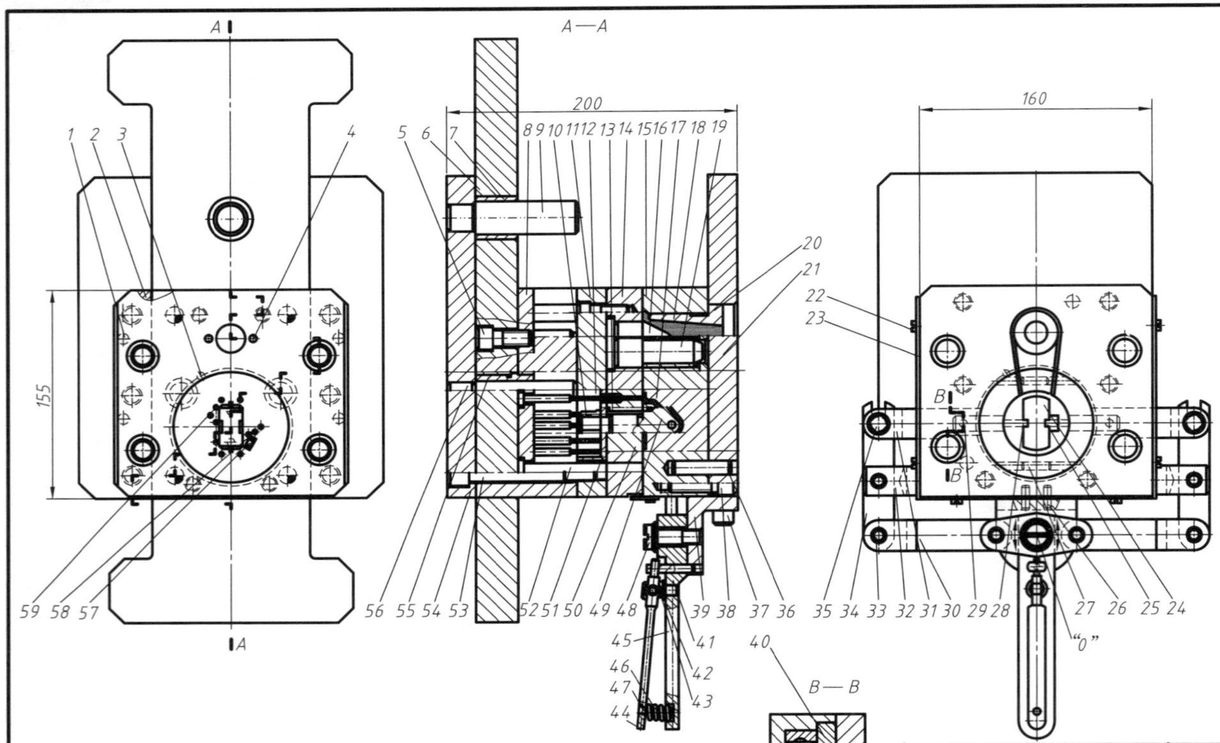

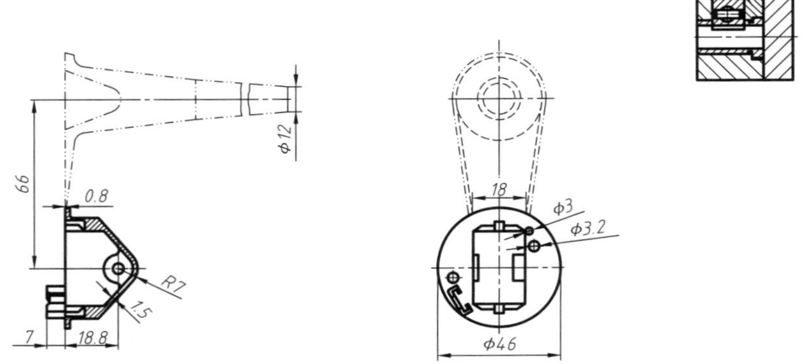

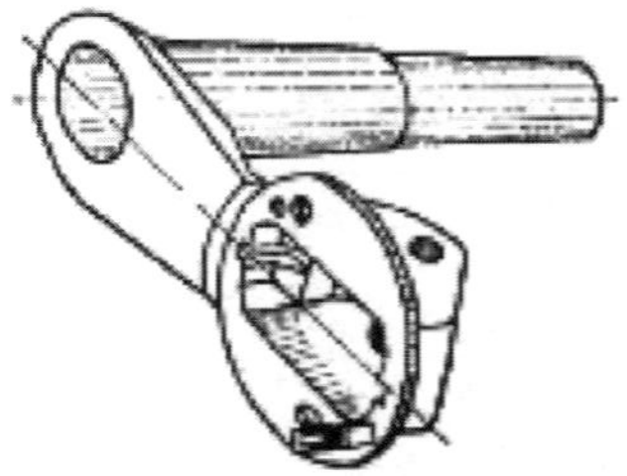

铸件名称：底座
铸件材料：锌合金

说　明

手动连杆机构定模抽芯。

定模内型芯25、28形成铸件的侧面小孔，由于其包紧力很小，故采用了安装在定模上的连杆机构进行抽芯。

手柄45一头的两端各连接一个拉杆30。开模前，按筒头任一方向摇动手柄，摇动中心为"0"点，同时控制两个摆杆34带动的导块31进行抽芯。由于必须在抽芯后才能打开模具，故操作次序要求严格。

件号	名称	数量	件号	名称	数量	件号	名称	数量
17	滑块	1	38	螺钉	1	59	楔型	1
16	分流锥	1	37	锁紧块	1	58	型芯	1
15	定模套板	1	36	螺钉	2	57	导柱	2
14	动模套板	2	35	锁紧块	2	56	套板	2
13	销钉	8	34	摆杆	2	55	销钉	2
12	锥杆	1	33	销钉	2	54	型板	1
11	支承	1	32	柱	6	53	复位	6
10	螺母	1	31	导块	4	52	型板	4
9	导柱	1	30	拉杆	1	51	楔	1
8	推杆固定板	1	29	型芯	1	50	锁紧	1
7	垫板	4	28	型芯	1	49	螺钉	1
6	锥导柱	2	27	销钉	1	48	导柱	2
5	螺钉	2	26	型芯	1	47	套筒	1
4	导块	2	25	型芯	1	46	销钉	1
3			24	螺钉	3	45	手柄	1
2			23	罩	1	44	压块	1
1			22	支承	6	43	销钉	2
			21	定模座板	1	42	锁紧块	4
			20	导柱	2	41	支座	4
			19	导套	4	40	底座	—
			18	导套	4	39	支座	—

底座压铸模

注：本模具图的放大图可查看书末附图4。

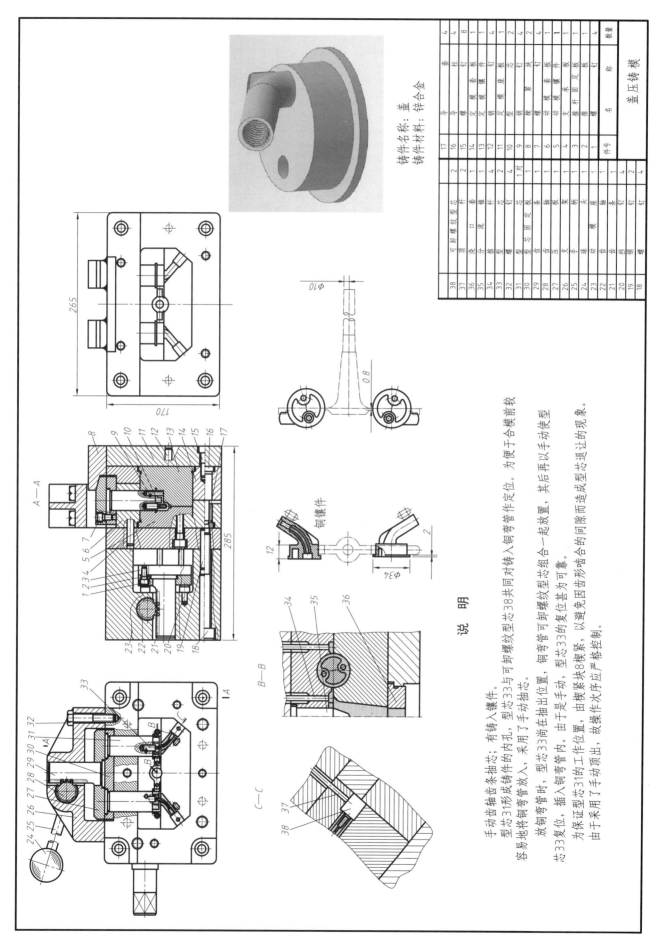

铸件名称：盖
铸件材料：锌合金

件号	名称	数量
38	可卸螺纹型芯	2
37	顶出型芯杆	2
36	浇口套	1
35	分流锥	4
34	推杆型芯	2
33	型芯	4
32	型芯	1对
31	型芯固定板	1
30	齿轴	1
29	齿条	1
28	抽芯支架	1
27	压板	1
26	支架	1
25	手柄	1
24	球座	1
23	动模座板	1
22	垫块	1
21	齿条挡板	1
20	销钉	4
19	挡钉	2
18	螺钉	4

件号	名称	数量
17	导柱	4
16	螺钉	4
15	定模板	8
14	定模镶件	1
13	衬套	1
12	定模座板	2
11	型芯	1
10	型芯	4
9	衬套	1
8	楔紧块	1
7	紧定	1
6	动模镶件	1
5	动模板	1
4	支承固定板	1
3	支承板	1
2	垫	1
1	螺钉	4

盖压铸模

说　明

手动齿轴齿条抽芯；有铸入镶件。

型芯31形成铸件的内孔，采用了手动抽芯。

容易地将铜弯管放入。型芯33与可卸螺纹型芯38共同对铸入铜弯管作定位。为便于合模从较

放铜弯管时，型芯33尚在抽出位置，铜弯管可卸螺纹型芯组合一起放置，其后再以手动使型

芯33复位，插入铜弯管内。型芯33的复位甚为可靠。

为保证型芯31的工作位置，由镶紧块8楔紧，型芯33与可卸螺纹型芯啮合的间隙而造成型芯退让的现象。

由于采用了手动顶出，以避免因齿形啮合的间隙而造成型芯退让的现象。

由于型芯31是手动，故操作次序应严格控制。

A—A

B—B

C—C

铜镶件

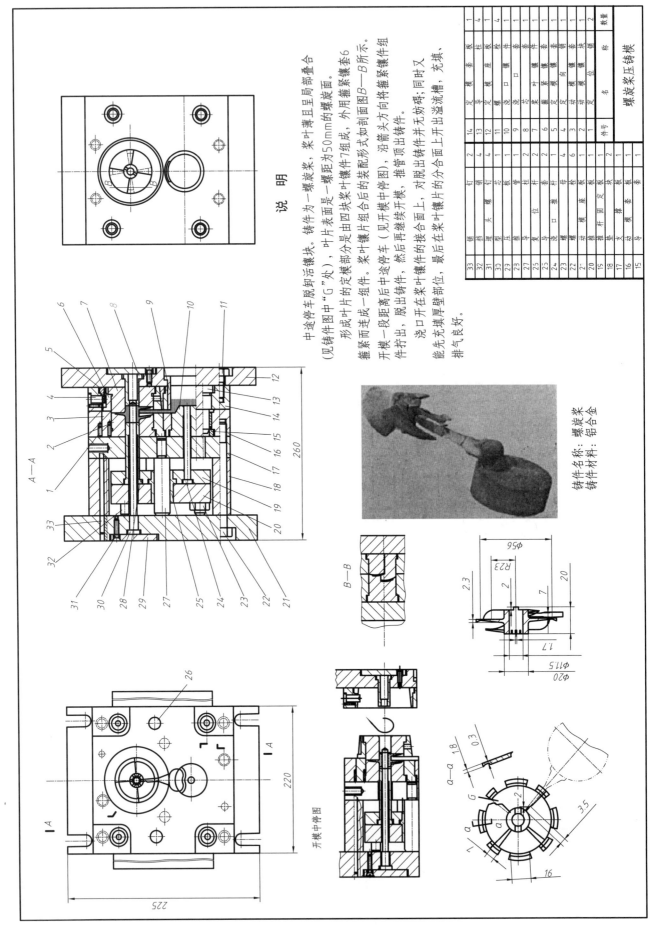

说 明

中途停车脱卸滑镶块。铸件为一螺旋桨，桨叶薄且呈局部叠合（见铸件图中"G"处），叶片表面又是一螺旋面—螺距为50mm的螺旋面。

形成叶片的定模部分是由四块桨叶镶件7组成，外用推紧镶套6推紧而连成一组件。桨叶镶片组合后的装配形式如剖面图B—B所示。

开模一段距离后中途停车（见开模中停图），沿管头方向将推紧镶套组件拧出，脱出铸件，然后再继续开模，推管顶出铸件。

浇口开在铸件的接合面上，对脱出铸件并无妨碍；同时又能先充填桨叶厚壁部位，最后在桨叶镶片的分合面上开出溢流槽，充填、排气良好。

铸件名称：螺旋桨
铸件材料：铝合金

件号	名 称	数量
14	定模套板	1
13	导套	4
12	定座板	1
11	螺栓	4
10	镶件套	1
9	浇口套	1
8	浇套	2
7	桨叶镶件	4
6	推紧镶套	1
5	定模镶件	1
4	动模镶件	1
3	定镶销	1
2	动镶套块	1
1	定模镶销	2

33	销	2
32	挡销	4
31	埋头销钉	1
30	型芯	2
29	压板	1
28	推管位	2
27	复位杆	2
25	导销	4
24	浇口镶套	6
23	螺钉	1
22	动模座板	1
21	推板	2
20	推支承板	1
19	垫块	1
18	动模套板	2
17	动定模块	1
16	导套板	1
15	导销	1

名称：螺旋桨压铸模

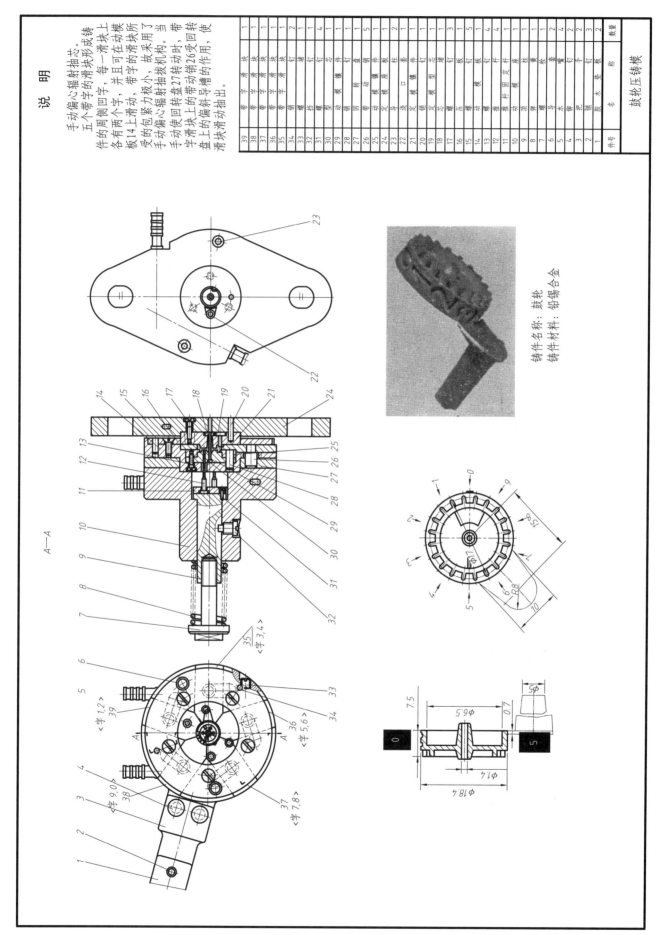

说　明

手动偏心辐射抽芯。

手动带字的滑块侧回字五个带字的滑块形成铸件的周围两个字，每一滑块上各有带字，并且可在动模板14上滑动，带字的滑块所受的包紧力极小，故采用了手动偏心辐射抽拔机构。当带字滑块回转盘27转动时，带字滑块使回转盘27转动使回字滑块上的偏斜导槽26受回转盘上的偏斜导槽的作用，使滑块滑动抽出。

铸件名称: 鼓轮
铸件材料: 铅锡合金

件号	名称	数量
39	带字滑块	1
38	带字滑块	1
37	带字滑块	1
36	带字滑块	1
35	带字滑块	2
34	销钉	1
33	堵头	4
32	螺钉	1
31	挡销	1
30	螺钉	5
29	型芯	1
28	销钉	2
27	转动盘	1
26	回转盘	1
25	带动销	1
24	动模镶座	3
23	定位板	1
22	浇口镶套	5
21	定模镶件	2
20	定模型	1
19	转动销	1
18	紧定螺钉	5
17	压板	4
16	螺钉	4
15	摆杆	1
14	推动定模	1
13	推杆	2
12	动定座	1
11	顶板	2
10	螺母	1
9	弹簧	2
8	导柱	2
7	木柄	1
6	除销与	2
5	螺钉	3
4	手柄	1
3	销板	2
2	垫板	2
1		2

鼓轮压铸模

169

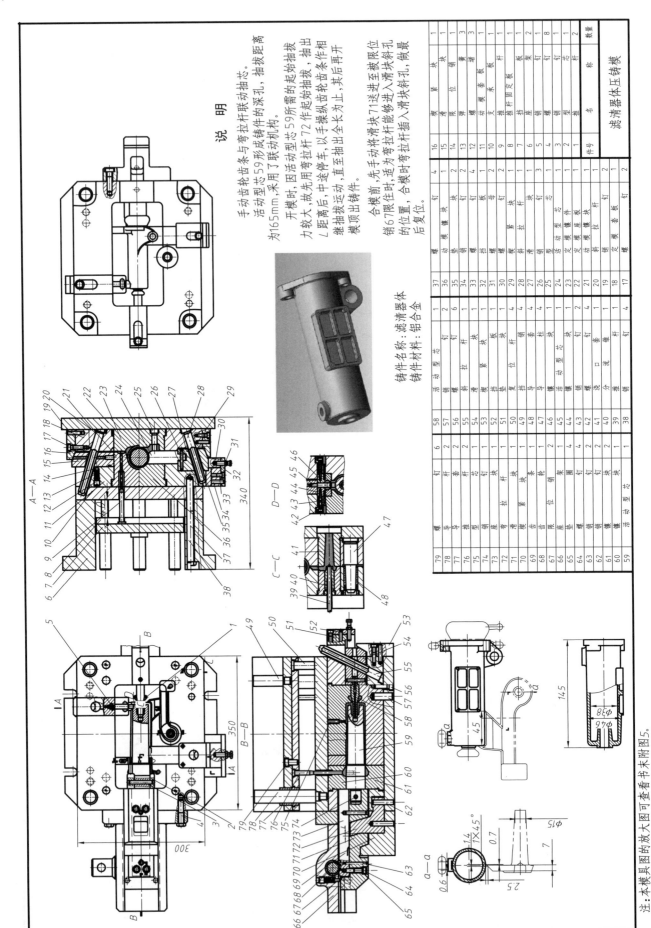

说 明

手动齿轮齿条与弯拉杆联动抽芯。

活动型芯59形成铸件的深孔,抽拔距离为165mm,采用了联动机构。

开模时,因活动型芯59所需的起始抽拔力较大,成先用弯拉杆72作起始抽拔,抽出L距离后,中途停车,以手操纵齿轮齿条作相继抽拔运动,直至抽出全长为止,其后再开模顶出铸件。

合模前,先手动将滑块71送进至极限位销67限住时,适为弯拉杆能够进入滑块斜孔的位置,合模时弯拉杆插入滑块斜孔,做最后复位。

铸件名称:滤清器体
铸件材料:铝合金

滤清器体压铸模

注:本模具图的放大图可查看书末附图5。

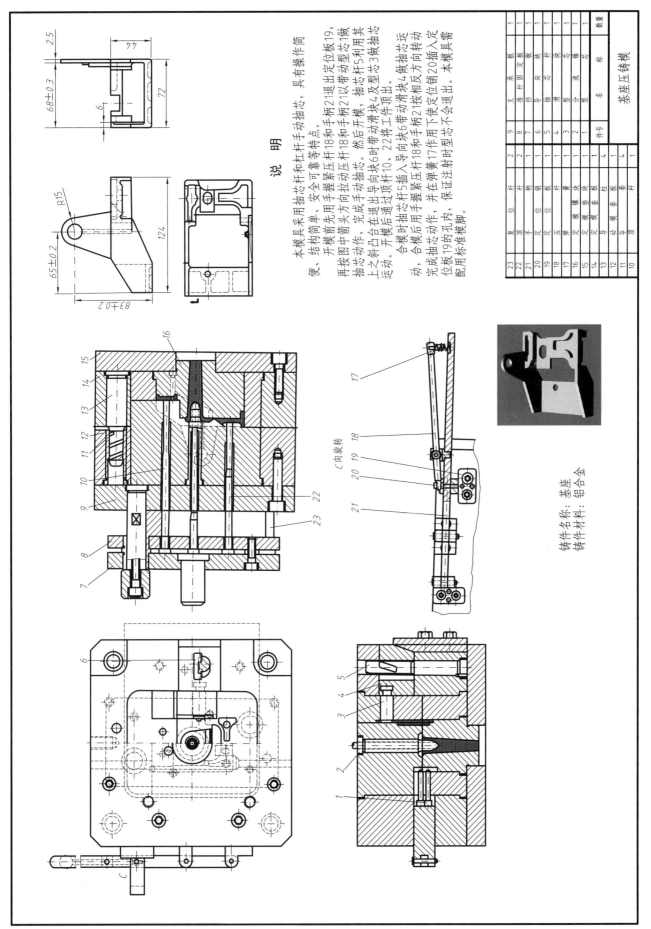

5.2 液压抽芯机构

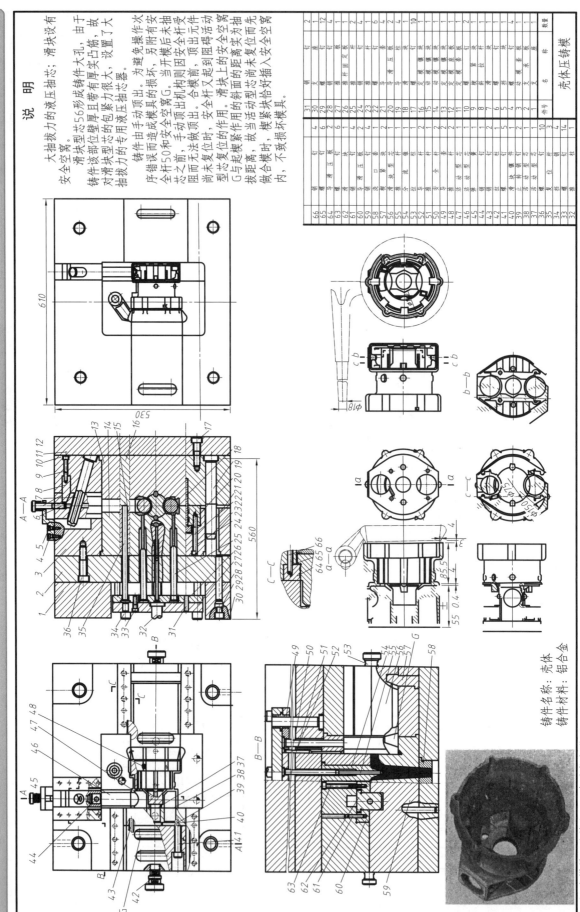

序号	名称	数量	序号	名称	数量
66	销钉	2	33	销钉	1
65	销座	1	32	螺钉	14
64	销钉	2			

说　明

大抽拔力的液压芯56形成铸件大孔，滑块该设有安全空窗。

滑块该部位铸件厚壁目带有实凸筋，由于铸件该滑块型芯的包紧力很大，对滑块型芯抽拔力的大，故设置了大抽拔力的的专用液压抽芯器。

铸件由于手动顶出。为避免操作次序错误而造成模具的损坏，另附有安全空芯之前，手动顶出机构则固定阻而无法做顶出时，合模前，顶出元件阻而无复位到芯窗G。当开模又起到阻碍活动型芯与复位窗的距离实为对先拔距离，故当活动型芯尚未复位到安全空窗内，模紧块恰对插入安全空窗内，不致损坏模具。

铸件名称：壳体
铸件材料：铝合金

注：本模具图的放大图可查看书末附图6。

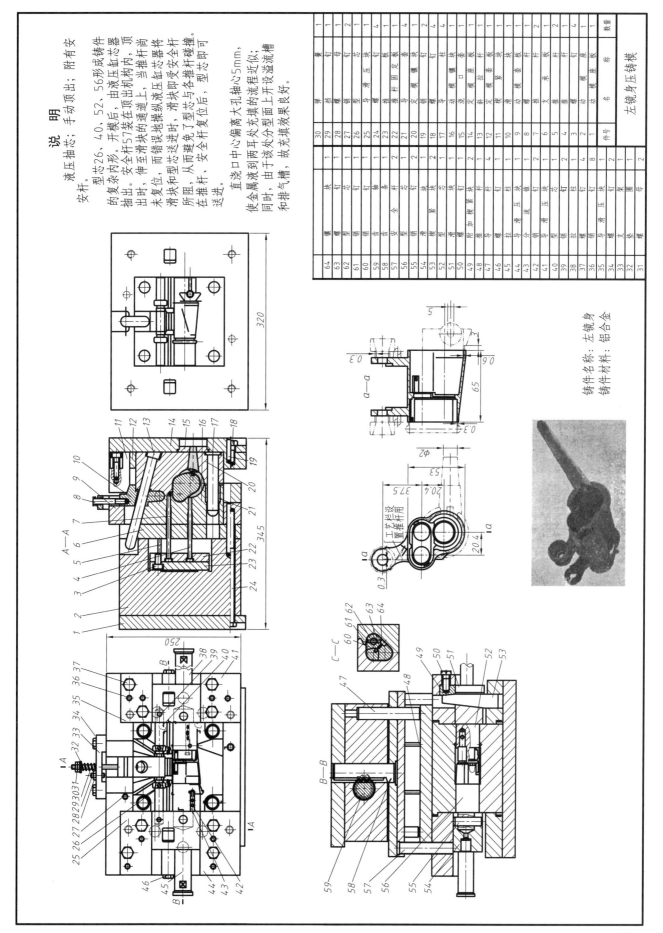

说　明

手动抽芯；附有安全杆。

液压抽芯，由液压缸芯器、顶出机构上。当推杆向型芯26、40、52、56形成铸件的复杂内形。开模后，安全杆7装在顶芯器内，顶出时，伸至滑块的通道上，当推杆间抽出。安全杆7装在顶芯器内，顶未复位，而错误地操纵液压缸缩时，滑块和型芯送进时，滑块即受安全杆所阻，从而避免了型芯与推杆碰撞在推杆，安全杆复位后，型芯即可送进。

直浇口中心偏离大孔轴心5mm，使金属离到两耳处填的流程近似；同时，由于该处分型面上设溢流槽和排气槽，故充填效果良好。

铸件名称：左镜身

铸件材料：铝合金

左镜身压铸模

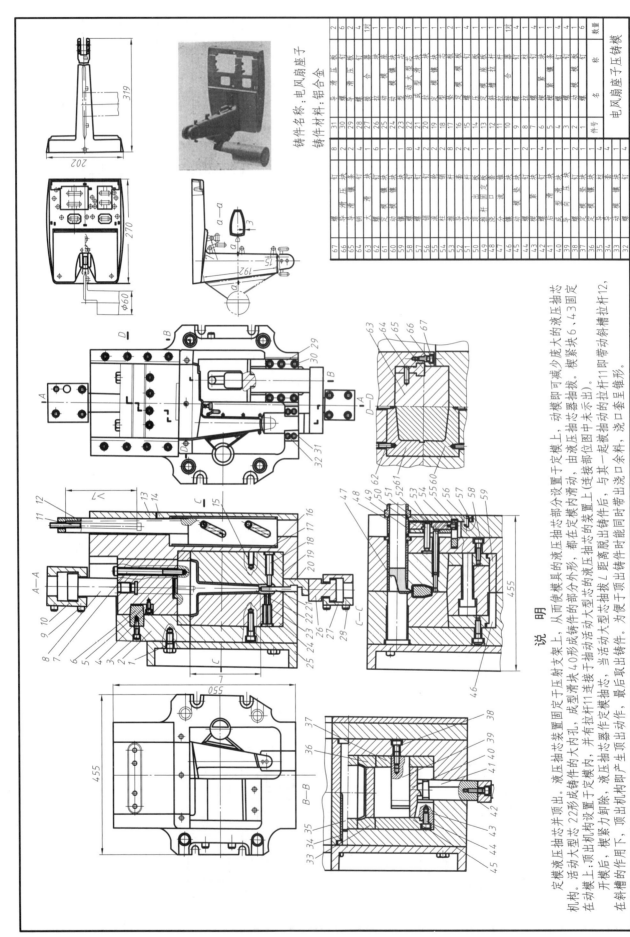

铸件名称：电风扇座子
铸件材料：铝合金

件号	名称	数量	件号	名称	数量
31	导滑压板	2	67	螺钉	8
30	滑钉	6	66	导滑压块	2
29	导滑压板	2	65	螺钉	2
28	配合块	1对	64	大滑块	4
27	动模镶块	1	63	螺钉	6
26	动模镶块	1	62	螺块	1
25	拉料杆	2	61	动模镶块	1
24	活动大型芯	1	60	螺钉	8
23	活动大型滑块	2	59	镶块	4
22	成型滑块	2	58	螺钉	2
21	拉料杆	8	57	镶块	8
20	定模镶块	2	56	镶块	2
19	定模座板	1	55	导滑块	1
18	螺钉	1	54	杆	1
17	斜滑槽模板	1	53	螺钉	1
16	螺钉	1	52	顶出定套	1
15	楔紧块	1	51	导杆	1
14	定距拉杆	1	50	顶板	1
13	螺钉	1	49	分流锥	1
12	动模座板	1	48	动模镶块	2
11	螺钉	4	47	螺钉	2
10	镶条	4	46	大螺钉	4
9	螺钉	2	45	螺钉	1
8	滑块	1	44	导滑块	1
7	动模镶块	4	43	后压块	1
6	楔紧块	4	42	滑块	1
5	镶块	2	41	斜导块	1
4	螺钉	1	40	导向压块	2
3	镶块	2	39	前压块	1
2	动模镶块	2	38	螺钉	2
1	定套	6	37	导滑块	1
			36	镶块	1
			35	导滑套	4
			34	螺套	4
			33	动模镶块	1
			32	螺钉	4

电风扇座子压铸模

说　明

定模液压抽芯并顶出。液压抽芯装置固定于压铸支架上，从而使模具的液压抽芯部分设置于定模上，动模即可减少庞大的液压抽芯机构。活动大型芯 22 形或芯 40 形成铸件的大内孔，成型滑块 40 形成铸件的部分外形，都在定模内滑动，由液压抽芯器抽拔。楔紧块 6、43 固定在动模上。顶出机构设置 22 形或芯 22 形成铸件于定模内，并有拉杆 11 连接于抽动活动大型芯的液压抽拔 L 距离抽动的拉杆 12 即带动斜槽拉杆 12，开动模后，液压抽芯器脱离定模抽芯。当活动大型芯抽拔 L 距离抽动的拉杆 11 即带动斜槽拉杆 12，与活动大型芯一起被抽动的拉杆 11 即带动斜槽拉杆 12，楔紧槽楔紧力卸除，液压抽芯器脱离定模，最后顶取出顶出铸件。为便于顶出铸件时能同时带出浇口余料，浇口套呈锥形。在斜槽楔的作用下，顶出机构即产生顶出动作，最后顶出铸件时能同时带出浇口余料，浇口套呈锥形。

注：本模具图的放大图可见书末的附图7。

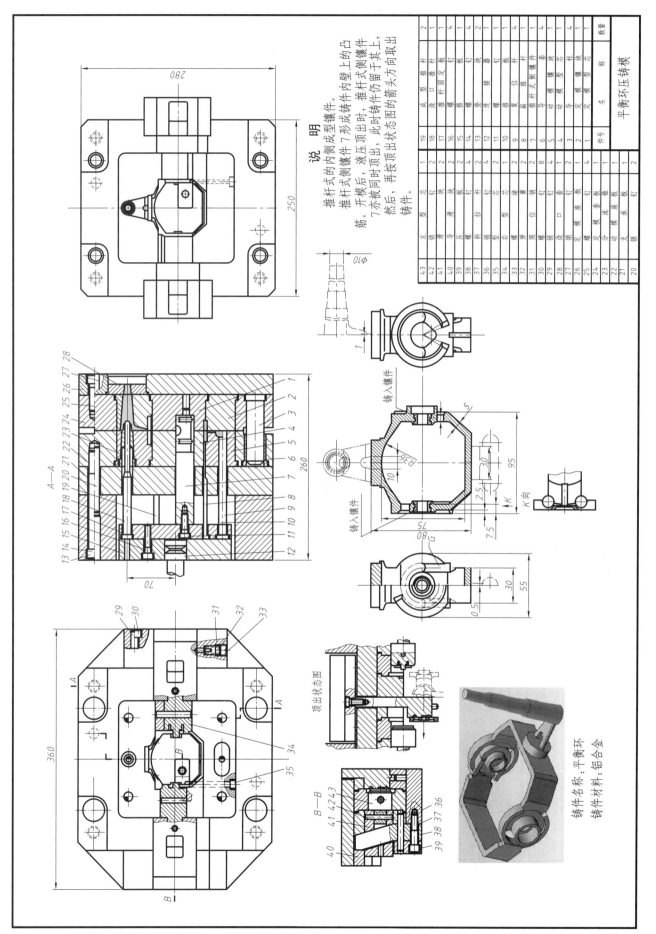

说　明

推杆式的内侧成型镶件。

推杆式内侧镶件 7 形成铸件内壁上的凸筋。开模后，液压顶出时，推杆式侧镶件 7 亦被同时顶出，此时铸件仍留于其上，然后，再按顶出状态图的箭头方向取出铸件。

件号	名称	数量
19	成型推杆	2
18	浇口推板	2
17	推杆固定板	4
16	钉板	4
15	推板	2
14	接器	1
13	座	4
12	复位钉	4
11	推杆	1
10	复位杆	2
9	推杆式内侧镶件	4
8	动模镶型芯	1
7	套	4
6	导柱	1
5	定模镶型芯	1
平衡环压铸模		

件号	名称	数量
43	左型芯	1
42	销钉	2
41	导滑块	4
40	压板	4
39	钉	4
38	螺杆	2
37	斜拉杆	2
36	销钉	4
35	右型芯	1
34	复位销	2
33	挡销	2
32	销钉	8
31	照镶	1
30	螺钉	1
29	浇口座	4
28	钉	1
27	定模座板	1
26	钉	4
25	螺模套	1
24	分流座板	1
23	定模板	1
22	承板	1
21	钉	2
20	支销	2

280

250

280

260

70

A—A

13 14 15 16 17 18 19 20 21 22 23 24 25 26 27 28

12 11 10 9 8 7 6 5 4 3 2 1

φ10

1

铸入镶件

铸入镶件

R36

10

5

30

95

2.5

K

K 向

75

80

G

7.5

30

55

0.5

360

1A

1A

L

B

29 30

31 32 33

34

35

B—B

40 41 42 43

39 38 37 36

顶出状态图

铸件名称: 平衡环
铸件材料: 铝合金

175

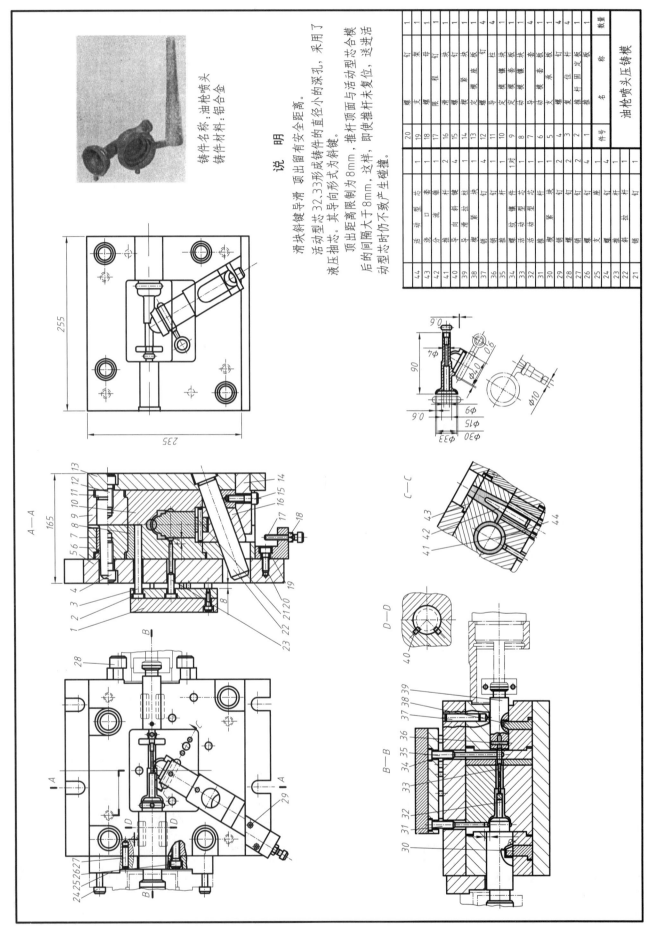

铸件名称:油枪喷头
铸件材料:铝合金

说　明

滑块斜键导滑 顶出留有安全距离。

活动型芯32,33形成铸件的直径向安全距离。采用了液压抽芯。其导向形式为斜键。

顶出距离限制为8mm,推杆项面与活动型芯合模后的间隔大于8mm,这样,即使推杆未复位,送进活动型芯时仍不致产生碰撞。

件号	名 称	数量		件号	名 称	数量
20	螺 钉	1		44	活 动 型 芯	1
19	支 架	1		43	浇 口 套	1
18	螺 钉	1		42	分 流 锥	1
17	眼 钉	1		41	导 向 键	2
16	滑 块	1		40	导 滑 键	4
15	螺 钉	4		39	斜 拉 钉	1
14	定 模 座	4		38	楔 紧 块	4
13	螺 钉	4		37	销 钉	4
12	压 板	1		36	推 件	1
11	定 模 镶 块	4		35	导 杆	1对
10	锁 套 镶 块	4		34	螺 纹 型 芯	1
9	定 模 套 板	1		33	活 动 型 芯	1
8	导 套	4		32	楔 紧 块	1
7	动 模 套 板	1		31	推 杆	1
6	螺 钉	4		30	销 钉	2
5	支 承 板	1		29	螺 钉	2
4	复 位 杆	4		28	螺 母	2
3	推 杆 固 定 板	1		27	支 座	1
2	推 板	1		26	螺 钉	4
1	动 模 座 板	1		25	推 杆	1
				24	斜 拉 钉	1
				23	销 钉	1
				22		
				21		

油枪喷头压铸模

A—A 255 235 165

C—C 41 42 43 44 9.0 9.0 90 90 Φ4 Φ40 0.6 6Φ 9Φ Φ30 Φ33 Φ15 Φ10

B 28 29 24 25 26 27 D D C A B

D—D 40 B—B 37 38 39 36 34 35 33 31 32 30

5.3 机动齿轮齿条抽芯机构

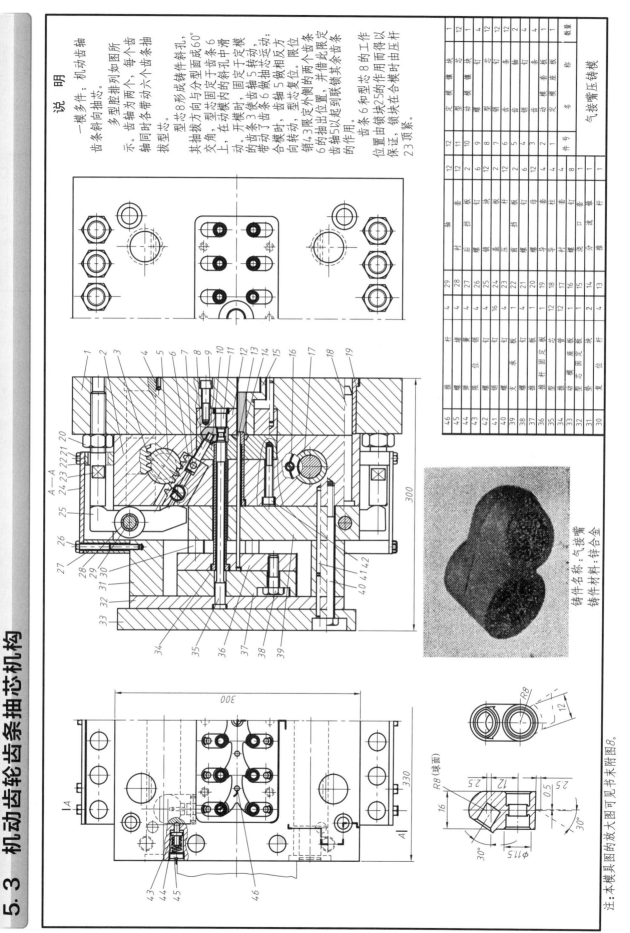

说　明

一模多件；机动齿轮齿条斜向抽芯。

多型腔各向抽芯。齿条排列如图所示。齿轴为两个，每个齿轴同时各带动六个齿条抽拔型芯。

型芯8形成铸件斜孔，其抽拔方向与分型面成60°交角，在动模内的斜孔中滑上，开模时，型芯固定于定模3使齿轴5转动。

带动了齿条6做抽芯运动；合模时，齿轴5复位。限位销43限定抽出位置，型芯外侧的两个齿条6的抽动，定芯销此限定反方向转动，型芯复位。限位齿轴5以起到联锁某齿条定位的作用。

齿条6和型芯8的工作位置由锁块25的作用而得以保证，锁块在合模时由压杆23顶紧。

铸件名称：气接嘴
铸件材料：锌合金

注：本模具图的放大图见书末附图8。

件号	名 称	数量
1	定模座板	1
2	定模板	4
3	定模镶块	12
4	动模镶块	12
5	齿轴	4
6	齿条	12
7	销钉	8
8	型芯	12
9	衬套	2
10	锁块	6
11	压板	12
12	顶板	2
13	后压板	6
14	螺钉	6
15	螺钉	12
16	导套	2
17	导柱	4
18	衬套	4
19	螺母	4
20	垫板	1
21	分流口	1
22	浇套	1
23	压杆	2
24	锁块固定板	4
25	锁块	4
26	导套	4
27	导柱	4
28	顶杆	2
29	限位销	6
30	复位杆	1
31	型芯固定板	2
32	动模固定板	1
33	型芯座板	1
34	推杆	8
35	推杆固定板	12
36	导套	12
37	推杆	1
38	支承板	4
39	承块	6
40	销钉	1
41	销钉	16
42	销钉	4
43	限位销	4
44	弹簧	4
45	堵杆	4

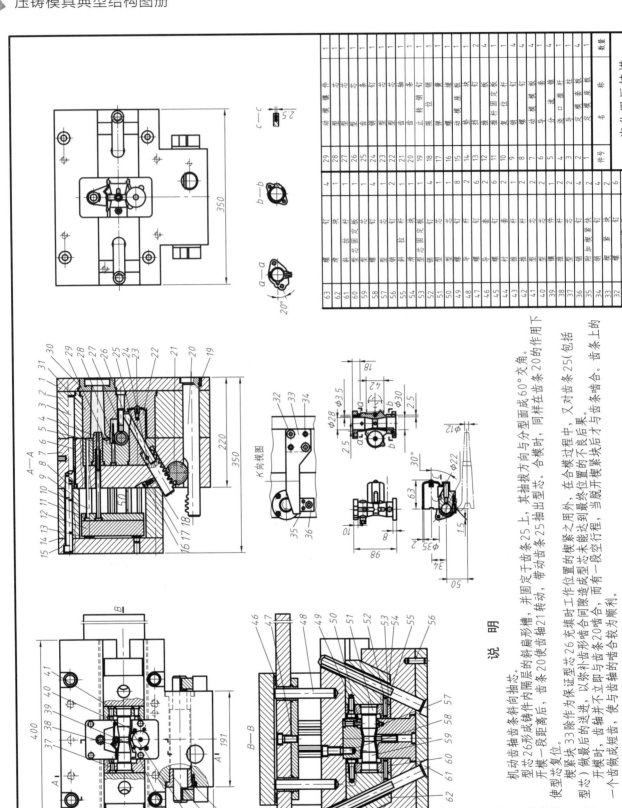

件号	名称	数量
29	动模镶件	1
28	明型镶块	1
27	型芯	1
26	钉	1
25	齿条	1
24	型芯	1
23	钉	2
22	螺栓	4
21	齿轴	1
20	齿条	1
19	转销	1
18	转位板	2
17	止限块	4
16	弹簧	1
15	螺动模座板	1
14	楔紧块	2
13	动模座板	4
12	复位杆	1
11	钉	4
10	推杆固定板	1
9	推板	1
8	导柱	4
7	导套	4
6	分口浇道板	1
5	浇口套	1
4	导柱	4
3	挡冲块	4
2	定模套板	1
1	定模座板	1

汽化器压铸模

件号	名称	数量
63	螺钉	4
62	滑块	1
61	斜导杆	1
60	定位板	1
59	螺钉	4
58	型芯	2
57	斜销	1
56	斜导杆	1
55	滑块固定板	1
54	型芯	4
53	销	1
52	型芯	8
51	螺钉	6
50	手柄	2
49	螺钉	6
48	楔杆	1
47	杆	2
46	推杆	2
45	型芯	1
44	型镶块	2
43	推杆	2
42	销	1
41	型芯	2
40	销钉	2
39	挡冲块	4
38	型芯	4
37	镶块	6
36	型镶块	1
35	型芯	1
34	镶套	1
33	楔紧块	2
32	定模镶件	6
31	型芯	1
30	浇口套	1

说 明

机动齿轴齿条斜向抽芯。

型芯26形成铸件内隔层的斜扁齿形槽，并固定于齿条25上，其抽拔方向与分型面成60°交角。

开模芯复位。齿条20使齿轴21转动，带动齿条25抽出型芯。

楔紧块33除作为型芯26充填芯的楔紧合同隙达到最终位置型芯未能达到行程，而有一段空行程，当脱开楔紧块后才与齿轴的啮合较为顺利。

使型芯复位，齿条20的送进，以弥补齿形啮合即与齿条20啮合。合模时，同样在齿条25抽出型芯20的作用下同样的不良后果。在合模过程中，又对齿条25(包括开模时，齿轴并不立即与齿轴齿形啮合之用外，同样齿条25最后即工作位置的楔紧合同隙后果。

一个齿做成短齿，齿条上的齿条啮合。

铸件名称：汽化器
铸件材料：锌合金

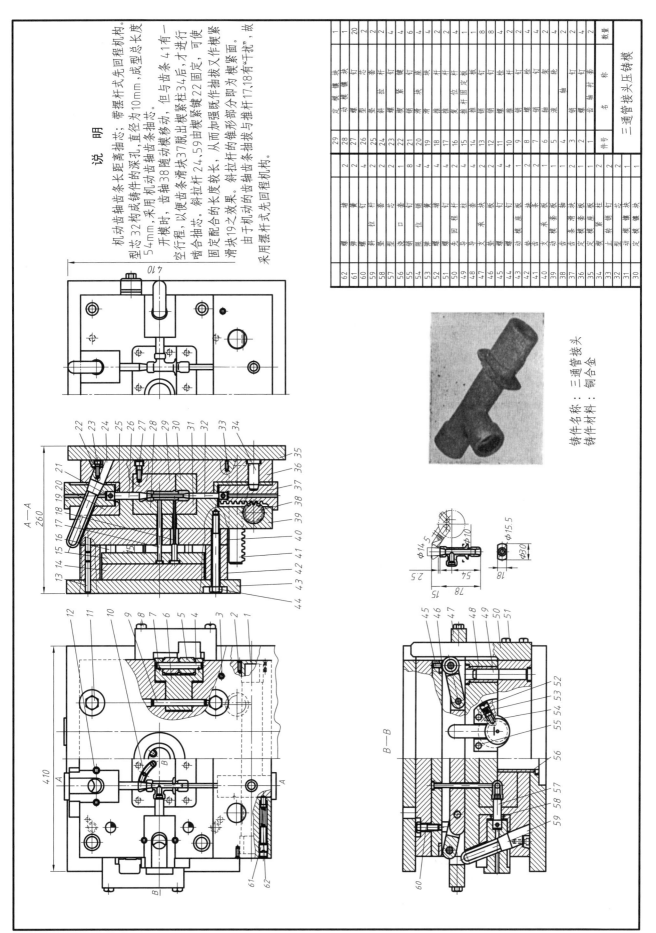

说　明

机动齿轴齿条长距离简离抽芯；带摆杆式先回程机构。

机动齿轴齿条成铸件的深孔，直径为10mm，成型总长度54mm，采用机动齿轴齿条抽芯。

开模时，齿轴38随动齿条模移动，但与齿条41有一空行程，以便齿条滑块37脱出楔紧柱34后，才进行啮合抽芯。斜拉杆24、59由楔紧镶22固定，可使固定配合的长度较长，从而加强既作抽拔又作楔紧之效果。斜拉杆的锥形部分即为楔紧面。

由于机动的齿轴齿条抽拔与推杆17、18有"干扰"，故滑块19之效果。采用摆杆式先回程机构。

序号	名　称	数量
29	定模镶块	1
28	动模镶块	1
27	型芯	20
26	斜拉杆	2
25	垫柱	2
24	斜拉杆	4
23	螺钉	6
22	楔紧镶块	4
21	滑块	4
20	推杆	1
19	滑块	8
18	推杆	8
17	推杆	2
16	复位杆	4
15	推杆固定板	4
14	销钉	4
13	销钉	4
12	推杆	2
11	螺栓	4
10	轴	4
9	滚柱	2
8	螺钉	4
7	摆杆	4
6	螺钉	4
5	滚柱	2
4	螺钉	4
3	销钉套	4

序号	名　称	数量
62	螺塞	2
61	弹簧	2
60	螺钉	4
59	斜拉杆	2
58	垫柱	2
57	型芯	8
56	浇口套	4
55	定位销	4
54	滑块	8
53	弹簧	4
52	螺钉	2
51	先导程星	2
50	挡柱	2
49	支承板	2
48	螺钉	1
47	动模座板	1
46	螺钉	1
45	支承模块	4
44	齿条垫块	1
43	齿条	1
42	支承座柱	1
41	定模镶座柱	1
40	定模座板	1
39	止转销	1
38	齿轴	1
37	动模镶块	1
36	定模镶块	1

铸件名称：三通管接头
铸件材料：铜合金

铸件名称：三通管接头压铸模

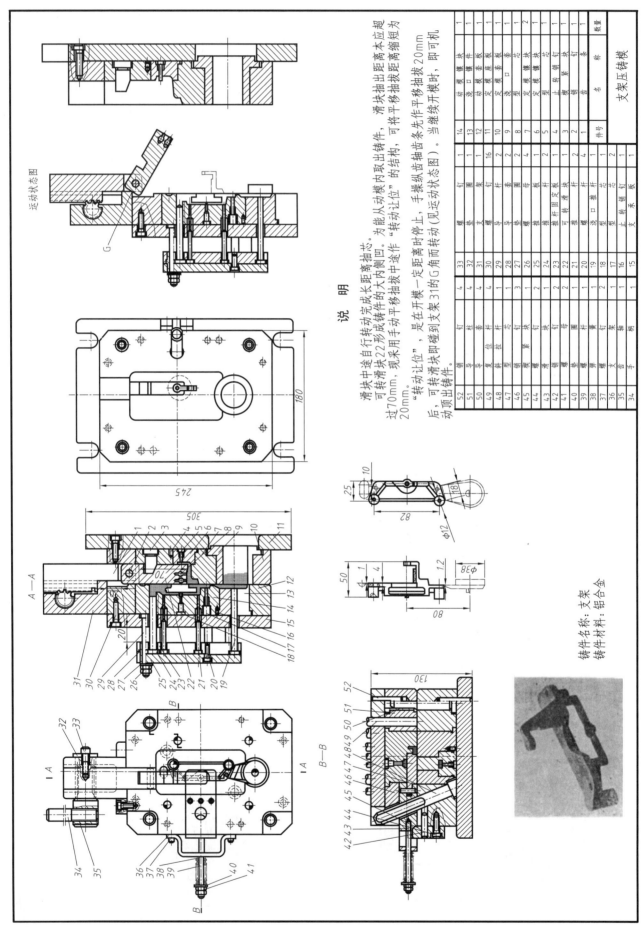

运动状态图

A—A

B—B

说　明

滑块中途自行转动完成长距离离抽芯。可转滑块22形成铸件的大内侧凹。为能从动模内取出铸件，滑块抽出距离本应超过70mm，现采用手移动平动平移抽拔平移抽拔距离缩短为20mm。"转动让位"，是在开模一定距离时停止，手操纵齿轴齿条先作平移抽拔20mm后，可转滑块即碰到支架31的G角而转而转动（见运动状态图）。当继续开模时，即可机动顶出铸件。

铸件名称：支架
铸件材料：铝合金

序号	名称	数量	序号	名称	数量	序号	名称	数量
14	动模镶块	1	33	导钉	4	52	导钉	1
13	浇口模套板	1	32	立柱	4	51	导钉	1
12	动模套板	1	31	支架	4	50	复位拉杆	1
11	定模套板	1	30	支承杆	1	49	斜型芯	2
10	定模套板	1	29	导杆	1	48	型芯	1
9	浇口模	2	28	套筒	3	47	镶块	1
8	定模镶块	1	27	螺母	1	46	紧钉	2
7	定模镶块	1	26	镶块	1	45	镶块	1
6	型芯	1	25	紧钉	2	44	推钉	1
5	止转块	1	24	清除块	1	43	滑块	2
4	转轴	1	23	推钉	2	42	推母	2
3	销钉	1	22	推杆	2	41	螺母	1
2	镶块	1	21	推母	1	40	螺杆	1
1	齿条	1	20	推杆固定板	1	39	弹簧	2
			19	推杆	2	38	螺杆	1
			18	螺钉	1	37	浇口套	2
			17	型止转块	1	36	支架	1
			16	销钉	1	35	齿轴	1
			15	销钉板	1	34	手柄	1

支架压铸模

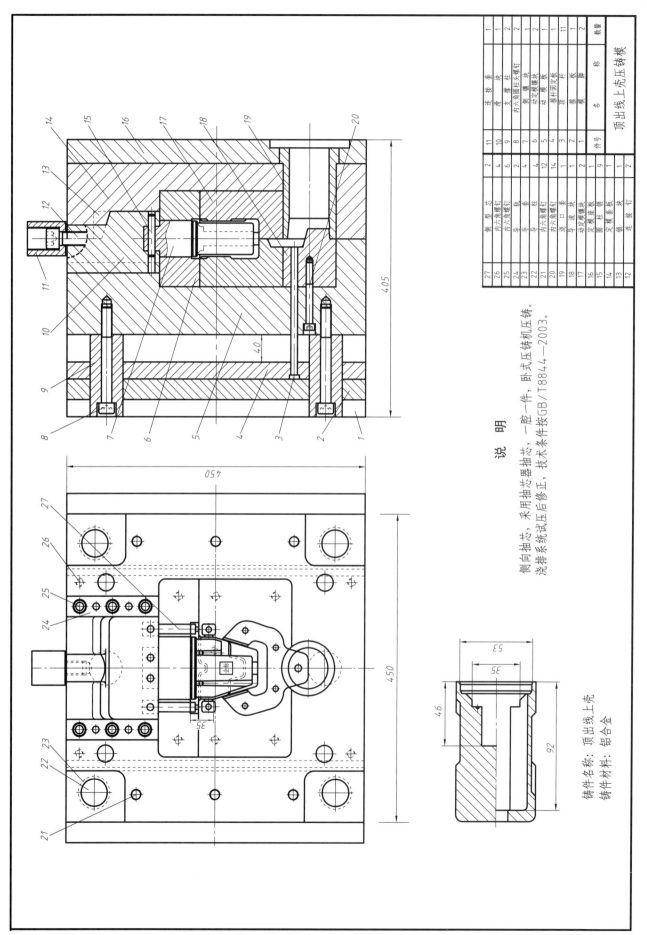

序号	名 称	数量
11	连接套块	1
10	滑块套块	2
9	支撑圆柱或支撑块	2
8	内六角圆柱头螺钉	2
7	动定模镶块	1
6	动模板	1
5	推杆固定板	11
4	顶杆	1
3	推板	1
2	脚	2

序号	名 称	数量	序号	名 称	数量
27	侧型芯	2			
26	内六角螺钉	4			
25	内六角螺钉	6			
24	导柱	2			
23	导套	4			
22	内六角螺钉	12			
21	内六角螺钉	14			
20	浇口套	1			
19	导滑块	2			
18	动定模镶块	1			
17	定模座板	1			
16	圆柱销	9			
15	定模套板	1			
14	镶块	1			
13	连接块	2			
12					

顶出线上壳压铸模

尺寸标注：
- 405
- 40
- 450
- 450
- 35
- 53
- 35
- 46
- 92

铸件名称：顶出线上壳
铸件材料：铝合金

说 明

侧向抽芯，采用抽芯器抽芯，一腔一件，卧式压铸机压铸。浇排系统试压后修正，技术条件按GB/T8844—2003。

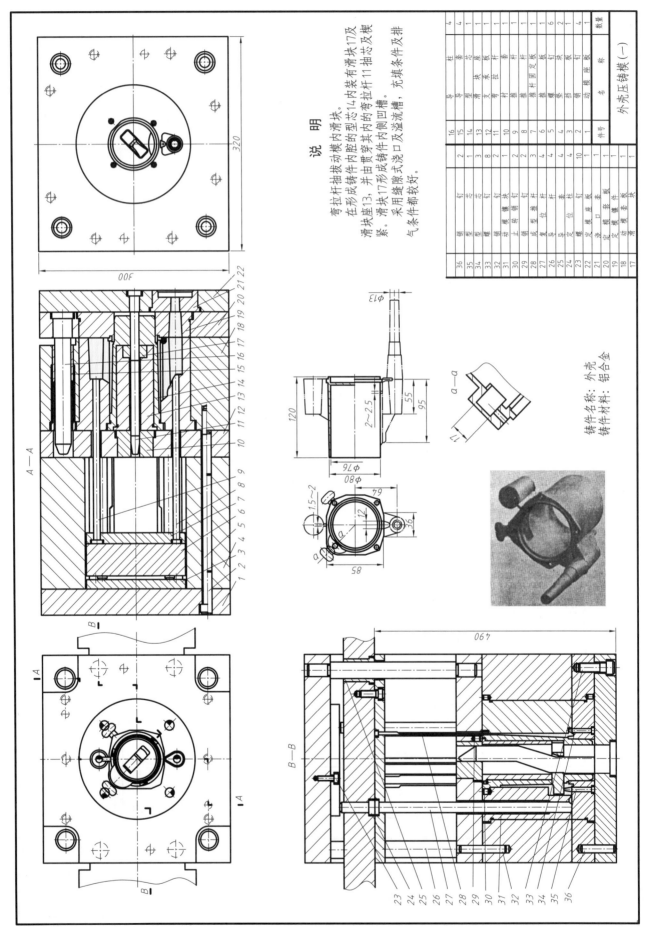

说　明

弯拉杆抽拔动模内滑块。
在形成铸件内腔的型芯14内装有滑块17及滑块座13,并由贯穿其内的弯拉杆11抽芯及楔紧。滑块17形成铸件内侧回凹槽。采用缝隙式浇口及溢流槽,充填条件及排气条件都较好。

铸件名称: 外壳
铸件材料: 铝合金

件号	名称	数量
36	销型镶套	2
35	型芯	1
34	销座型	3
33	滑块座	8
32	动模镶套	2
31	正转销钉	2
30	滑模镶销钉	1
29	型芯	2
28	复位杆	4
27	推板导杆	3
26	导套	4
25	导柱	4
24	定座垫板	4
23	浇口套	10
22	定模镶板	1
21	定模镶板	1
20	定模镶套	1
19	定模座板	1
18	动模镶套	1
17	滑块套	1

件号	名称	数量
16	导柱	4
15	导套	4
14	型芯座	1
13	滑块系	1
12	支套	1
11	弯拉杆	1
10	衬套	1
9	推杆	6
8	推杆	1
7	推杆固定板	1
6	推板	1
5	螺钉	6
4	限位块	1
3	垫板	1
2	动模座板	1

外壳压铸模 (一)

A — A

B — B

a — a

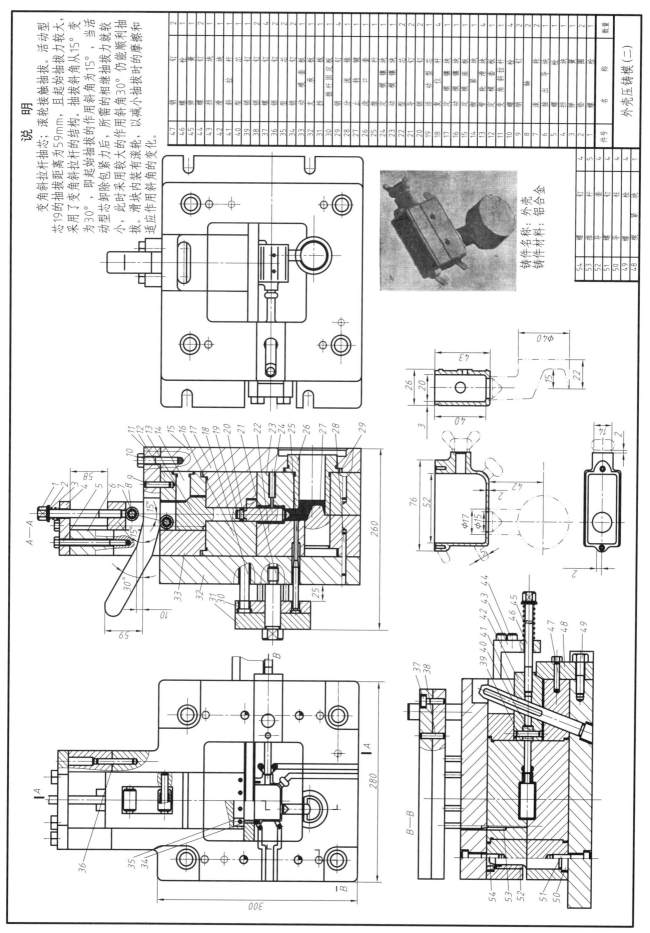

说　明

变角斜拉杆抽芯：滚轮接触抽拔。活动型芯19的抽拔距离为59mm，且起始抽拔力较大，采用了变角斜拉杆抽拔的结构。抽拔斜角从15°变为30°，即起始抽拔的作用斜角为15°，当活动型芯卸除包紧力后，所需的相继抽拔力就较小，此时采用较大的作用斜角30°仍能顺利抽拔。滑块采用内装有滚轮，以减小抽拔时的摩擦和适应作用角的变化。

铸件名称：外壳
铸件材料：铝合金

外壳压铸模（二）

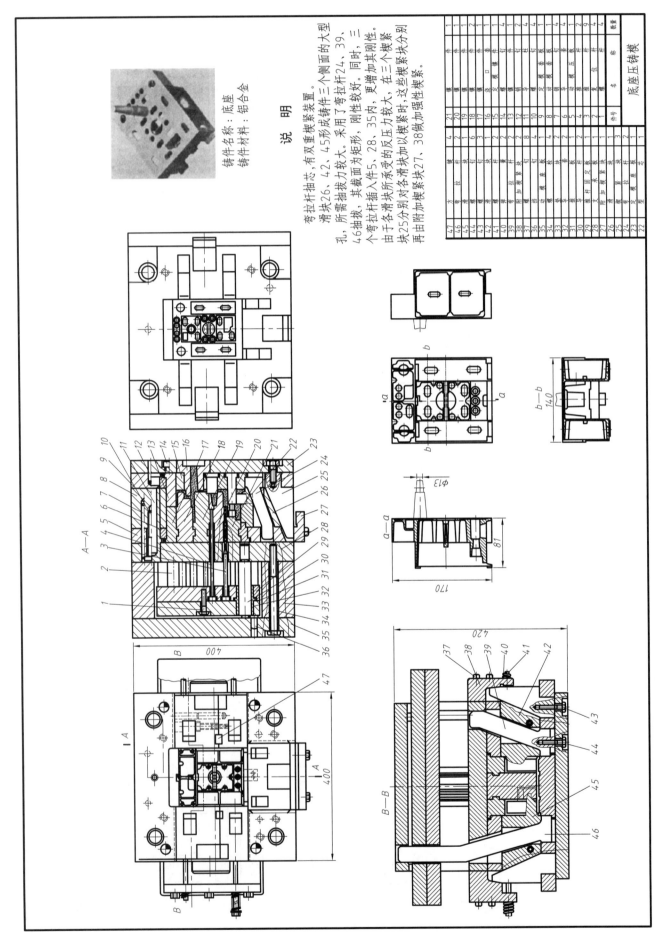

铸件名称：底座
铸件材料：铝合金

说　明

弯拉杆抽芯，有双重楔紧装置。

滑块26、42、45形成铸件三个侧面的大型孔，所需抽拔力较大。采用了弯拉杆24、39、46抽拔，其截面为矩形，刚性较好。同时，三个弯拉杆插入件5、28、35内，更增加其刚性。由于各滑块所承受的反压力较大，在三个楔紧块25分别对各滑块加以楔紧时，这些楔紧块分别再由附加楔紧块27、38做加强性楔紧。

底座压铸模

说 明

本模具采用弯销抽芯及齿条抽芯器→齿条→齿条的抽芯机构。

开模时,抽芯器垂直于图面的做上运动,齿条12带动齿条11做逆时针方向运动,型芯7做斜抽芯运动,齿条11和型芯7做斜抽芯运动,型芯7先有一空行程70mm,然后带动顶杆脱出,继续开模以使浇口脱出。抽芯器的动作由行程开关20控制,设置了一防转压条19。由于模具较大较重,故在动模两侧各设置一个滚轮14,使其沿压铸机拉杆滚动。

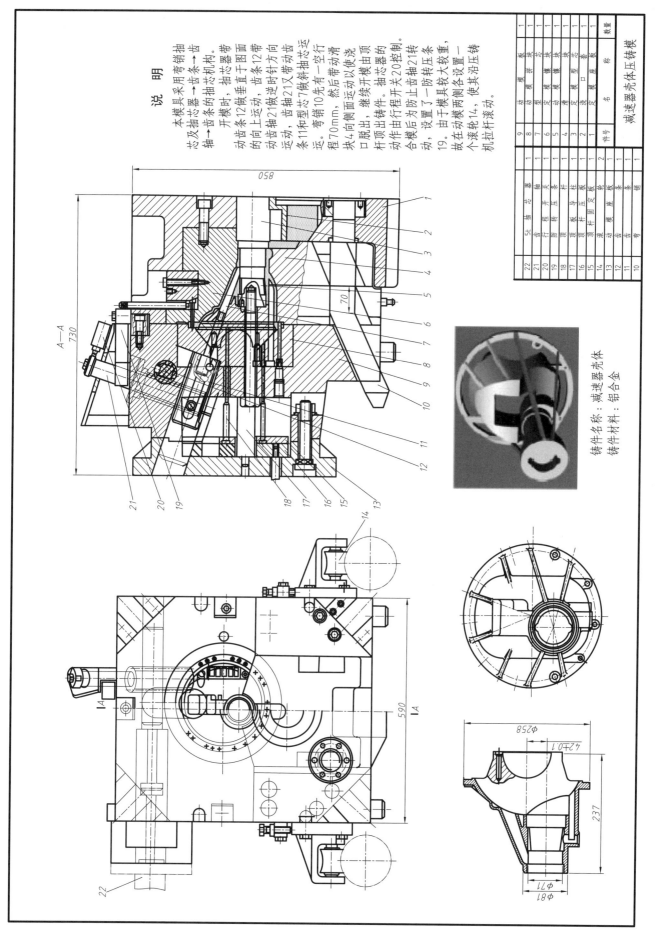

件号	名 称	数量
9	动模板	1
8	型芯固定板	1
7	动模型芯	1
6	弯销	1
5	滑块	1
4	定模型芯	1
3	定模镶块	1
2	定模板	1
1	定模座板	1

减速器壳体压铸模

件号	名 称	数量
22	抽芯器	1
21	行程开关	1
20	防转压条	1
19	顶杆	1
18	导板	1
17	顶板	1
16	顶杆回程板	2
15	顶杆固定板	1
14	滚轮	1
13	动模座板	1
12	齿条	1
11	齿条	1
10	弯销	1

A—A

850

730

70

590

铸件名称:减速器壳体
铸件材料:铝合金

φ258

φ71

φ81

4.2±0.1

237

第6章

二次分型附加分型面结构

- 卧式压铸机设置中心浇口机构
- 附加分型面机构
- 附加分型面锁钩机构

6.1 卧式压铸机设置中心浇口机构

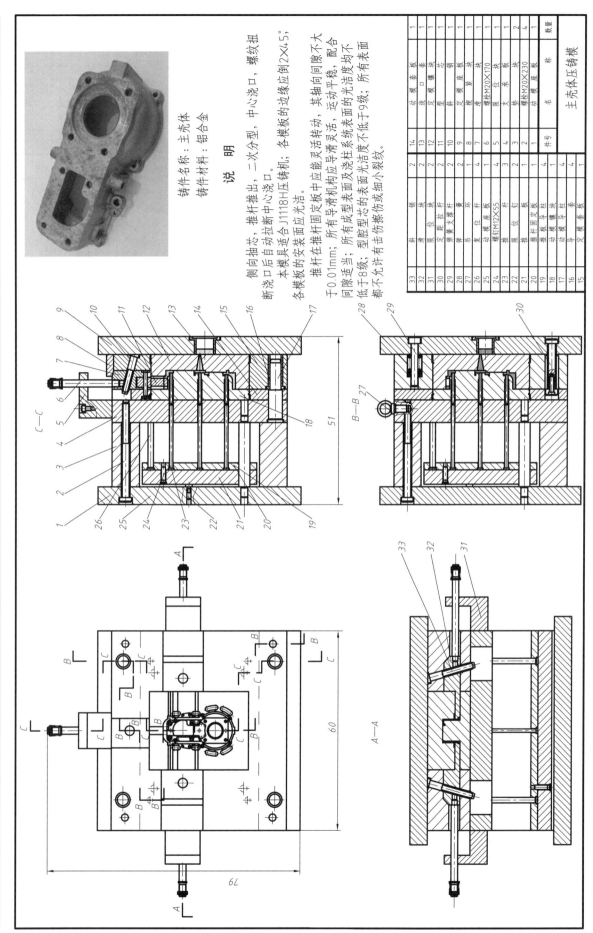

铸件名称：主壳体

铸件材料：铝合金

说　明

侧向抽芯，推杆推出，二次分型，中心浇口，螺纹扣断浇口后自动拉断中心浇口。

本模具适合 J1118H 压铸机；各模板的边缘应倒 2×4.5°；各模板的安装面应光洁。

推杆在推杆固定板中应能灵活转动，其轴向间隙不大于 0.01mm；所有导滑机构应导滑灵活，运动平稳，配合间隙适当；所有成型表面及浇注系统表面光洁度不低于 9 级；所有表面低于 8 级；型腔型芯的表面光洁度不低于 9 级；所有表面都不允许有击伤擦伤或细小裂纹。

33	斜　销	2
32	滑　块	2
31	限位距块	2
30	定模镶块	2
29	弹簧支撑杆	2
28	弹簧垫块	2
27	吊环螺杆	4
26	复位杆	4
25	螺钉 M12×55	4
24	推座	3
23	限位块	2
22	推杆	1
21	推杆固定板	1
20	推板	1
19	推板导套	4
18	动模镶块	4
17	动模导柱	4
16	定模导套	1
15	定模套板	1
14	动模套板	1
13	浇口镶块	1
12	分流锥	1
11	斜销	1
10	定模镶块	1
9	滑块	1
8	滑块压块	1
7	定位块	1
6	螺栓 M20×170	1
5	限位块	1
4	支承块	1
3	垫块	2
2	螺栓 M20×230	4
1	动模座板	1
件号	名　称	数量

主壳体压铸模

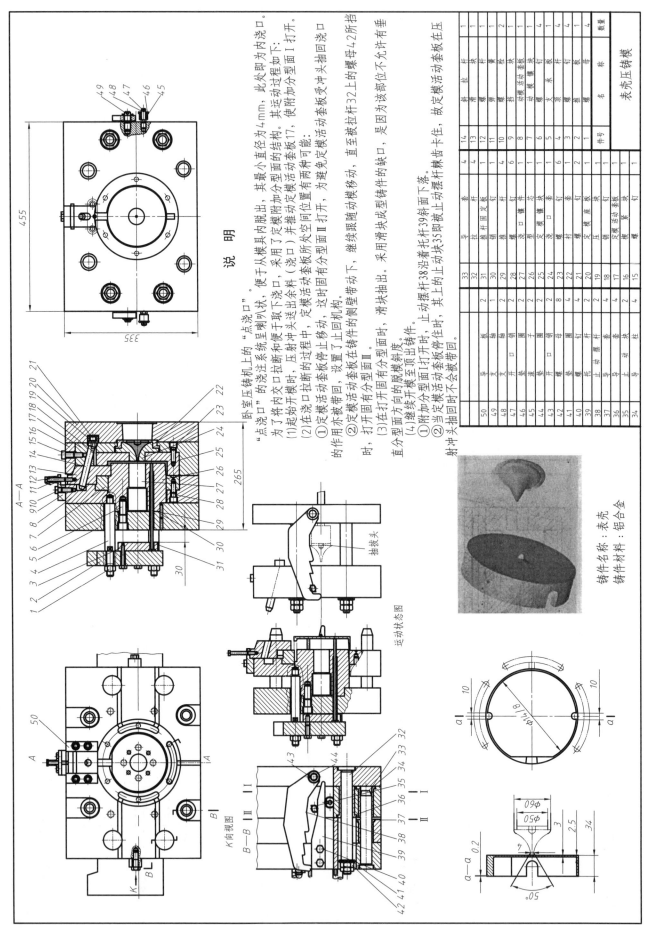

说明

卧式压铸机上的"点浇口"。

"点浇口"的浇注系统呈喇叭状，便于从模具内脱出，其最小直径为4mm，此处即为内浇口。

为了将内浇口切断和便于取下浇下浇口余料，采用了定模附加分型面动定模活动套板17。其运动过程如下：

(1)起始开模时，压射冲头送出余料（浇口）并推动定模活动套板打开。
① 在浇口拉断的过程中，定模活动套板停止移动，这时固有分型面II打开，为避免定模活动套板受冲头抽回浇口的作用亦被带回，设置了止回机构。
② 定模活动套板在铸件的侧壁带动下，继续跟随动模移动，直至被拉杆32上的螺母42所挡时，打开固有分型面II。

(3)在打开固有分型面时，滑块抽出。采用斜滑块成型铸件的缺口，是因为该部位不允许有垂直分型方向的脱模斜度。

(4)继续开模至顶出铸件。
① 附加分型面I打开时，止动摆杆38沿着托杆39斜面下落。
② 当定模活动套板停住时，其上动块35即止动摆杆被齿卡住，故定模活动套板在压射冲头抽回时不会被带回。

抽拔头

运动状态图

K向视图

B—B II

铸件名称：表壳
铸件材料：铝合金

表壳压铸模

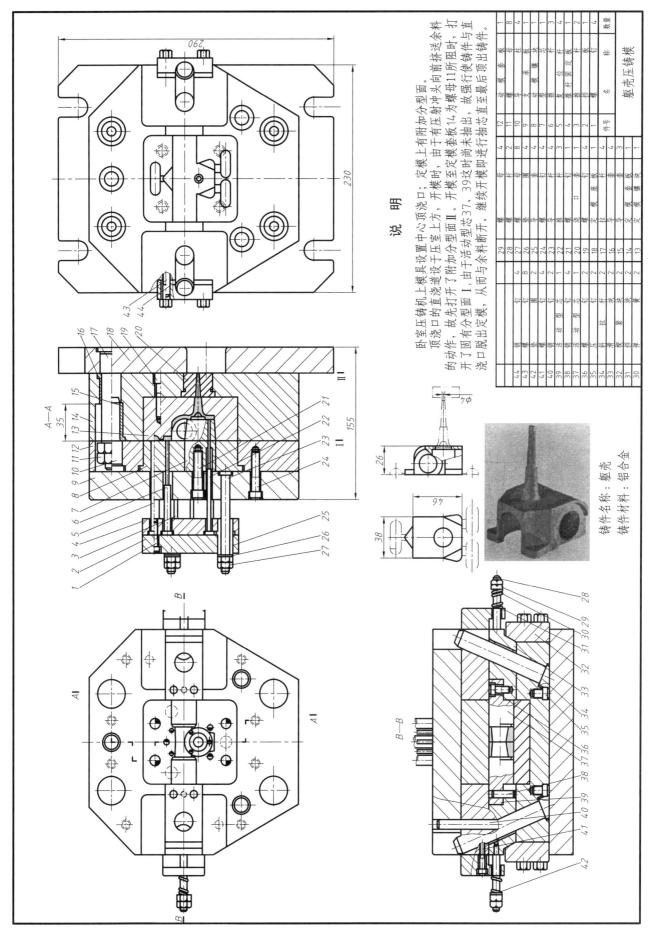

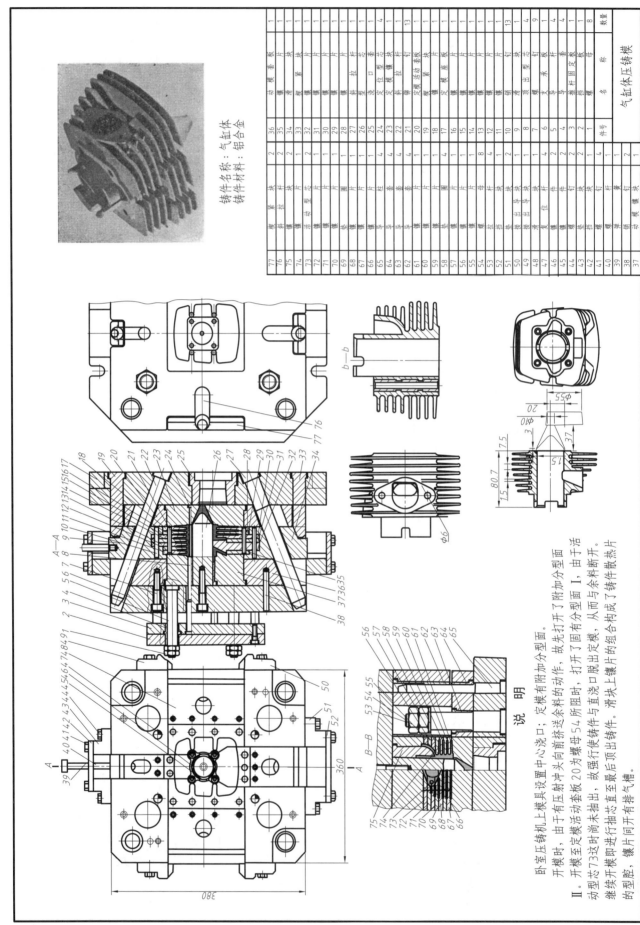

铸件名称：气缸体
铸件材料：铝合金

气缸体压铸模

说　明

Ⅰ. 卧室压铸机上模具设置中心浇口；定模有附加分型面。
开模时，由于有压射余料向前挤送余料的动作，故先打开了附加分型面。

Ⅱ. 开模至定模活动套板20为前压射冲头套螺母54所阻时，打开了固有分型面Ⅰ，由于活动型芯73这时尚未抽出，故强制使铸件与直浇口脱出定模，从而与余料断开。
继续开模即进行抽芯直至最后顶出铸件。滑块上镶片的组合结构成了铸件散热片的型腔，镶片间开有排气槽。

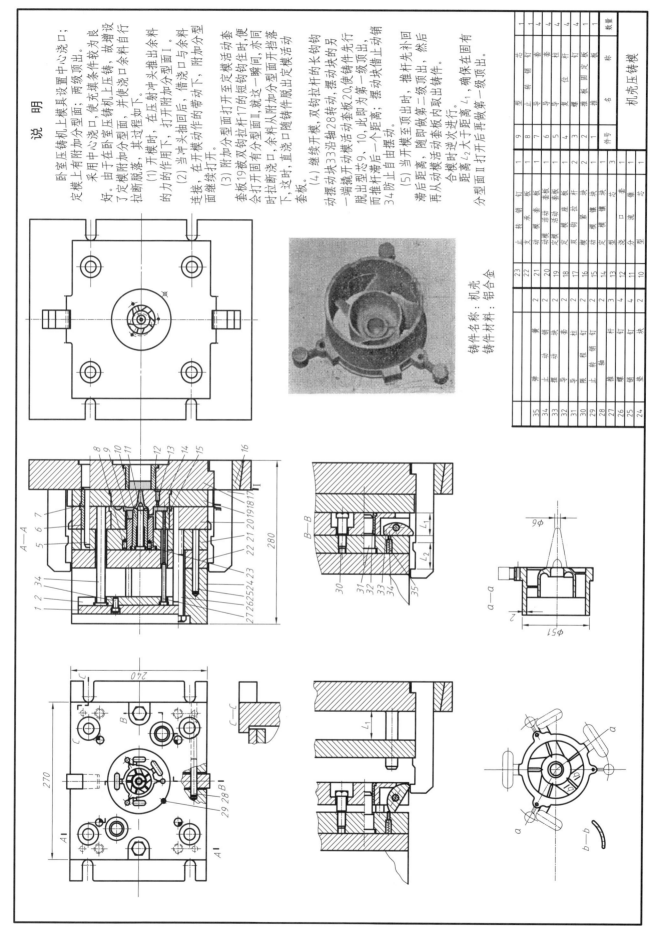

说明

卧室压铸机上模具设置中心浇口；定模上有附加分型面，两级顶出。

采用中心浇口，使充填条件较为良好。由于在卧室压铸机上压铸，并使浇口余料自行拉断脱落，故增设了定模附加分型面，其过程如下。

(1) 开模时，在压射冲头推出余料的力的作用下，打开附加分型面I。

(2) 当冲头抽回后，借浇口与余料连接，在开模动作的带动下，附加分型面继续打开。

(3) 附加分型面打开至定模活动套板19被双钩双钩拉杆17的短钩钩住时，就这一瞬间，也同时会打开固动模活动套板20，使铸件先行时脱出型芯9、10，此即为第一级顶出，而推杆带后一个距离，摆杆止动销34防止动模活动套板内取出铸件。

(4) 继续开模，双钩拉杆的长钩钩动摆动块33沿轴28转动，摆动块的另一端镶开动模活动套板20，使铸件从附加分型面随即随止模活动套板。

(5) 当开模至顶出时，推杆先补回距离 L_2 大于顶出距离 L_1，确保在固有分型面II打开后再做第二级顶出。合模时逆次进行。

铸件名称：机壳
铸件材料：铝合金

机壳压铸模

件号	名称	数量
9	型芯	1
8	转销	4
7	止动销	4
6	导套	4
5	导柱	4
4	复位杆	4
3	推杆	2
2	推板固定板	1
1	推板	1

件号	名称	数量
23	止动销	1
22	支承套板	1
21	动模套板	1
20	动模活动套板	1
19	定模活动套板	1
18	定模座板	2
17	双钩拉杆	2
16	摆动镶块	2
15	定模镶块	3
14	动模镶块	3
13	定模套板	1
12	浇口	4
11	分流锥	4
10	型芯	2

件号	名称	数量
35	弹簧	2
34	止动销	2
33	摆动块	2
32	导套	2
31	导柱	2
30	限程销	2
29	止动销	3
28	转轴	3
27	推板	4
26	螺钉	4
25	销钉	4
24	垫块	2

说　明

立式压铸机上的"点浇口"。

"点浇口"的内浇口直径为3mm，去除浇口方便，且铸件内腔的管状凸台成型良好。为了取出浇口，采用了钩钩机构的定模附加分型面的结构。开模的过程如下：

(1)开模时，钩子43钩住定模活动套板15上的连动销41，打开附加分型面Ⅰ。此时，直浇口由定模活动套板37强行带出

(2)开模至附加分型面开挡杆44足以取出浇口即自行脱开，打开固有分型面Ⅱ，此时，由于浇口防披破滑块卡住，而铸件又包紧在动模上，于是拉断了内浇口，铸件即脱出定模活动套板。

(3)继续开模至顶出铸件。

(4)手动操纵滑块滑块机构，抽动滑块，取下浇口。

(5)合模时，由于挡位销45使钩子处于适宜位置，故钩子前端的斜面即沿连动锁销滑移，至合模最终位置正好钩住。

铸件名称：整流罩

铸件材料：铝合金

件号	名　称	数量
45	挡位销	2
44	拉杆	2
43	钩子	2
42	支板	4
41	连动销	2
40	底座	6
39	螺钉	2
38	滑块	1
37	定模活动套板	1
36	导柱	2
35	定模座套板	3
34	开模杆	1
33	浇口套	1
32	螺钉	4
31	挡钉	4
30	动模套板	1
29	支架	1
28	螺钉	2
27	推杆	2
26	定模固定板	2
25	螺钉	2
24	动模镶块	2
23	推杆套	6
22	浇口镶块	4
21	型芯	1
20	螺钉	4
19	定模导柱	1
18	定模座套板	1
17	定模导套	2
16	导套	3
15	定模活动套板	1
14	螺钉	4
13	动模套板	1
12	销钉	4
11	支承板	1
10	推杆	2
9	推杆固定板	4
8	螺杆	2
7	复位杆	4
6	正导柱	4
5	转	4
3	动模座板	4
1	螺	6

整流罩压铸模

255

190

190

120

φ6

2±0.3

φ18

φ57

40

20

A—A

B—B

C向旋转

附加分型面Ⅰ打开

固有分型面Ⅱ打开

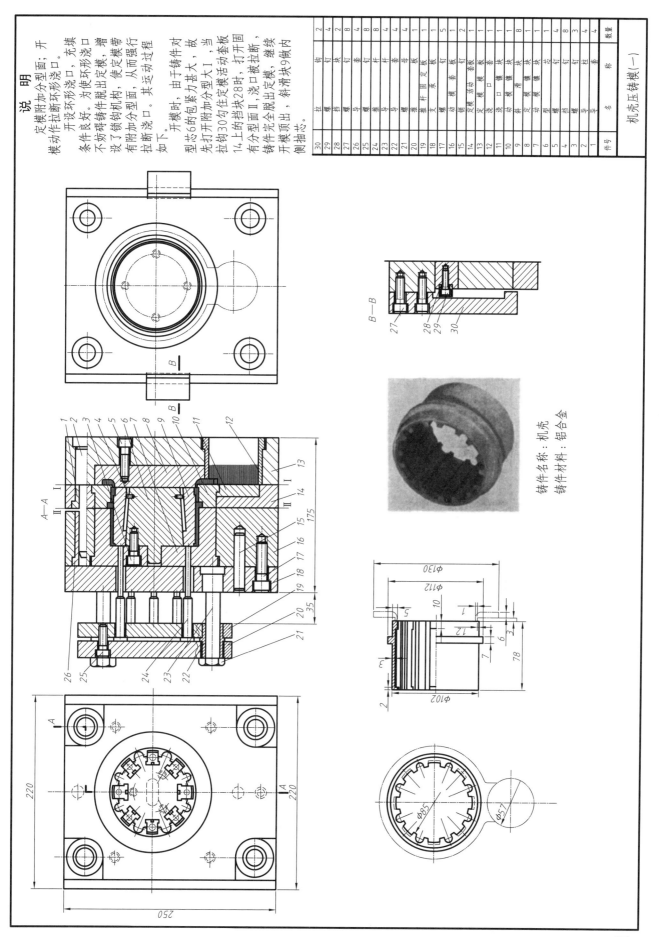

说　明

定模附加分型面；开模动作拉断环形浇口。充填条件良好。为使环形浇口不妨碍铸件脱出定模，增设了锁钩机构，使定模带有附加分型面，从而强制进行拉断浇口。其运动过程如下：

开模时，由于铸件对型芯6的包紧力甚大，故先打开附加分型面大I，拉钩30勾住定模活动型板14上的挡块28时，浇口被拉断，有分型面II，浇口被定模固定，铸件完全脱出定模，继续开模顶出，斜滑块9做内侧抽芯。

铸件名称：机壳
铸件材料：铝合金

序号	名称	数量
30	拉钩	2
29	螺钉	4
28	挡块	2
27	导套	8
26	螺钉	8
25	导柱	8
24	螺母	4
23	导套	4
22	推杆	1
21	推杆固定板	1
20	推板	1
19	支承板	2
18	螺钉	1
17	动模型板	1
16	镶块	8
15	定模活动型板	1
14	定模镶块	4
13	浇口套	8
12	动模镶块	3
11	斜滑块	4
10	动模镶块	
9	斜滑块	
8	型芯	
7	挡块	
6	镶块	
5	螺钉	
4	挡板	
3	螺钉	
2	导套	
1	导柱	

机壳压铸模（一）

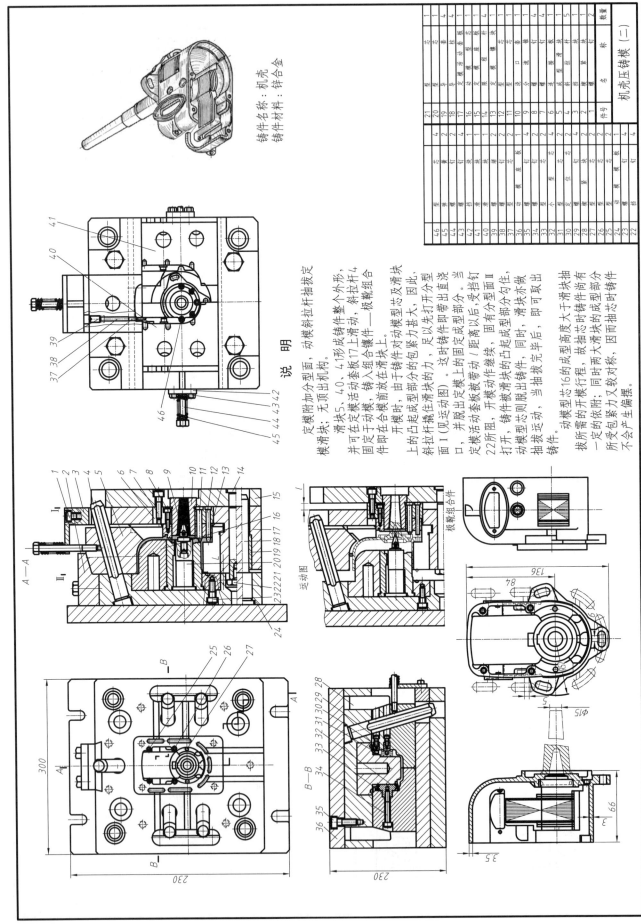

铸件名称：机壳
铸件材料：锌合金

件号	名称	数量
21	型芯	1
20	型芯	4
19	导柱	4
18	复位板	1
17	动型套板	1
16	型芯	1
15	导套	4
14	滑块	1
13	镶块	1
12	限程螺钉	1
11	弹簧	4
10	斜导柱	1
9	挡口	5
8	滑块	1
7	浇道镶块	1
6	分流锥	1
5	滑块	1
4	斜拉杆	1
3	弹簧	4
2	滑块	1
1	挡钉	4

46	型芯	4
45	滑块	2
44	挡钉	4
43	限位块	1
42	滑块	1
41	镶块	4
40	螺钉	4
39	型芯	1
38	挡钉	4
37	滑块	1
36	弹簧	1
35	型芯	10
34	动型垫板	1
33	小型芯	1
32	型芯	2
31	定型套板	1
30	螺钉	4
29	型芯	1
28	滑块	4
27	型芯	2
26	挡钉	4
25	型芯	2
24	挡板	1
23	螺钉	4
22	挡钉	2

机壳压铸模（二）

说　明

定模附加分型面，动模斜拉杆抽拔定模滑块；无顶出机构。

滑块5、40、41形成铸件整个外形，并可在定模活动套板17上滑动，斜拉杆4固定于动模，铸入组合镶件—板靴组合件即在合模前放在滑块上。

开模时，由于铸件对动模型芯及滑块上的凸起成型部分的包紧力甚大，因此，斜拉杆撬住滑块的力，足以先打开分型面Ⅰ（见运动图）。这时铸件即带出直浇口，并脱出定模上的固定成型部分。当定模活动套板带动（距离以后，受挡钉22所阻），铸件动作继续，固有分型面Ⅱ打开，动模型芯则脱出起成型部分凸起，同时，滑块亦做抽拔运动，当抽拔完毕后，即可取出铸件。

动模型芯16的成型高度大于滑块抽拔所需的开模行程，故抽芯时铸件尚有一定依附；同时两大滑块的成型部分所受包紧对称，因而抽芯时铸件不会产生偏摆。

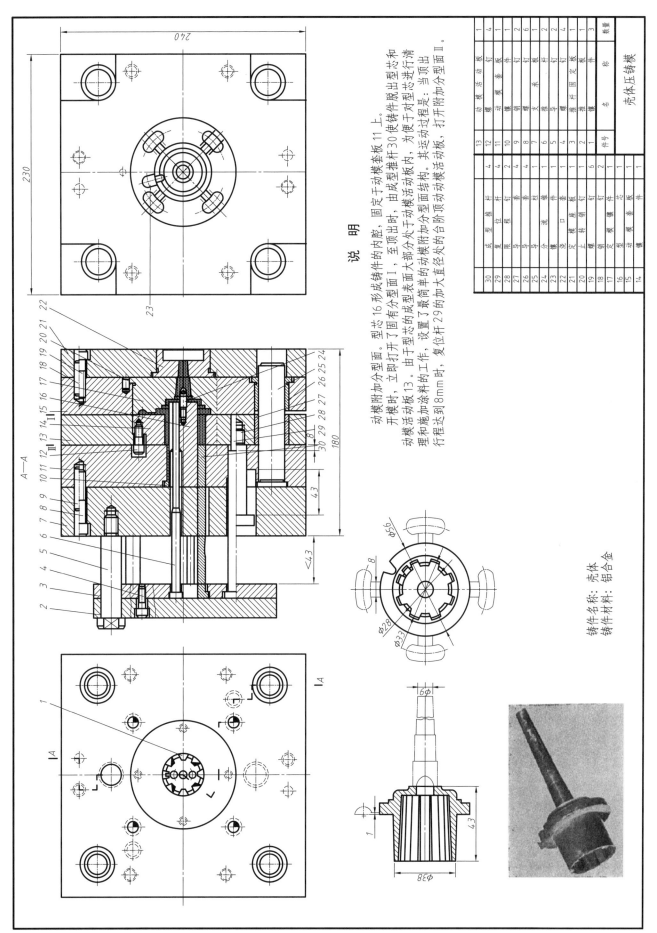

件号	名　称	数量
13	动模活动板	1
12	钉板	4
11	动模套板	1
10	钉	6
9	套件	1
8	支承柱	2
7	导 柱	4
6	导 套	1
5	推杆	1
4	钉	1
3	推杆固定板	1
2	钉板	1
1	套件	3

件号	名　称	数量
30	成型活动板	4
29	复位杆	4
28	限位杆	2
27	导套	4
26	导柱	1
25	导杆	1
24	分流锥	1
23	浇口套	1
22	定模镶件	1
21	定模固定板	6
20	止转销钉	1
19	螺钉	1
18	定模套板	1
17	镶件	1
16	型芯	1
15	动模套板	1
14	镶件	1

铸件名称: 壳体
铸件材料: 铝合金

壳体压铸模

说　明

动模附加分型面。型芯 16 形成铸件的内腔，固定于动模套板 11 上。
开模时，立即打开了固有分型面Ⅰ，至顶出型芯和，由成型推杆 30 使铸件脱出型芯和
动模活动板 13。由于型芯的工作，设置了最简单的动模附加分型面结构。其运动过程是：当顶出
理和施加涂料的工作，为便于对型芯进行清
行程达到 8mm 时，复位杆 29 的加大直径处的合阶顶动模活动板，打开附加分型面Ⅱ。

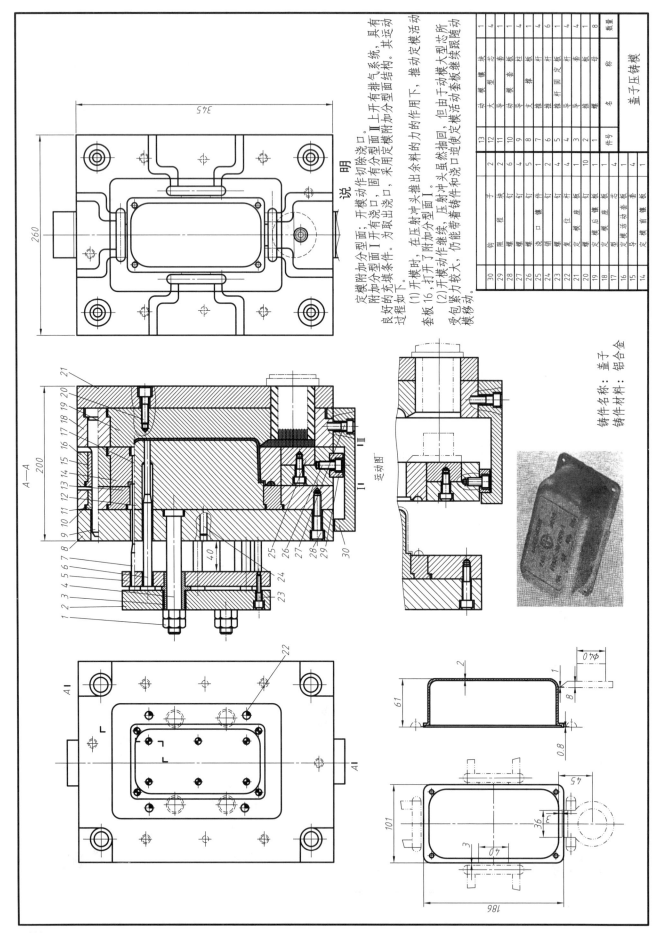

序号	名称	数量
13	动模型芯块	1
12	大导型块套	4
11	动模型芯套	1
10	导柱	4
9	支承板	4
8	推杆	6
7	推杆	4
6	推杆固定板	1
5	推杆	4
4	导套	4
3	导板	4
2	螺母	8

序号	名称	数量
30	钟子	2
29	限程块	2
28	螺钉	6
27	螺钉	4
26	浇口镶件	5
25	销子	1
24	螺钉	2
23	复位杆	4
22	定模座板	4
21	定模后镶座	10
20	定模型板	1
19	定模活动套	4
18	导柱	4
17	定模前镶	1

铸件名称：盖子
铸件材料：铝合金

说　明

定模附加分型面：开模动作切除浇口。定模附加分型面Ⅰ上开有排气系统，具有附加分型面；开模动作切除浇口。固有分型面Ⅱ上开有浇口，固有分型面Ⅱ采用定模附加分型面固结构。推动定模活动套板的充填条件。为取出浇口，采用定模附加分型面Ⅰ。其运动过程如下。

(1) 开模时，在压射冲头推出余料的力的作用下，推动定模活动套板16，打开了附加分型面Ⅰ。

(2) 开模动作继续，压射冲头虽然抽回，但由于动模大型芯所受包紧力较大，仍能带着铸件和浇口迫使定模活动套板继续随动模移动。

盖子压铸模

345

260

A—A

200

40

运动图

Ⅰ

Ⅱ

A1

A1

L

L

61

2

φ40

1

8

0.8

101

45

36

13

40

3

186

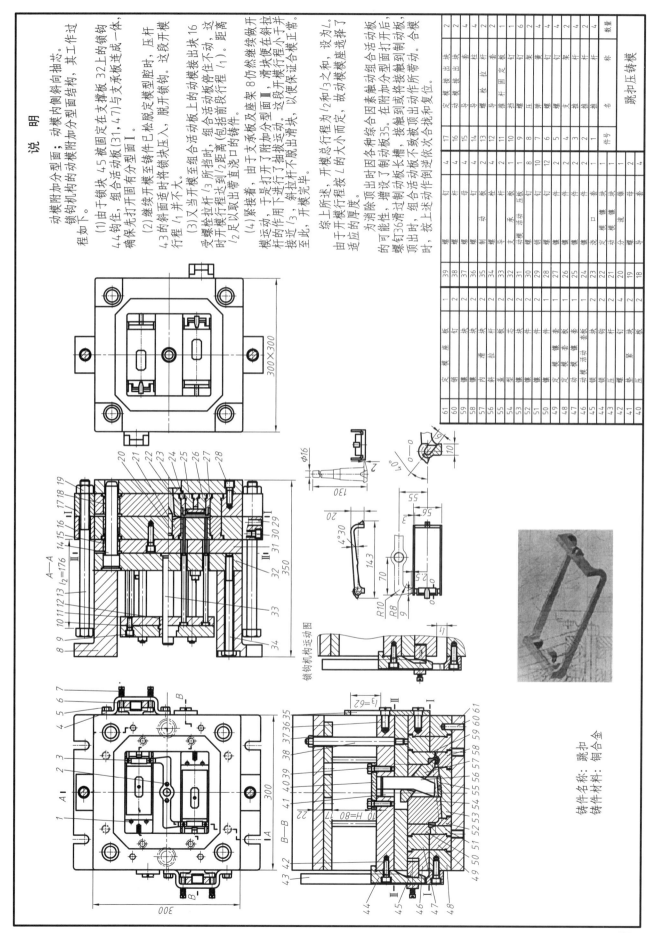

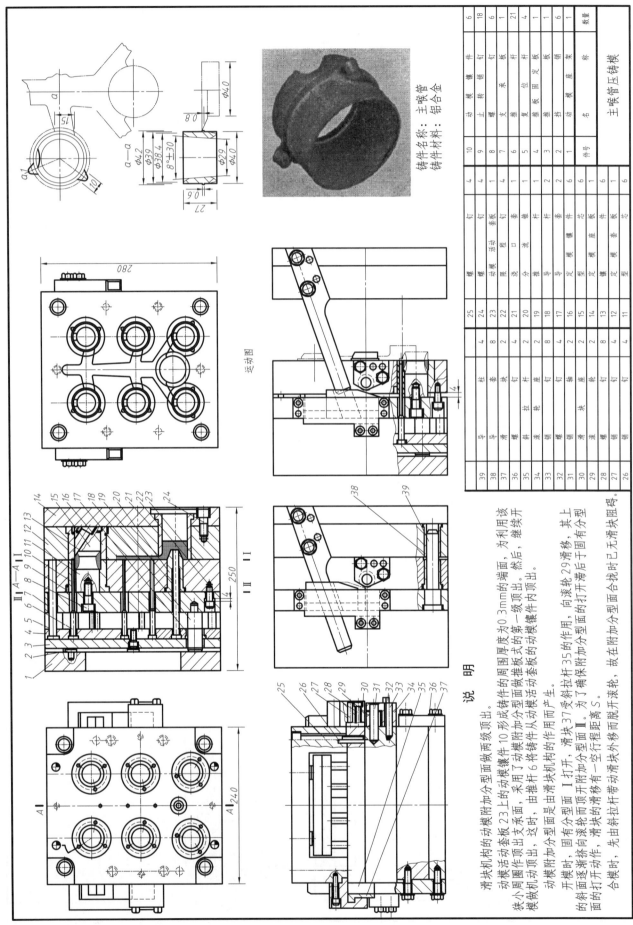

铸件名称：主喉管
铸件材料：铝合金

件号	名称	数量
10	动模套板	6
9	止转镶销	18
8	模套螺钉	6
7	支承板	1
6	推管系杆	21
5	复位杆	4
3	复位面定模板	1
2	推板挡销	1
1	动模座	6
	名称	数量

主喉管压铸模

25	螺钉	4
24	动模活动套板	8
23	限程口	2
22	浇口套	4
21	分流锥	2
20	推杆	8
19	导杆	4
18	导套	2
17	定模镶件	2
16	定模座板	2
15	定模镶件	8
14	型芯	4
13	定模套板	6

39	导柱	4
38	导套	8
37	滑块	2
36	螺钉	4
35	斜拉杆	2
34	滚轮座	8
33	销	4
32	螺钉	2
31	销	6
30	滑块	6
29	滚轮	2
28	螺钉	8
27	销	4
26	销	6

运动图

II A—A II

II II

A

说 明

滑块机构的动模附加分型面做两级顶出。

动模活动套板 23 的支承面，为利用该动模镶件 10 形成铸件的周围厚度为 0.3mm 的端面，为利用该动模附加分型面做推板式的动模套板从动模活动套板顶出的第一级顶出。然后，由推杆 6 将铸件从动模活动套板的动模套板内顶出。

动模附加分型面定是由滑块机构的作用而产生。

开模时，固有分型面 I 打开，滑块 37 受斜拉杆 35 的作用，滑块 37 受斜拉杆 35 的作用，向滚轮 29 滑移，其上的斜面逐渐添向滚轮而顶开附加分型面 II。为了确保附加分型面的打开带后于固有分型面的打开动作，滑块的滑移有一空行程距离 S。

合模时，先由斜拉杆动滑块外移而脱开滚轮，故在附加分型面合拢时已无滑块阻碍。

6.3 附加分型面锁钩机构

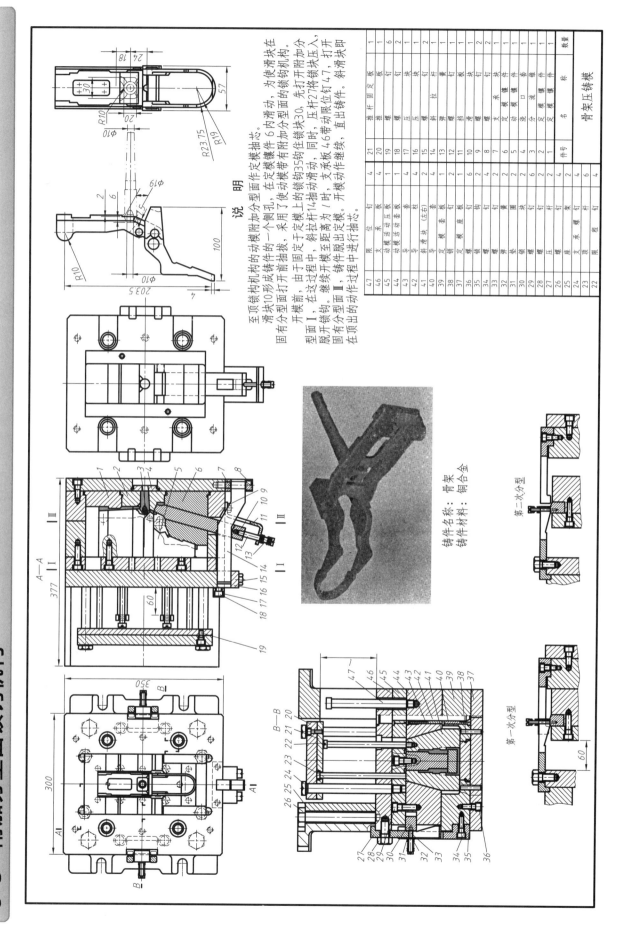

铸件名称：冒架
铸件材料：铜合金

第一次分型

第二次分型

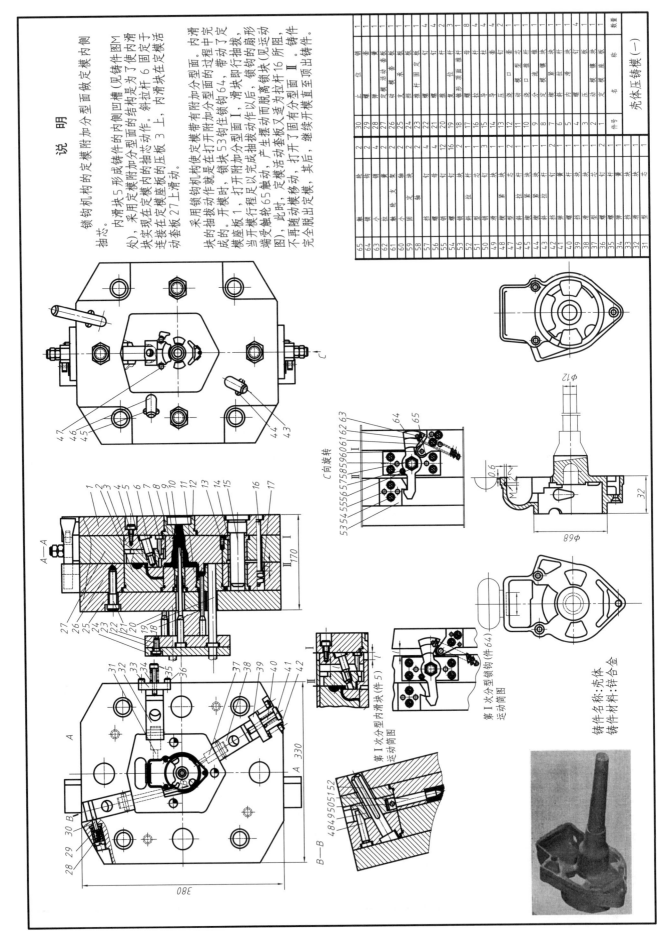

铸件名称：壳体
铸件材料：锌合金

序号	名称	数量
65	弹簧	2
64	型锁钩	2
63	小轴	4
62	定模座板	2
61	动模板	2
60	支承板	2
59	螺钉	4
58	拉杆支架	4
57	螺母	12
56	拉杆	16
55	螺母	16
54	锁钩块	8
53	弹簧座	3
52	单臂扇形弹簧	4
51	锁钩与导柱	2
50	锁钩块	4
49	小轴	2
48	口型挡块	2
47	定模座板	2
46	斜导柱	4
45	锁楔	2
44	斜滑块	4
43	滑块	2
42	型芯	2
41	弹簧	2
40	挡块	2
39	螺钉	2
38	定模镶块	1
37	内滑块	1
36	螺母	1
35	弹簧	1
34	定模活套板	1
33	内滑块	1
32	滑块座	1
31	型芯	1

壳体压铸模（一）

说 明

锁钩机构的定模附加分型面做成内侧抽芯。

内滑块为5形成铸件的内侧附加分型面凹槽（见铸件图M处），采用在定模附加分型面的结构是为了使内滑块连接在定模座板的抽芯动作。斜拉杆6固定于连接在定模座板的压板3上，内滑块在定模活动套板27上滑动。

采用锁钩机构使定模带有附加分型面。内滑块成铸件就是在打开附加分型面的过程中完成的，锁块53钩住定锁钩64，滑块即行抽芯，带动了定模附加分型面锁钩，锁钩的扇形离离块16所阻，成铸的抽拔轴65触动，产生摆动而离动拉杆16所阻，当开模行程足以完成抽拔动作以后，滑块运动模座板1，打开附加分型面I，滑模活动套板又适为拉杆Ⅱ继续开模至分型面Ⅱ铸件完全脱出定模。其后，继续开模直至顶出铸件。端受触杆定模行，定模活套板移动，打开了固有分型面Ⅱ铸件不再随动模移动，其后，继续开模直至顶出铸件。

第Ⅰ次分型型内滑块（件5）运动简图

第Ⅰ次分型型锁钩（件64）运动简图

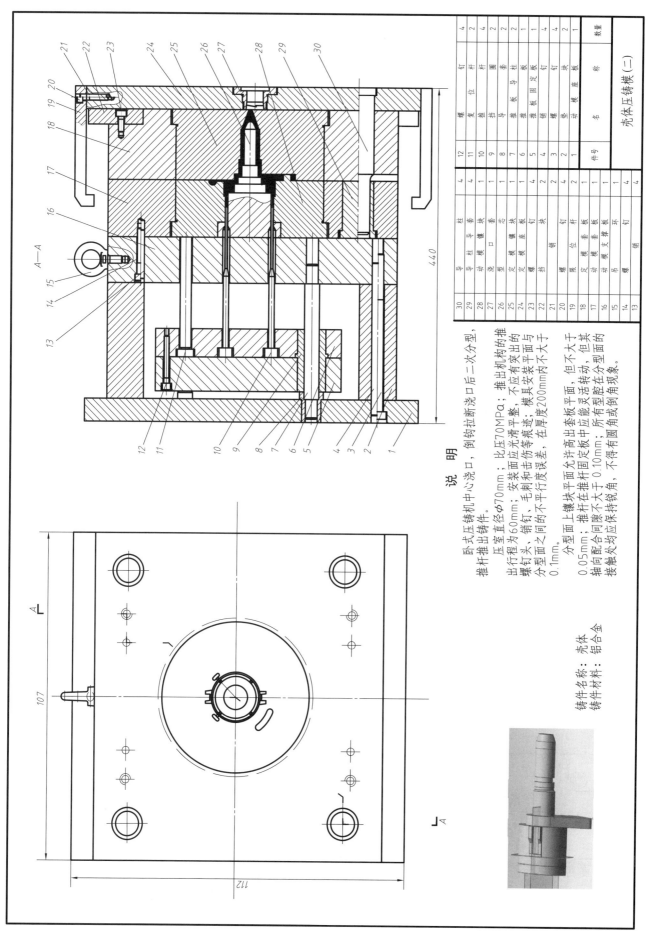

30	29	28	27	26	25	24	23	22	21	20	19	18	17	16	15	14	13			件号
导柱	动模套	定型芯	浇口套	定模镶块	定模座板	螺钉	挡销	螺钉	限位螺钉	定模套板	动模支撑板	导向套板	螺钉							名称
4	4	1	1	2	1	4	2	4	2	1	1	1	4							数量

件号	名称	数量
12	螺钉	4
11	复位杆	2
10	挡圈	4
9	导柱	2
8	导板	2
7	推板	1
6	推板固定板	1
5	销钉	4
4	螺钉	4
3	垫块	2
2	动模座板	1
1		

壳体压铸模（二）

说　明

卧式压铸机中心浇口，倒钩拉断浇口后二次分型，推杆推出铸件。

压室直径 φ70mm；比压 70MPa；推出机构的推出行程为 60mm；安装面应光滑平整，不应有突出的螺钉头、销钉、毛刺和齿痕等痕迹；模具安装平面与分型面之间的不平行度误差，在厚度 200mm 内不大于 0.1mm。

分型面上镶块平面允许高出套板平面，但不大于 0.05mm；推杆在推杆固定板中应灵活转动，但其轴向配合间隙不大于 0.10mm；所有型腔在分型面的接触处均应保持锐角，不得有圆角或倒角现象。

铸件名称：壳体
铸件材料：铝合金

107

112

440

A—A

铸件名称：底板
铸件材料：铝合金

说　明

锁钩机构的定模附加分型面做定模抽芯。在定模内形成铸件立壁的加强性的楔紧，除楔块46楔紧外，由定模座板7的相应斜拉杆的作用再做进行抽芯。定模活动套板8上滑动，随着定模活动套板的移动而变斜面再做进行，其动作如下：

开模时，锁块33钩住锁钩37，带动了定模活动套板8、10，打开附加分型面I，滑块即钩形端受触板锁钩38触动，产生摆动又适为限程螺钉2所阻，不再随动模移动。此时，定模活动套板又适为脱出分型面II。打开了固有分型面II。铸件完全脱出定模，其后，继续开模直至顶出铸件。

件号	名称	数量	件号	名称	数量
48	分流锥推杆	1	22	分流锥推杆	1
47	推杆	1	21	浇口套	1
46	楔紧块	4	20	推杆	2
45	推杆	4	18	推型	4
44	型芯	4	17	推杆	4
43	挡销	2	16	推杆	2
42	复位杆	4	15	挡板	4
41	定模固定板	1	14	支承套	2
40	销钉	2	13	圆柱销	4
39	动模镶块	2	12	定销	2
38	定模活动套板	2	11	滚轮销	2
37	锁紧销	2	10	花螺母	2
36	定模座板	1	9	定模销	2
35	定模镶块	2	8	定模销	2
34	活动锁钩	2	7	销钉	2
33	浇道拉杆套	1	6	螺钉	2
32	带槽推杆	1	5	螺母	2
31	推杆	1	4	上推板	1
30	螺钉	1	3	推杆	1
29	导套	4	2	限程螺钉	1
28	导套	4	1	镶块	4
27	导套	4		名 称	数量
	底板压铸模				

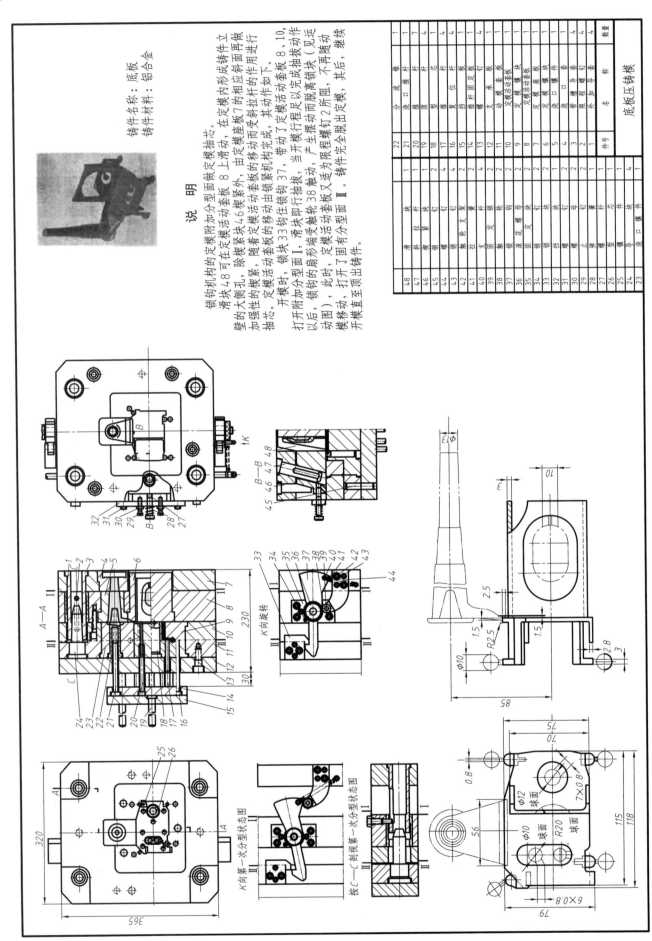

K向第一次分型状态图

K向旋转

B—B

A—A

按C—C剖视第一次分型状态图

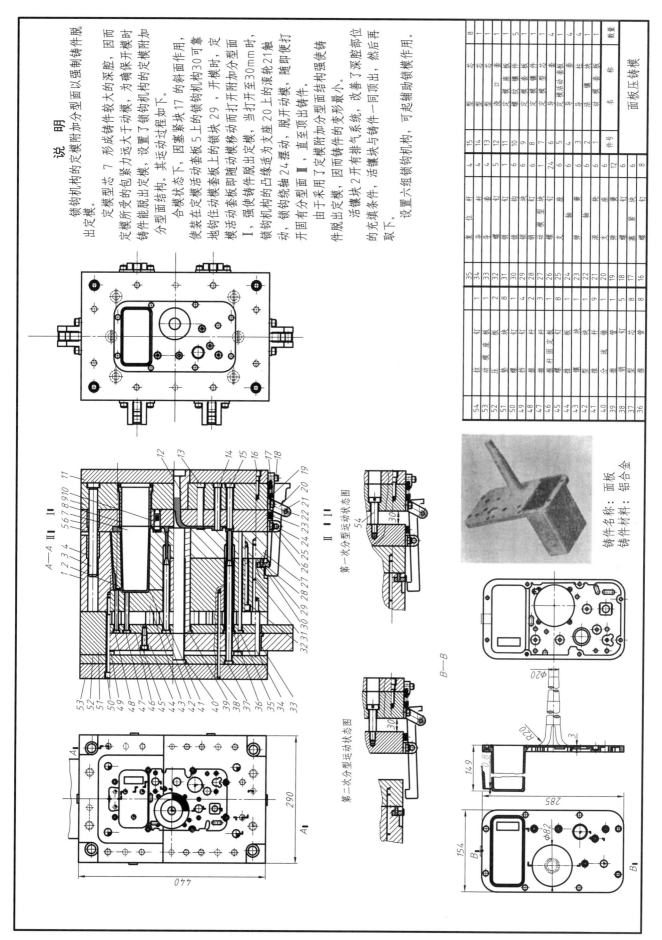

铸件名称：面板
铸件材料：铝合金

A—A II II

第一次分型运动状态图

第二次分型运动状态图

B—B

说　明

锁钩机构的定模附加分型面以强制铸件脱出定模。

定模型芯 7 形成铸件较大的深腔，因而定模所受的包紧力远大于动模，为确保开模时铸件能脱出定模，设置了锁钩机构的定模附加分型面结构。其运动过程如下。

合模状态下，因楔紧块 17 的斜面作用，使安装在定模活动套板 5 上的锁块 29，开模时，定地钩住动模套板即随动模移动而打开附加分型面 I，强使定模活动模脱出定模，当打开至 30mm 时，锁钩机构的凸块适为支座 20 上的滚轮 21 触动，锁钩绕轴 24 摆动，脱开动模，随即打开固有分型面 II，直至顶出铸件。

由于采用了定模附加分型面结构强制铸件脱出定模，因而铸件的变形最小。

活镶块 2 开有排气系统，改善了深腔部位的充填条件，活镶块与铸件一同顶出，然后再取下。

设置六组钩机构，可起辅助锁模作用。

件号	名称	数量
15	型芯	4
14	型芯	4
13	浇口套	5
12	定模镶套	1
11	定模型芯	6
10	定模镶块	6
9	定模型芯	6
8	铸件	24
7	定模型芯	6
6	导套	6
5	定模活动套板	6
4	导套	6
3	定模镶套	12
2	活镶块	6
1	动模镶套	6

件号	名称	数量
35	复位杆	4
34	导柱	4
33	螺套	5
32	销钉	1
31	销钉	1
30	滑块	4
29	锁块	1
28	动模型芯	1
27	销钉	1
26	支座	6
25	滚轮	6
24	轴	6
23	弹簧	6
22	拉杆	1
21	滚轮	9
20	支座	1
19	弹簧	1
18	螺钉	5
17	楔紧块	8
16	螺钉	8

件号	名称	数量
54	拉杆	1
53	动模座板	1
52	垫块	2
51	支承板	8
50	螺钉	1
49	螺钉	4
48	推杆	3
47	推杆固定板	1
46	推杆固定板	8
45	螺钉	8
44	推板	1
43	镶块	1
42	推杆	9
41	推座	1
40	分流锥	1
39	动模镶套	1
38	型芯	5
37	型芯	8
36	推管	8

面板压铸模

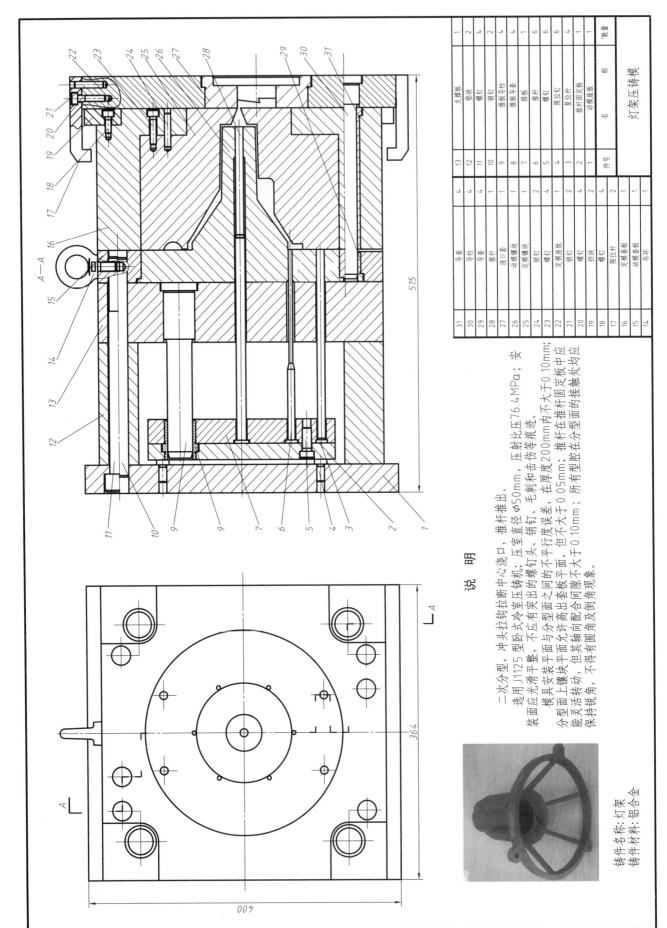

序号	名 称	数量
31	支撑板	1
30	垫块	2
29	螺钉	4
28	销钉	4
27	推板导柱	4
26	推板导套	4
25	推板	1
24	底板	6
23	推杆	6
22	螺钉	6
21	限位杆	4
20	复位杆	1
19	推杆固定板	1
18	动模套板	1

17	导套	4
16	导柱	4
15	导套	4
14	推杆	1
13	浇口套	1
12	动模镶块	1
11	定模镶块	2
10	销钉	2
9	螺钉	1
8	定模座板	2
7	销钉	2
6	螺钉	4
5	螺钉	2
4	挡块	2
3	螺钉	2
2	限位杆	2
1	吊环	1

| 灯架压铸模 |

说 明

二次分型，冲头拉钩拉断中心浇口，推杆推出。

选用J1125型卧式冷室压铸机；压室直径φ50mm，压射比压76.4MPa；安装面应光滑平整，不应有突出的螺钉头、毛刺和击伤等痕迹。

模具安装平面与分型面之间的不平行度误差，在任厚度200mm内不大于0.10mm；分型面上镶块平面突出分型高出许高允其轴向允许误差允许高出套板平面不大于0.05mm；推杆在推杆固定板中应能灵活转动，但其轴向配合间隙不大于0.10mm；所有型腔在分型面的接触处均应保持锐角，不得有圆角及倒角现象。

铸件名称：灯架
铸件材料：铝合金

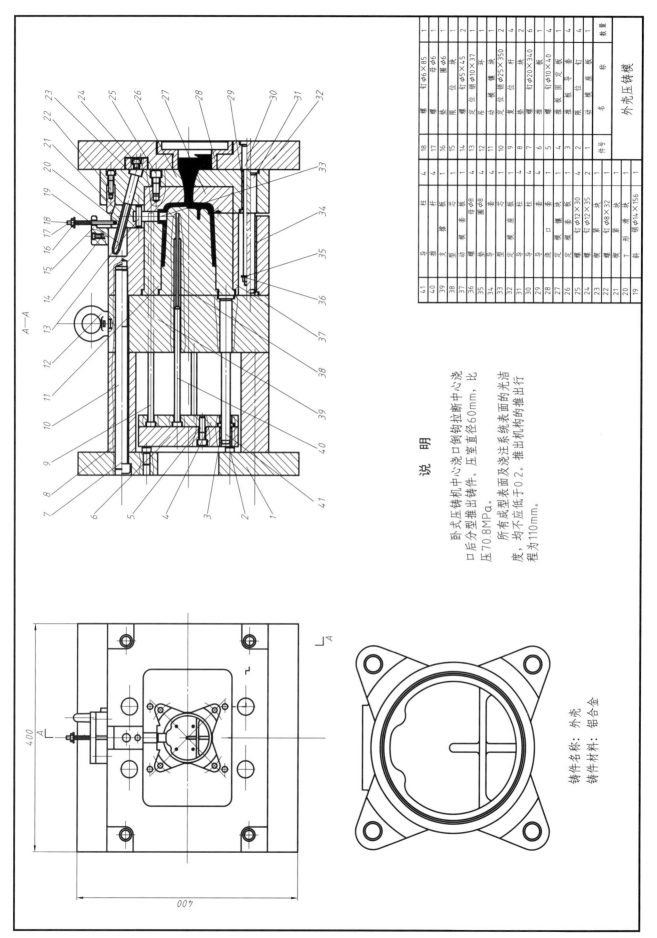

41	导 柱	4		18	螺 钉 φ6×85	1			
40	推 杆	4		17	螺 母 φ6	1			
39	支 撑 板	1		16	垫 圈 φ6	1			
38	型 芯	1		15	限 位 块	2			
37	动 模 套 板	4		14	螺 钉 φ5×45	1			
36	垫 母 φ8	4		13	定 位 销 φ10×37	1			
35	圆 销 φ8	1		12	吊 环	1			
34	套 筒	4		11	动 模 镶 块	1			
33	定 型 模 板	1		10	定 位 销 φ25×350	2			
32	导 柱	4		9	复 位 杆	4			
31	导 套	4		8	垫 块	2			
30	导 套	4		7	推 板 φ20×340	6			
29	套 套	1		6	推 板 φ10×40	1			
28	浇 口 镶 块	1		5	推 板 导 套	4			
27	定 模 套 板	1		4	推 板 导 柱	4			
26	螺 钉 φ12×30	4		3	动 模 座 板	1			
25	螺 钉 φ12×35	2		2					
24	螺 母 块	1		1					
23	螺 钉 φ8×32	2		件号	名 称	数量			
22	螺 母 块	1			外壳压铸模				
21	推 块	1							
20	T 形 滑 块	1							
19	斜 锁 φ14×156	1							

说 明

卧式压铸机中心浇口浇注铸件。压室直径60mm，比压70.8MPa。

口后分型中心浇口倒起断中心浇口后分型推出铸件。

所有成型表面及浇注系统表面的光洁度，均不应低于0.2。推出机构的推出行程为110mm。

铸件名称：外壳

铸件材料：铝合金

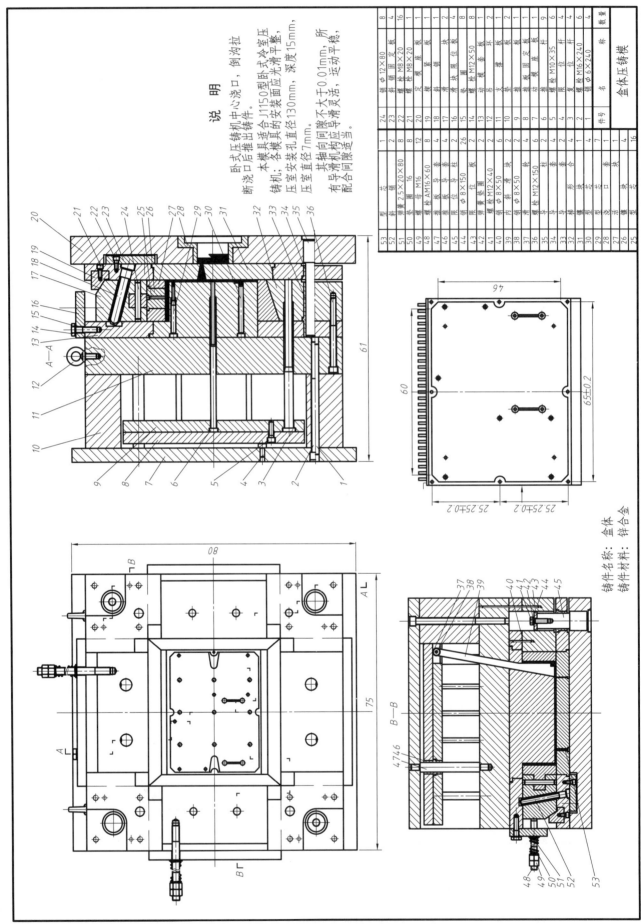

说　明

本模具压铸机中心浇口，倒钩拉断浇口后推出铸件。

本模具适合J1150型卧式冷室压铸机，各模具的安装面应光滑平整，压室安装孔直径130mm，深度15mm，压室直径7mm。

其抽向间隙不大于0.01mm，所有导滑导柱机构应灵活、运动平稳，配合间隙适当。

件号	名　称	数量
24	销 φ12×80	8
23	斜销固定板	4
22	螺栓 M8×20	16
21	螺栓 M8×20	1
20	定模座板	1
19	浇套	1
18	料套	2
17	滑块导板	4
16	块	4
15	滑块定位板	8
14	螺栓 M12×50	1
13	套板	1
12	动模套板	2
11	支承板	1
10	垫块	2
9	推板固定板	1
8	推板	9
7	动模固定板	6
6	螺栓 M10×35	6
5	限位杆	4
4	推杆	4
3	复位杆	6
2	螺栓 M16×240	4
1	销 φ6×240	4

件号	名　称	数量
53	销	1
52	斜销	8
51	弹簧 25×20×80	8
50	螺圈 16	2
49	螺母 M16	8
48	螺栓 AM16×60	4
47	推板导套	4
46	推板导柱	2
45	限位柱 φ8×150	26
44	限位圈	2
43	限位板	6
42	弹簧套圈	2
41	螺栓 M12×40	4
40	销 φ8×50	4
39	滑块	6
38	销 φ8×50	4
37	螺栓 M12×150	4
36	导套	1
35	导柱	1
34	镶块	7
33	型芯	1
32	斜合块	1
31	型芯	4
30	型芯固定板	16
29	浇口套	
28	活块	
27	型块	
26		
25		

铸件名称：盒体
铸件材料：锌合金

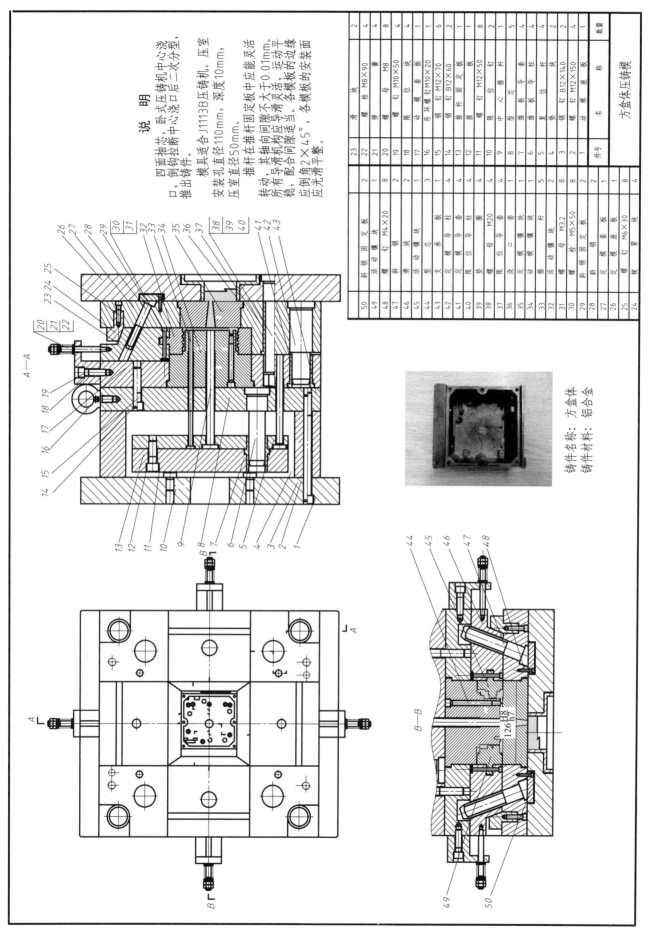

说明

四面抽芯，卧式压铸机中心浇口，倒钩拉断中心浇口后二次分型，推出铸件。

模具适合J1113B压铸机。压室安装孔直径110mm，深度10mm，压室直径50mm。

推杆在推杆固定板中应能灵活转动，其间隙不大于0.01mm，运动平稳。各导滑灵活，各模板的边线应配合间隙适当。各模板的安装面应光滑平整。

铸件名称：方盒体
铸件材料：铝合金

A—A

B—B

126 H8/h7

方盒体压铸模

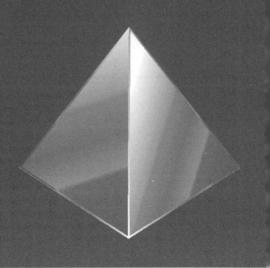

第7章

特殊脱模抽芯结构

- 三角块机构
- 复合抽芯机构
- 强制脱模机构
- 其他型芯抽拔机构

7.1 三角块机构

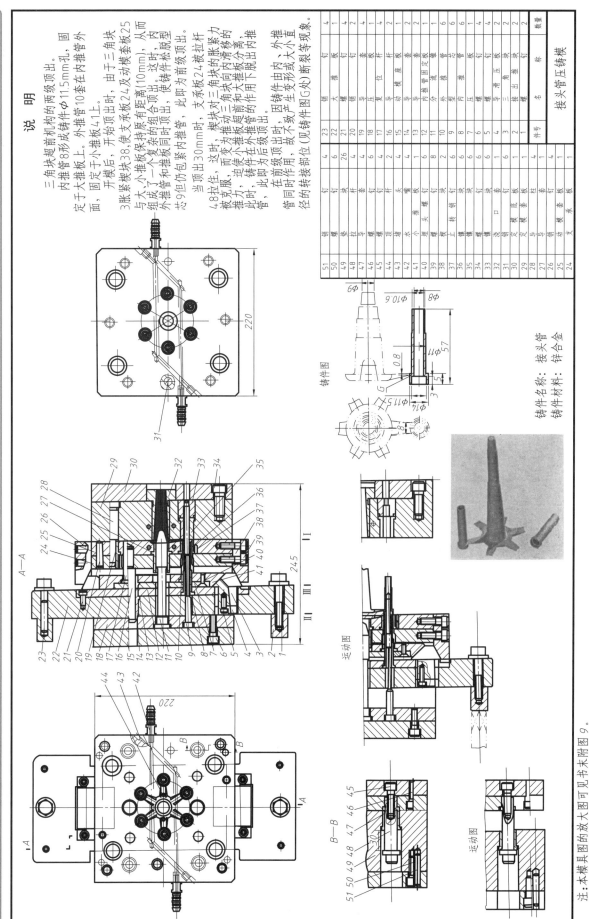

说　明

三角块超前机构的两级顶出。

定于大推板上。外推管10套在内推管外面，固定于小推板41上。

开模后，固定于承板24及动模套板25与大、小推板保持原有距离（10mm），从而组成了一个复杂的组合顶出。这时，内推管和推板同时顶出，使铸件松脱型芯9但仍包紧内推杆，此即为前级顶出。

当顶出30mm时，模块对三角块块产生顶的膨胀的推力，而推为推动超前推板的松克张力，迫使小推板向前滑移动而使外推管在后级顶出。

在前级顶出时，支承板24板同步大推直径的转接装G处。因铸件的胀力过强而致。

4.8拉住，这时，模块的胀力被克服后，迫使超前推板和大推管的分离，而此管，此时内推杆为后级顶级顶出。

铸件由内、外推管同时作用下脱出内推型芯，因铸件大小直径的转接装部位（见铸件图G处）断裂或变形等现象。

件号	名　称	数量
51	销钉	4
50	大螺母	1
49	推块	2
48	拉杆	2
47	导套	2
46	螺钉	1
45	螺杆	2
44	复位杆	2
43	动模座板	1
42	导柱	1
41	小推板	6
40	导套	6
39	内推管	8
38	分流推管	6
37	型芯	6
36	小推板	6
35	螺钉	6
34	滑导块	1
33	三角块	6
32	推出板	2
31	螺钉	2

件号	名　称	数量
23	销钉	4
22	大螺母	6
21	镶块	26
20	导杆	4
19	导套	6
18	螺钉	4
17	螺杆	2
16	顶杆	4
15	增套	1
14	小推板	6
13	垫板	8
12	内推管钉	1
11	螺钉	6
10	外推管	6
9	型芯	6
8	镶块	6
7	螺钉	6
6	螺钉	1
5	洗口	6
4	定模套板	1
3	定模号	4
2	动模套板	4
1	支承板	1

接头管压铸模

铸件名称：接头管
铸件材料：锌合金

铸件图

注：本模具图的放大图可见书末附图 9。

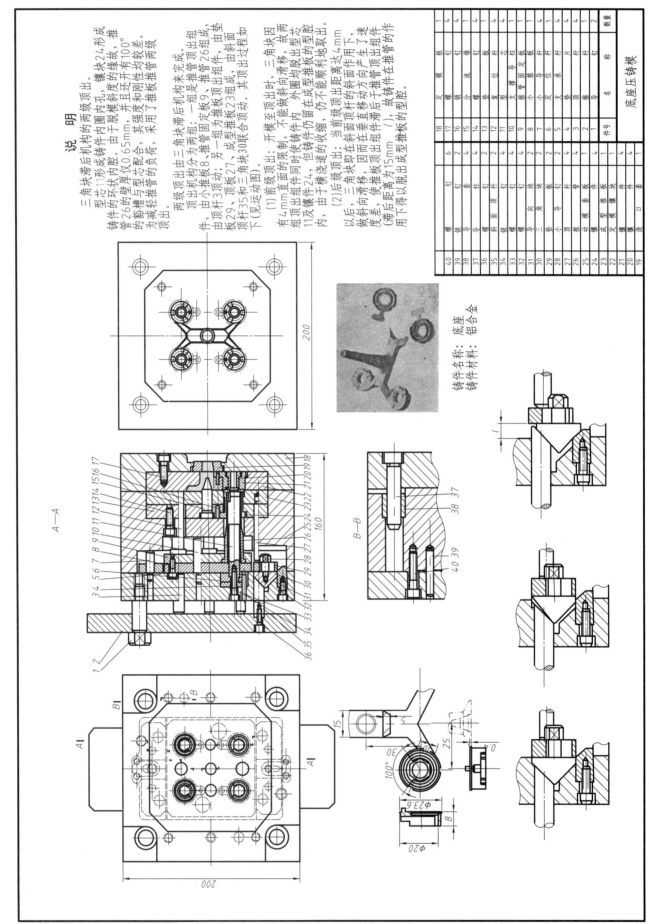

说　明

三角块滞后机构的两级顶出。

型芯环状滞后成铸件内圈内孔，镶块24形成，推铸件26的壁厚仅0.65mm，镶块斜度开且还开有100°的缘故，由于脱管的缘故，其强度和刚性均较差，为减薄推管与型芯管的负荷，采用了推板管两级顶出。推管的壁厚较小。

两级顶出由三角块滞后机构来完成。

顶出机构分为两组：一组是推管顶出组由小推板8，推管顶出组件26组成，由顶杆3顶出，另一组为推板顶出件，由斜面顶出件，由推板27，成型推板23组成，由斜面顶杆35和三角块30联合顶出。其顶出过程如下（见运动图）。

(1)前级顶出：开模至顶出时，三角块因有4mm直面的限制，不能做斜向滑移，故两组顶出组件同时使铸件在成型推板脱出型腔，11次镶件24，但铸件仍留在成型推板上的型腔内，由于横浇道中的收缩，仍不能顺利地取出。

(2)后级顶出：当前级顶出距离达4mm以后，三角块即在斜面顶杆直直移动方向产生了速做度斜向滑移，因而目在成型面作下推后推管顶出组件在推件作用下推板距离为15mm（l），故铸件滞后推管顶出组件在推板的作用下得以脱出成型推板的型腔。

序号	名　称	数量
40	螺钉	6
39	销钉	2
38	导套	4
37	导柱	4
36	螺钉	2
35	斜面顶杆	4
34	销钉	4
33	螺钉	2
32	导向套	2
31	三角块	2
30	三角块	2
29	小导柱	2
28	导套板	4
27	推板	4
26	推管	2
25	镶模套	4
24	成型镶块	1
23	成型推板	1
22	定模板	4
21	镶块	4
20	镶块	1
19	浇口套	1

序号	名　称	数量
18	定模板	1
17	横销	4
16	销钉	4
15	分流锥	1
14	销钉	4
13	垫板	4
12	导柱	4
11	复位杆	4
10	支撑导柱	1
9	小推板	1
8	小推板	4
7	定位杆	4
6	支撑板	4
5	垫块	4
4	推片	4
3	顶杆	4
2	销钉	4
1	底座	1

底座压铸模

铸件名称：底座
铸件材料：铝合金

200

A—A

34 5 6 7 8 9 10 11 12 13 14 15 16 17

18

160

34 33 32 31 30 29 28 27 26 25 24 23 22 21 20 19 18

1 2

36 35 34

B—B

38 37

40 39

200

A1

B1

B

A1

15

25

100°

30

φ23.6

φ20

8

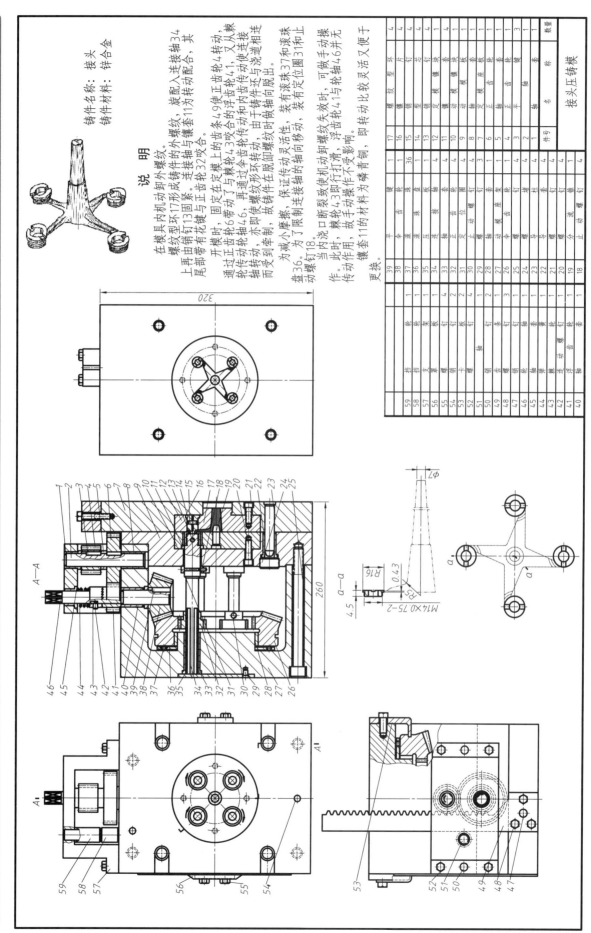

铸件名称：接头
铸件材料：锌合金

说 明

在模具内机动卸螺纹时形成铸件的外螺纹。旋配入连接轴34尾部由销钉13固紧与正齿镶套11为转动配合，其上再由带有花键镶套与正齿镶套11为转动32咬合。连接轴上装有浮齿轮41，又从镶套通过正齿轮6带动齿轮46，再带动齿条上的齿条49使正齿轮4转动，轮转动，亦即使螺纹脱开，由于铸件不与浇道相连而受到牵制，故铸件在脱卸螺纹时从轴向脱出。

为减小摩擦，保证转动灵活性，装有滚珠37和滚珠盘36。为了限制连接轴的轴向移动，装有定位圈31和止动螺钉18。

当内浇口断裂致使机动卸螺纹失效时，可做手动螺操作，此时，蜗轮43即行打滑，浮齿轮41与轮轴46并无传动作用，故手动螺杆的材料为磷青铜，即转动比较灵活又便于更换。

件号	名称	数量	件号	名称	数量	件号	名称	数量
59	挡轮	1	39	平垫	1	17	螺纹镶环	4
58	销轴	1	38	伞轮	1	16	铜管	36
57	支架	1	37	滚珠	36	15	型芯	1
56	垫板	1	36	滚珠盘	1	14	销钉	1
55	螺钉	4	35	压板	1	13	销钉	1
54	销轴	2	34	连接轴	4	12	滚珠	4
53	螺钉	2	33	正齿轮	4	11	镶套	4
52	销轴	1	32	正齿轮	4	10	动模镶块	4
51	齿轮	3	31	定位圈	1	9	定模镶块	4
50	销轴	1	30	螺钉	3	8	定模座板	1
49	齿条	1	29	连接轴	1	7	正齿轮	3
48	销轴	3	28	动模齿轮	1	6	正齿轮	1
47	轮轴	1	27	齿轮	1	5	平垫	4
46	弹簧	4	26	螺钉	4	4	正齿轮	4
45	蜗轮	1	25	螺钉	4	3	伞齿轮	4
44	手动螺杆	1	24	轴套	4	2	镶套	1
43	浮齿轮	1	23	浮齿轮	1	1	浮齿轴	4
42	螺钉	4	22	螺钉	1			
41	正齿轮	1	21	分流螺	1			
40	浮齿轴	1	20	止动螺	4			
			19					
			18					

接头压铸模

320

260

M14×0.75-2

φ47

R16

R5

4.5

0.43

a—a

A—A

A'

A'

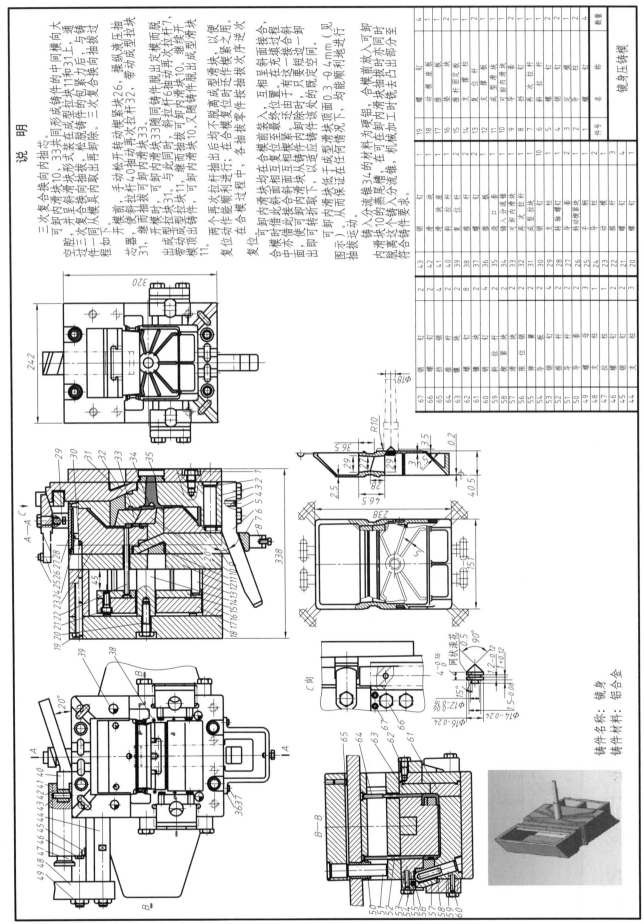

说　明

三次复合横向内抽芯。

三次复合横向内抽芯可卸内滑块10、33共同形成铸件的中间模横向大通铸过空腔，并呈复合块形式装在成型拉型块11和31上，与铸过程如下：

开模前斜导柱松开转动楔紧块26，操纵液压机脱器，继而斜拉杆40抽出卸内滑块31，与此同时，斜拉杆6抽动再次拉杆7，带而松型成型出再滑块33、可卸拉块3；继而抽动时，斜拉杆6抽动再次拉杆10，继续开开成型型成型出再滑块，又随铸件抽出成型滑块11，带动成型横顶出再铸件10，又随铸件脱出的既定次11。

两个再次拉杆抽出后均不脱离成型滑块复位，以便在合模复位至横作楔紧之用；各抽拔零件按次序逆次在合模动作相互复位复相互置后进行。

合模时借此斜面相互楔紧，互相着落顶面铸件成型面到硬件为硬铝，合模前放入卸内滑块10将铸件按入，在可在卸内滑块抽拔时亦同时脱离成型面从而保证充入铸过滑面，只要短一短间空过。

铸入分流锥34的材料为硬铝，铸尾桂槽，机械加工时铣去凸出部分至符合铸件要求。

内滑块10这个滑块低于成型滑块顶面0.3～0.4mm（见图示）均能顺利地进行。脱离复位在铸件既定次处的既定拔铸运动。

铸件名称：镜身
铸件材料：铝合金

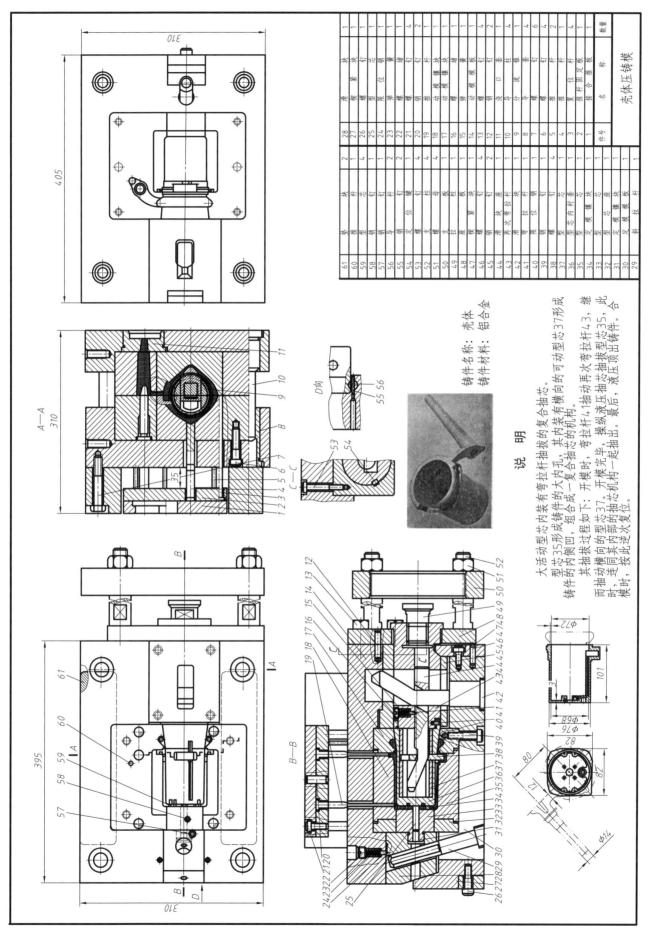

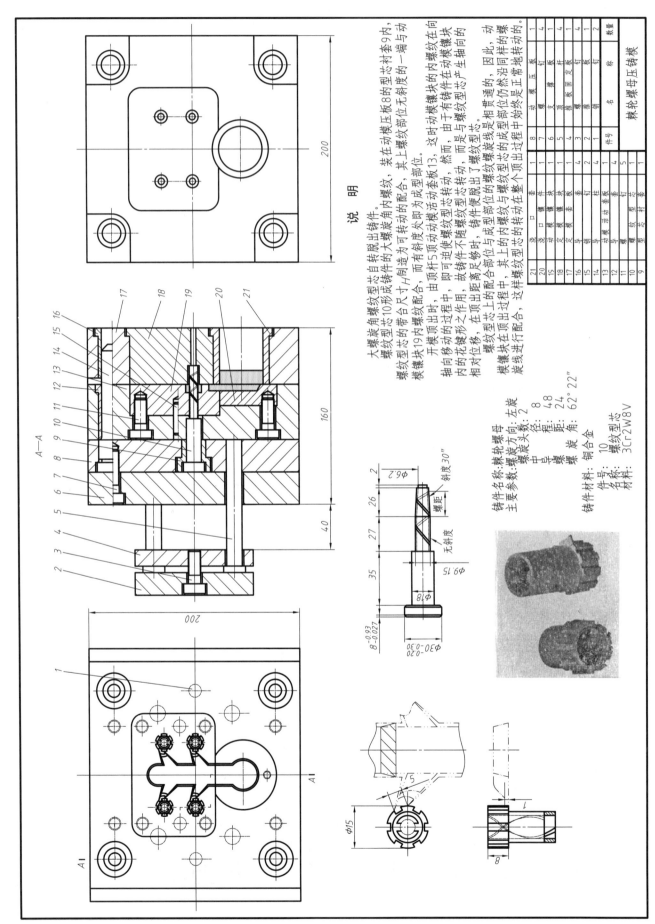

说　明

大螺旋角螺纹型芯自转脱出铸件。

螺纹型芯10形成铸件的大螺旋角内螺纹，装在动模压板8的型芯衬套9内，螺纹型芯的带合尺寸H与制造为可转动大螺旋角无斜度的一端与动模镶块19内螺纹配合，而有斜度处即为成型部位。

开模顶出时，由顶杆5顶动动模活动套套板13，即可进使螺纹型芯转动，然而，由于有铸件在动内螺纹在向轴向移动的花镶形之作用，故铸件不随螺纹型芯转动，而是与螺纹型芯产生轴向的相对位移，在顶出距离足够时，铸件便脱出了螺纹型芯。

螺纹型芯在顶出过程中，其上的内螺纹与成型部位的螺旋线是相贯通的，因此，动模镶块19内螺纹旋出的螺纹与螺纹型芯的螺旋线仍然沿同一螺纹部位的螺旋线进行配合，这样螺纹型芯的转动在整个顶出过程中始终是正常地转动的。

铸件名称：榥轮螺母
主要参数：螺旋方向：左旋
　　　　　旋向头数：2
　　　　　径：8
　　　　　程：48
　　　　　距：24
　　　　　中号螺距
　　　　　旋螺角：62°22″
铸件材料：铜合金
件　号：10
名　称：螺纹型芯
材　料：3Cr2W8V

序号	名称	数量
21	浇口套	1
20	动浇口镶件	4
19	定螺纹镶块	4
18	定模镶块	1
17	导套	4
16	导柱	4
15	销钉	2
14	动模活动套套	1
13	导套	1
12	导柱	2
11	螺钉	4
10	螺纹型芯	5
9	型芯衬套	2
8	动模压板	1
7	推板	1
6	螺钉	4
5	顶杆	4
4	推板固定板	1
3	垫板	1
2	推板	1
1	螺钉	2

榥轮螺母压铸模

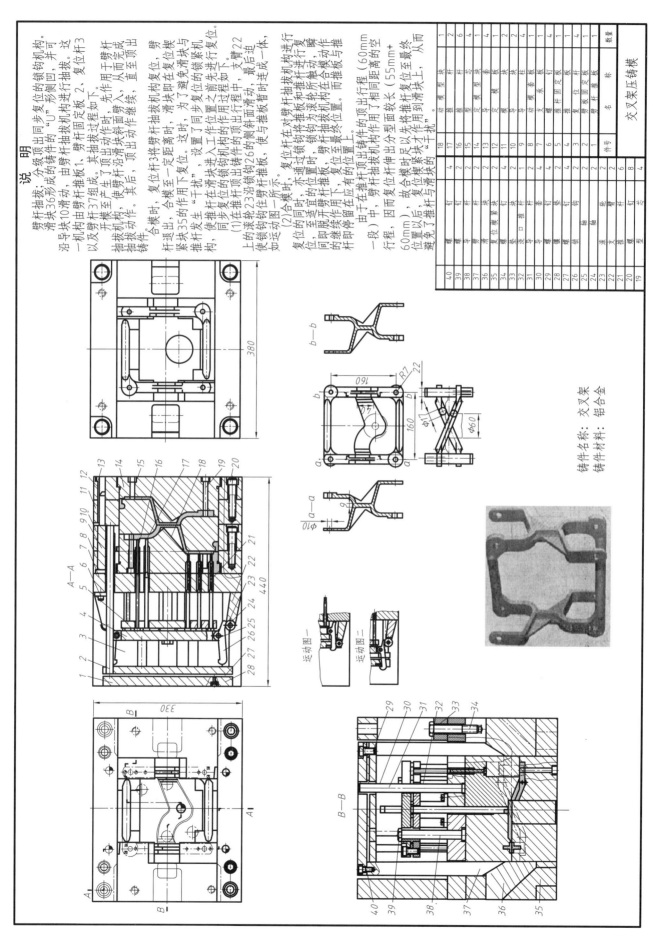

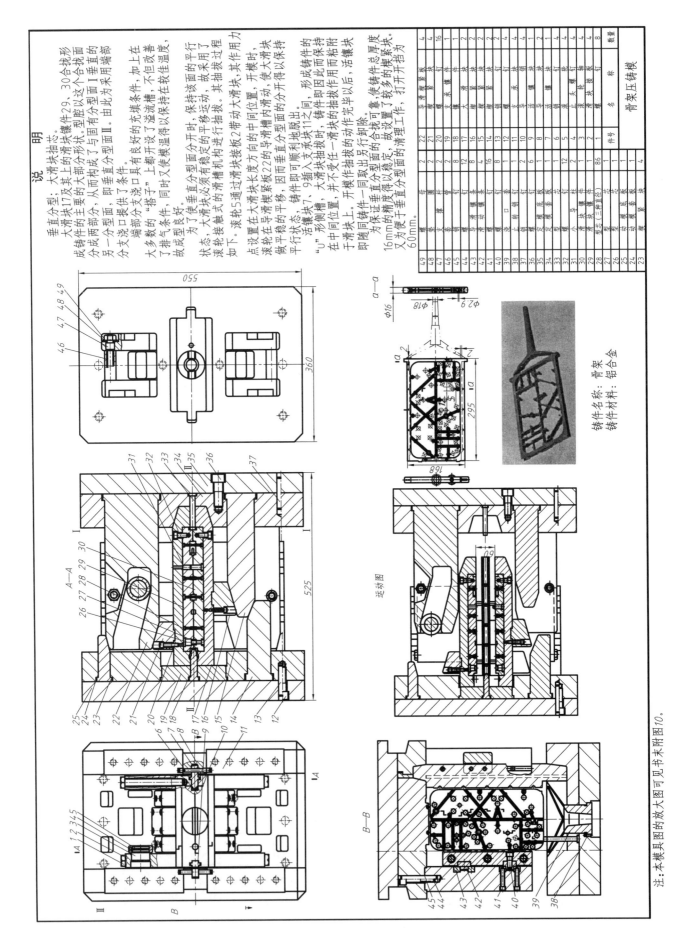

铸件名称：臂架
铸件材料：铝合金

运动图

臂架压铸模

注：本模具图图的放大图可见书末附图10。

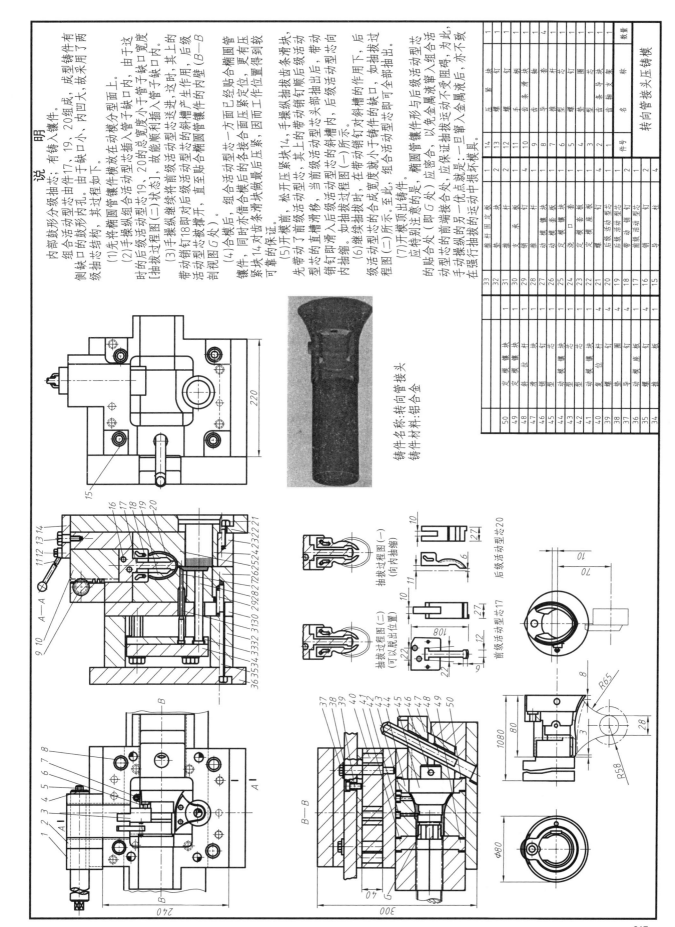

铸件名称：转向管接头
铸件材料：铝合金

抽拔过程图（一）（向内抽缩）

抽拔过程图（二）（可以脱出位置）

后级活动型芯20

前级活动型芯17

说　明

内部鼓形分级抽芯；有铸入镶件。

组合活动型芯由件17、19、20组成，成型铸件有侧缺口的鼓形内孔。由于这级抽芯结构，其过程如下。

（1）先将椭圆管件横放在动模分型面上。

（2）手操纵组合活动型芯插入小于管子缺口宽度的后级活动型芯19、20的总宽度，故能顺利插入管子缺口内。

（3）手操纵继续将前级活动型芯的斜槽送进，这时，其上的带动斜钉18即对后级活动型芯被撑开，直至贴合椭圆管件镶件的内壁[抽拔过程图（二）状态]。如抽出椭圆管件的内壁剖视图（B—B剖视图G处）。

（4）合模后，组合活动型芯一方面已经贴合组合面上紧后级活动型芯借合各接合面的最后压紧，因而工作位置更有压紧到较可靠的保证。镶件，同时亦借合模后各接合面的最后压紧，更有压紧到较可靠的保证。

（5）开模前，松开压紧块14，手操纵抽拔齿条滑块先带动了前级活动型芯，其上的带动斜钉顺序后级活动型芯纵向滑移，当前级活动型芯头部抽出后，后级活动型芯向钉即滑入直槽滑移，在带动斜钉对斜槽件的缺口，后内抽缩[抽拔过程图（一）所示]。

（6）继续抽拔时，在带动斜钉对斜槽件的作用下，后级活动型芯的合成宽度就小于铸件形的缺口，如抽缩过程图（二）所示。至此，组合活动型芯即可全部抽出。

（7）开模顶出时是，椭圆管件形后级活动组合活应贴合处（即G处），应合，以免金属液运动受阻碍，为此，动型芯纵向端接合处，一旦窜入金属液后，手动操纵纵向直槽窜接合处，另一优点就是：在强行抽拔的运动中损坏模具。

转向管接头压铸模

件号	名称	数量	件号	名称	数量
50	定模镶块	1	33	推杆固定板	1
49	定模镶块	1	32	推杆	1
48	斜滑块	1	31	推杆	1
47	滑块导钉	1	30	支承板	1
46	滑槽	1	29	推杆	1
45	动模镶块	1	28	推杆	1
44	定模镶块	1	27	动模镶块	1
43	定模镶块	1	26	动模镶块	1
42	定模座板	1	25	椭圆口镶块	1
41	操纵座板	1	24	动模镶块	1
40	螺钉	4	23	定模座板	1
39	复位圈	4	22	定模座板	1
38	垫	4	21	复位钉	4
37	动型芯座	1	20	后级活动型芯	1
36	螺钉	4	19	后级活动型芯	1
35	动模钉	2	18	带动斜钉	1
34	推板	1	17	前级活动型芯	1
			16	导柱	4
			15	推板	1
			14	压板	1
			13	螺钉	1
			12	螺钉	1
			11	手柄	1
			10	齿条滑块	4
			9	齿轮	1
			8	销	1
			7	齿轮	1
			6	销钉	1
			5	型板	1
			4	齿轮	1
			3	导轨块	1
			2	导轨条	1
			1	支架	1

说　明

浮动滑块抽芯总脱钢铸件。

滑块座9以导钉23为向可与支承板6分合，滑块座8随着滑块座的移动并确定其与动型面平行的的空间位置。

开模时，由于斜拉杆7与滑块斜孔的顶留外侧同隙δ存在，故开模的起始瞬间铸件不已脱离定型芯对模型腔（见运动图一）；继续开模，由于铸件对动模型腔的附着力及其他阻力，故反以克服铸件对杆对模型腔的附着力及铸件在斜拉分开，直至铸件被平钉夹部阻挡为止（见运动图二）；这时铸件也就脱出动模型腔。再继续开模，斜拉杆抽芯，其抽拔距离并不大，铸件则因脱模斜度的缘故，很块就松脱型芯而自行掉出模外。因此，不需设置顶出机构。

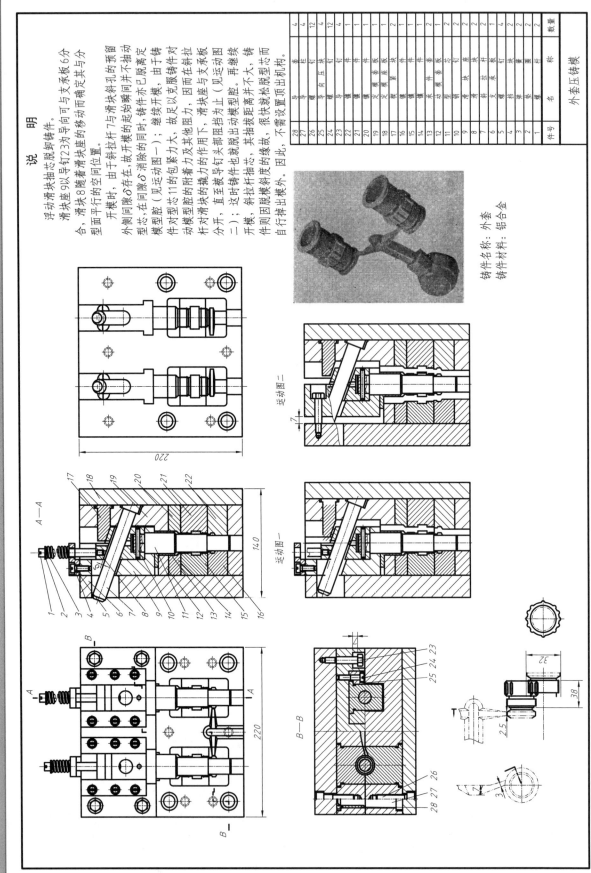

铸件名称：外套
铸件材料：铝合金

A—A　　220　　140

B—B

运动图一　　运动图二

220

32　　38　　2.5

件号	名称	数量
28	导套	4
27	导柱	4
26	螺钉	12
25	导向压块	4
24	导钉	12
23	导钉	4
22	镶件	1
21	镶件	1
20	定模座板	2
19	定模镶块	1
18	定模镶块	1
17	镶件	2
16	镶件	1
15	系件套	2
14	动模座板	2
13	型芯	1
12	销钉	2
11	滑块座	2
10	滑块	2
9	导钉	1
8	斜拉杆	2
7	支承板	2
6	螺钉	4
5	螺母	2
4	弹簧	2
3	挡圈	2
2	弹簧	2
1	螺杆	2

外套压铸模

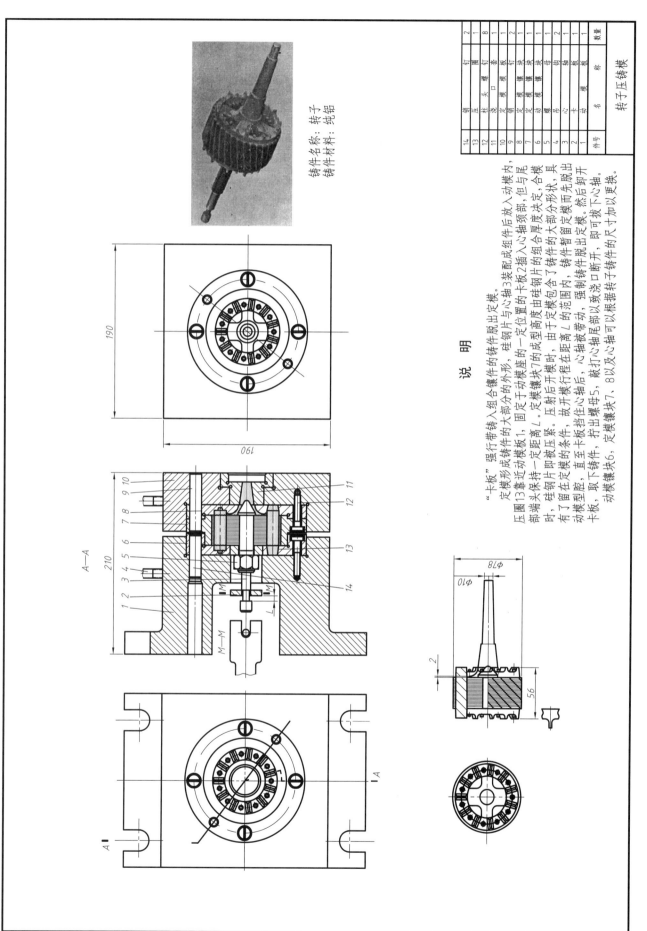

铸件名称：转子

铸件材料：纯铝

件号	名称	数量
14	销钉	2
13	压圈	1
12	柱头螺钉	8
11	浇口模板	1
10	定模镶块	1
9	定模镶块	1
8	定模镶块	1
7	螺母	2
6	吊钩	1
5	轴	1
4	卡板	1
3	心轴	1
2	动模板	1
1		2

转子压铸模

说　明

"卡板"强行带铸件的铸件脱出定模。

定模形成铸件的大部分的外形，硅钢片与心轴3装配成组件后放入动模内，固定成铸座的大部分的外形，硅钢片的一定位置的卡板2插入心轴颈部，但与尾部留头保持一定距离。定模镶块7的成型高度由硅钢片的组合厚度决定，合模压圈13靠近动模座件，固定于动模镶座的心轴3插入心轴颈部，但与尾时，硅钢片即被压紧。压射后开模时，由于定模包含了铸件的大部分形状，合模有了留在定模型腔的条件，故开模行程在距离L的范围内，铸件暂留定模。然后拨开卡板，取下定模的条件，直至卡板挡住心轴母5，心轴被带动，强制铸件脱出定模，即可拔下心轴。动模镶座件6、定模镶块7、8以及心轴可以根据转子铸件的尺寸加以更换。

$\phi78$

$\phi70$

56

2

219

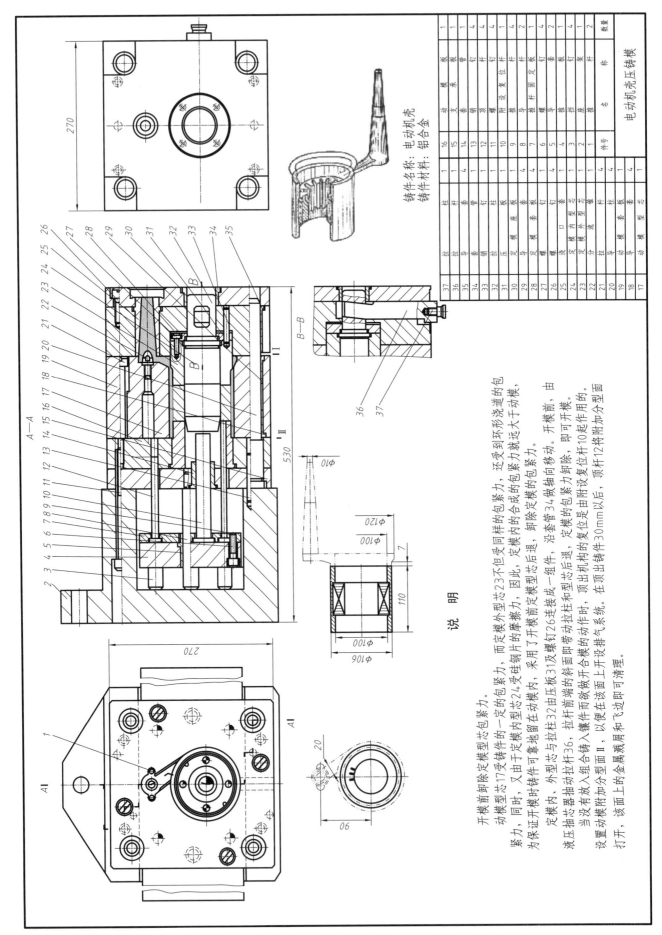

件号	名 称	数量
37	拉杆导套	1
36	拉杆导套	1
35	套管	4
34	套管	1
33	拉杆	1
32	压板	1
31	定模座板	4
30	导套	4
29	螺钉	4
28	套板	1
27	螺钉	4
26	浇口套	1
25	定模内型芯	1
24	定模外型芯	1
23	分流锥	1
22	拉杆	1
21	导套	4
20	导柱	4
19	动模座板	4
18	套板	1
17	动模型芯	1

件号	名 称	数量
16	动模板	1
15	支承板	1
14	套管	4
13	销钉	1
12	顶钉	4
11	螺钉	1
10	附设复位杆	4
9	推板	4
8	导套	1
7	推杆固定板	4
6	销钉	1
5	套板	1
4	导套	4
3	导柱	1
2	底座	1
1	推杆	2

铸件名称：电动机壳
铸件材料：铝合金

电动机壳压铸模

说　明

开模前卸除定模型芯的包紧力。

动模型芯17受铸件的一定的包紧力，而定模外型芯23不受同样的包紧力，还受到环形浇道的包紧力。同时，又由于定模内型芯24受硅钢片的摩擦力，因此，定模内的合成的包紧力就远大于动模。为保证开模时铸件可靠地留在动模内，采用了开模前定模型芯的包紧力。

定模内、外型芯与拉杆32由压柱26连接成一组件，采用压板31及螺钉26连接成一组件，沿套管34做轴向移动。开模前，由液压抽芯器抽动拉杆36，拉杆前端的斜面做开合模的动作时，顶出机构的复位是由附设复位杆10起作用的。

当没有放入组合铸件时，顶出铸件后动带动拉柱和型芯后退，定模型芯的包紧力卸除，即可开模。

设置动模附加分型面Ⅱ，以便在该面上开设排气系统。在顶出铸件30mm以后，顶杆12将附加分型面打开，该面上的金属溅屑和飞边即可清理。

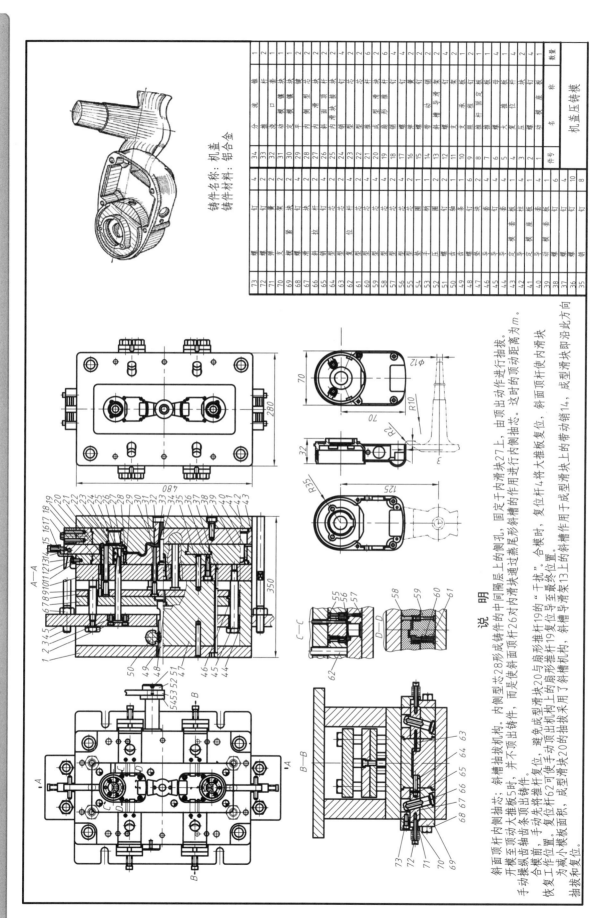

铸件名称：机盖

铸件材料：铝合金

序号	名称	数量	序号	名称	数量
73	螺钉	4	34	分流锥	1
72	螺钉	2	33	浇口套	2
71	支架	2	32	动模镶块	1
70	支架	2	31	定模镶块	2
69	螺钉	4	30	平镶块	2
68	滑块	2	29	内侧滑块	4
67	斜拉杆	4	28	斜拉杆	2
66	销钉	2	27	内侧滑块	4
65	型芯	4	26	锁紧块	6
64	圆销	4	25	型芯	6
63	型芯	2	24	型芯	6
62	型芯	2	23	型芯	4
61	型芯	4	22	型芯	4
60	型芯	4	21	锁紧块	2
59	型芯	4	20	扇形滑块	2
58	型芯	2	19	扇形推杆	4
57	手柄	1	18	弹簧	4
56	圆圈	2	17	弹簧	4
55	导杆	2	16	带导向滑块	2
54	支条	1	15	斜滑导套	4
53	螺钉	4	14	销	2
52	步齿条	1	13	斜槽导滑架	1
51	螺母	4	12	支承板	1
50	螺钉	4	11	垫块	2
49	螺钉	4	10	螺钉	2
48	导套	2	9	推杆固定板	1
47	导套	2	8	推板	1
46	号导柱	4	7	复位杆	4
45	号导柱	4	6	大螺钉	4
44	定位套	1	5	垫块	2
43	号模套	4	4	复位杆	2
42	号螺柱	4	3	螺钉	4
41	号模套	1	2	动模座板	1
40	动模套板	1	1	动模座板	10
39	导套板	1			
38	螺钉	4			
37	螺钉	4			
36	螺钉	10			
35	销	8			

机盖压铸模

说　明

斜面顶杆片内侧抽芯：斜槽抽拔机构。内侧型芯28形成铸件的中间隔层上的侧孔，固定于内滑块27上，由顶出动作进行抽拔。开动模纵齿抽齿条顶出铸件，而内侧顶杆26对内滑块通过燕尾形斜槽斜槽的作用进行内侧抽芯。这时的顶动距离为m。

手动顶至顶动大推板5时，并不顶出铸件。

收复工作位置，复位杆先将推杆复位，避免成型顶出机构上的扇形推杆19复位号至最终位置。合模时，复位杆4将大推板复位，这时的顶动杆斜面顶片内侧抽芯，斜面顶杆使内滑块复位，斜面顶杆19复位号至最终位置。成型滑块13上的斜槽作用于成型滑块即沿此方向抽拔和复位。

合模工作位置，复位杆62可使手动顶出的扇形滑块20的抽拔采用了斜槽机构，斜槽导滑架13上的斜槽作用于成型滑块上的带动销14，成型滑块即沿此方向为减小模面面积，成型滑块20手动顶出铸件，抽拔和复位。

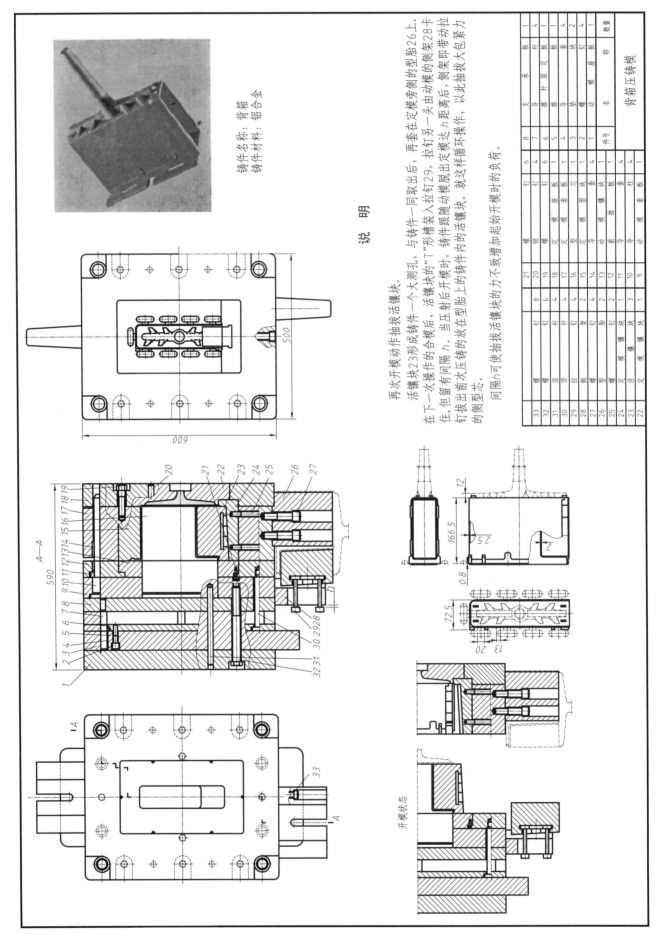

铸件名称：背箱
铸件材料：铝合金

说　明

再次开模动作抽拔活镶块。

活镶块23形成铸件一个大测孔，活镶块的"T"形槽装入拉钉29，拉钉另一头由动模的侧架28卡住，但留有间隔 h。当压射后开模时，铸件跟随动模脱出定模这 h 距离间，侧架跟带动拉钉拔出前次压铸的放在型胎上的铸件内的活镶块。就这样循环操作，以此抽拔大包环型力的侧型芯。

间隔 h 可使抽拔活镶块的力不致增加起始开模时的负荷。

在下一次操作的合模后，与铸件一同取出后，再套在定模劳侧的型胎26上。

33	螺钉	8			21	螺钉	6		8	支承板	1
32	顶钉	6			20	螺钉	4		7	导杆	4
31	顶杆	4			19	定座板	6		6	推杆固定板	1
30	拉杆	4			18	定型板	4		5	推座	4
29	拉钉	2			17	定型块	2		4	导套	4
28	侧架	4			16	定型块	4		3	导套	2
27	螺钉	2			15	导杆	4		2	螺钉	2
26	型胎	2			14	拉钉	2		1	动模座板	1
25	螺钉	1			13	动侧架	2		件号	名称	数量
24	镶块	3			12	前胎	1			背箱压铸模	
23	镶块	1			11	导杆	1				
22	定模镶块	1			10	套块	3				
					9	动模套块	1				

开模状态

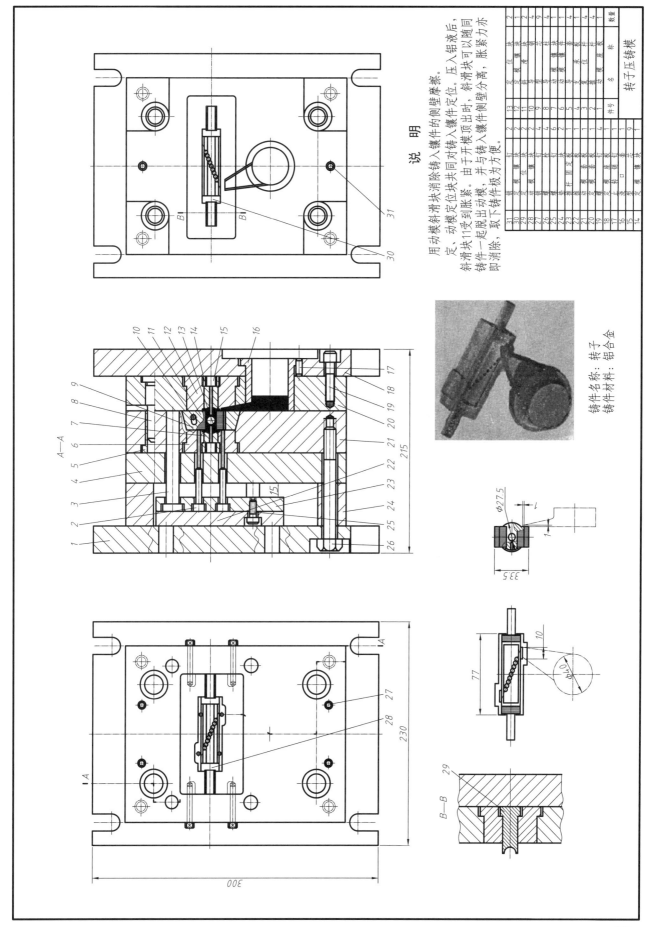

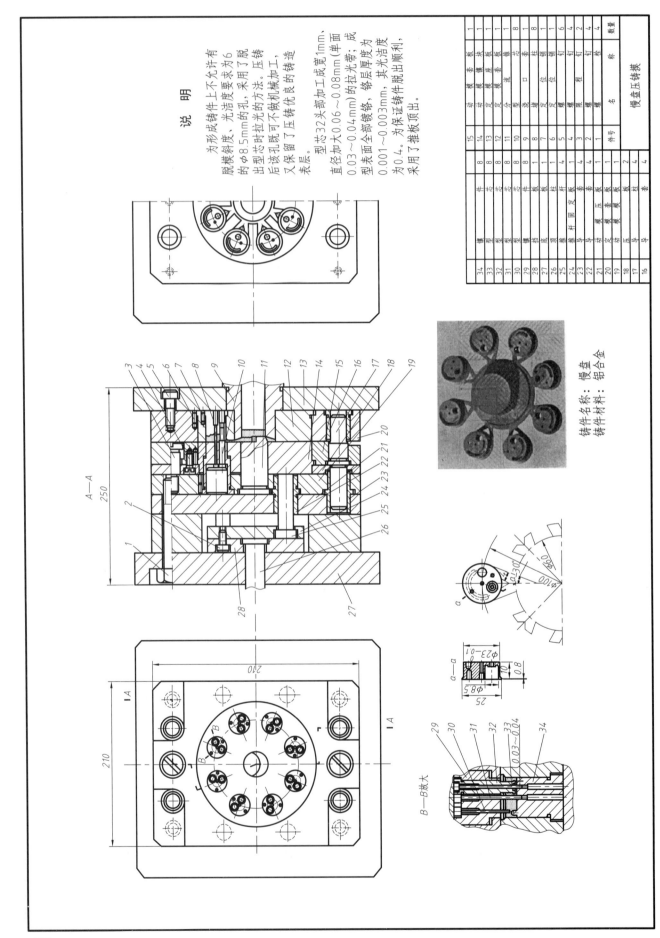

说　明

为形成铸件上不允许有脱模斜度、光洁度要求为6的φ8.5mm的孔,采用了脱出型芯时芯光的方法。压铸后该孔既可不做机械加工,又保留了压铸优良的铸造表层。

型芯32头部加工成宽1mm、直径加大0.06～0.08mm(单面0.03～0.04mm)的拉光带;成型表面全部镀铬,铬层厚度为0.001～0.003mm,其光洁度为0.4。为保证铸件脱出顺利,采用了推板顶出。

铸件名称:慢盘
铸件材料:铝合金

B—B放大

A—A

序号	件数		序号	名称	数量
16	4	导柱	1		1
17	4	导套	2		1
18	1	导柱	3	动模座板	1
19	1	动模套板	4	定模套板	1
20	4	压板	5	定模镶块	1
21	4	导套	6	分流锥	8
22	4	导柱	7	浇口套	8
23	1	定模套板	8	定位圈	1
24	1	压板	9	螺钉	6
25	6	推杆	10	螺钉	4
26	8	推杆固定板	11	螺钉	2
27	1	型芯	12	螺钉	4
28	1	型芯	13	套	4
29	8	型芯	14		
30	8	型芯	15		
31	8	型芯			
32	8	型芯			
33	8				
34	4	套板			

慢盘压铸模

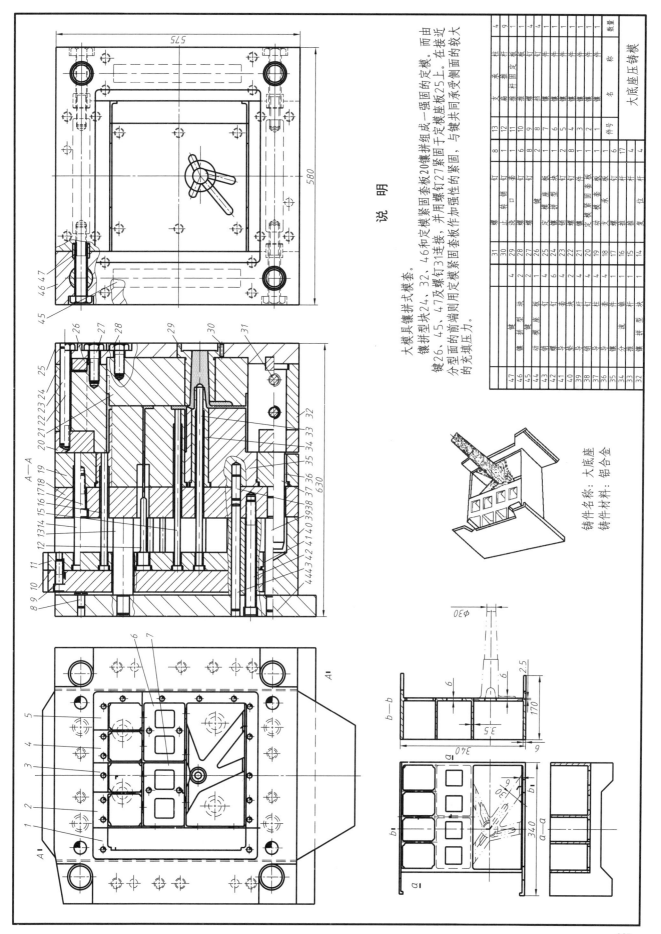

说　明

大模具镶拼式模套。

镶拼型块24、32、46和定模紧固套板20镶拼组成一强固的定模。而由键26、45、47及螺钉31连接，并用螺钉27紧固于定模座板25上。在接近分型面的前端则用定模紧固套板作端性的紧固，与键共同承受侧面的较大的充填压力。

铸件名称：大底座
铸件材料：铝合金

大底座压铸模

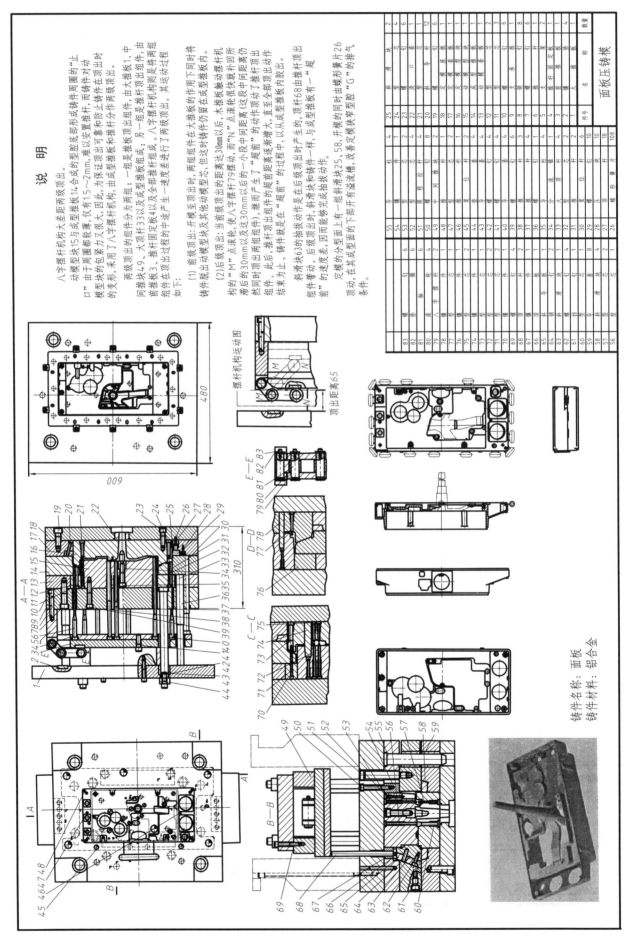

说　明

八字摆杆机构的大差距型两级顶出。

动模型块形15与成型镶块14合成型腔底部形成铸件周围的"止口"，由于周围都较厚，仅有1.5～2mm，准以安置推杆，而铸件在动时模型块的包紧力又限大，因此，为保证顶出可靠和防止铸件在动作时顶出模型块的变形，采用了八字摆杆机构，由成型推板和推杆分作两级顶出。

两级顶出的组件分为两组：一组是推板顶出组，由大推板1、中间推件本49、大顶杆33以及成型推板组成，另一组是推杆顶出组，由前推件板3、推杆固定板4以及全部推杆组成。八字摆杆机构则是将最终两组组件在顶出过程中产生一速度差进行了两级顶出。其运动过程如下：

(1) 前级顶出：开模至顶出作用在大推板的作用下同时将铸件脱出动模型块及其他动模型芯，但这时铸件仍留在成型推板内。

(2) 后级顶出：当前级顶出的距离送到30mm以后，而"N"点滚轮快就补随同所滞后的30mm以及30mm以后的一小段（这段由中间距离的推杆顶出机构由"M"点滚轮，使八字摆杆79摆动，而"N"点滚轮限快补随动摆杆机然后产生了"超前"的动作推杆顶动3推杆顶出结束为止。推件顶出组件的超前距离逐渐增大，直至全部顶出动作结束。此后，推杆顶出组件在"超前"的过程中，以从成型推板内脱出。

斜滑块63顶出作复在后级顶出时产生的顶针68由推杆顶出组件推动时，斜滑块和铸件一样，与成型推板有一"超前"的速度差，定模的分离面上有一组斜滑槽25、58，开模的同时由定模侧型腔"G"的顶动，在其成型面的下部开有溢流槽，改善定模侧窄型腔"G"的排气条件。

摆杆机构运动图

顶出距离65

铸件名称：面板
铸件材料：铝合金

面板压铸模

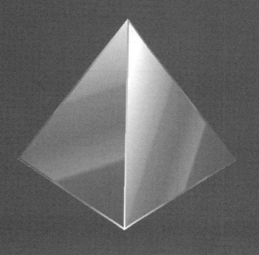

第8章

通用母子模结构

- 卧式压铸机通用母模
- 立式压铸机通用母模

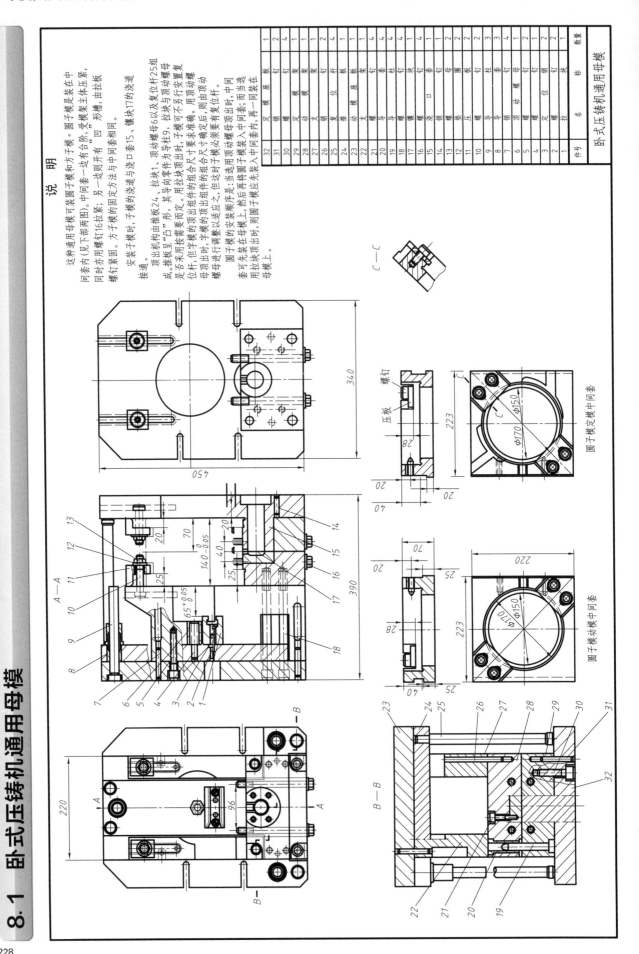

8.1 卧式压铸机通用母模

说　明

这种通用母模可装圆子模和方子模。圆子模是装在中间套内(见下部两图)。中间套的一边用合钉，受模主体压紧，同时亦用螺钉套16拉紧；另一边则开有"回"形槽，由拉板螺钉紧固。方子模的固定方法与中间套相同。

安装子模时，子模的浇道与浇口套15，镶块17的浇道接通。

顶出机构由推板24，拉块1，顶动螺母6以及复位杆25组成。推板呈"凸"形，其导向零件为导柱9，拉块与顶动螺母是否采用按需要而定。用拉块顶出时，子模可不另行安置复位杆。用顶动螺母顶出时，则由顶动螺母进行调整。顶出组件的组合尺寸中要求准确定后，然后再将圆子模装入中间套内，而当选用拉块顶出时，圆子模应先装入中间套内，再一套内...

图子模先装在母模上，然后再将圆子模装入中间套内，而当选用拉块顶出时，圆子模应先装入中间套内，再一母模上。

件号	名　称	数量
32	定模座板	1
31	销钉	2
30	定模紧固螺钉	4
29	动模紧固螺钉	1
28	支架	1
27	镶块	1
26	复位杆	2
25	复位杆	1
24	推动板	1
23	动模座板	1
22	支架	2
21	螺钉	4
20	导号导柱	4
19	导柱	28
18	滑槽	1
17	浇口	2
16	螺母套	2
15	浇口套	1
14	螺母圆锥	2
13	圆锥	2
12	压板	3
11	螺钉	1
10	导柱	4
9	导号导柱	4
8	顶板	1
7	顶动螺母	2
6	顶动螺母	1
5	螺钉	1
4	螺钉头	1
3	顶钉	2
2	定位块	1
1	拉块	1

卧式压铸机通用母模

圆子模定模中间套

圆子模动模中间套

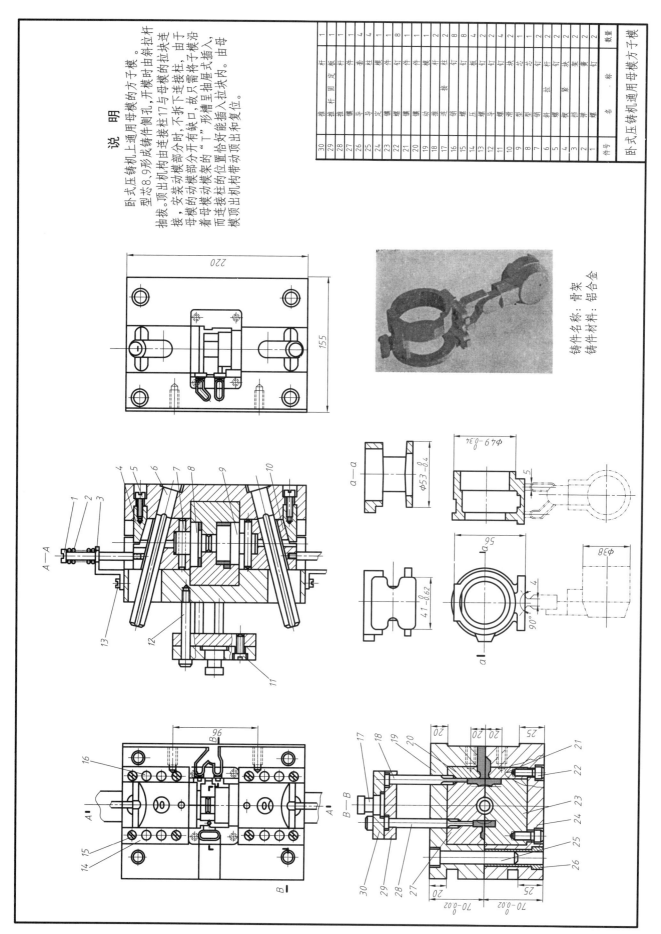

卧式压铸机上通用母模的方子模。型芯顶出机构由连接柱17与母模的拉杆连接，安装动模部分时，不拆下连接柱。由于母模的动模部分开有缺口，故只需抽屉式插入，着连接柱的位置恰好能插入拉块内。由母模顶出机构带动顶出和复位。型芯8、9形成铸件侧孔，开模时由斜拉杆抽拔。顶出机构的拉块沿着母模动模架的位置恰好能插入拉块内，而连接柱呈"凸"形槽呈抽屉展式插入。由母模动模顶出机构带动顶出和复位。

序号	名　称	数量
30	推　杆	1
29	推杆固定板	1
28	推　杆	1
27	镶　件	4
26	导　柱	4
25	定　模	1
24	镶　件	8
23	螺　钉	1
22	镶　件	1
21	镶　件	2
20	动　模	2
19	连接柱	8
18	销　钉	4
17	连接柱	2
16	螺　钉	4
15	压　板	2
14	螺　钉	1
13	导　销	2
12	螺　钉	4
11	型　芯	1
10	滑　销	2
9	型　芯	1
8	螺　钉	2
7	斜拉杆	2
6	拉　块	2
5	楔　块	2
4	挡　块	1
3	弹　簧	2
2	销　钉	2
1	挡　块	2

卧式压铸机通用母模方子模

铸件名称：眉架
铸件材料：铝合金

220
155

$\phi 53^{0}_{-0.4}$
$\phi 49^{0}_{-0.34}$
$a-a$
5
95
$41^{0}_{-0.62}$
$90°$
4
$\phi 38$
a

96
$70^{0}_{-0.02}$
$70^{0}_{-0.02}$
20
20
20
20
25
25

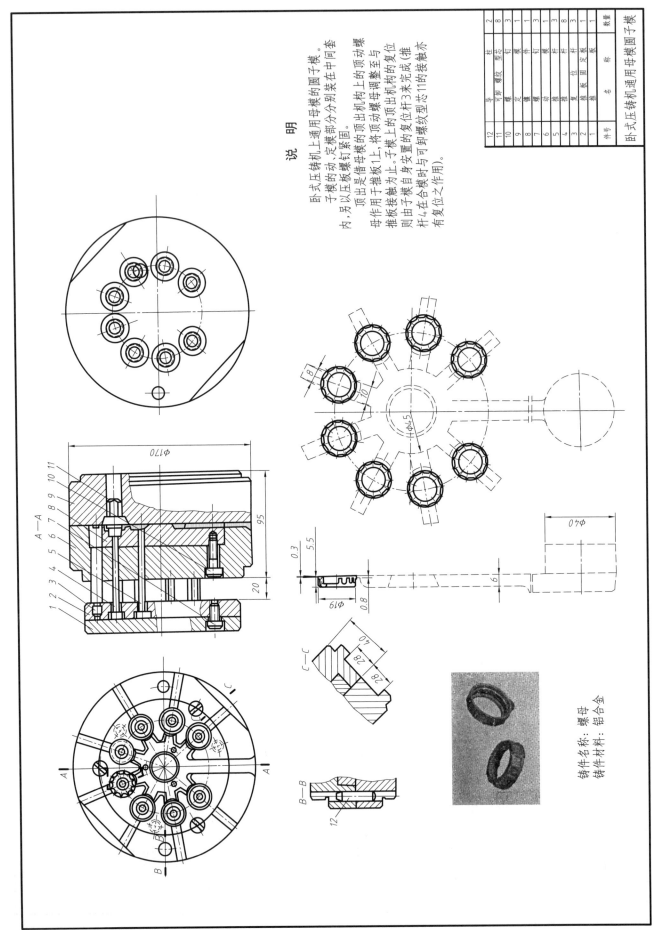

说　明

卧式压铸机上通用母模的圆子模。子模的动、定模部分分别装在中间套内，另以压板用螺钉紧固。

顶出是借母模的顶出机构上的顶动螺母作用是借母模的顶出机构上的顶动螺母调整至与推板接触为止。子模上的顶出机构的复位推板接触为止。子模上的顶出机构的复位则由子模自身安置的复位杆3来完成（推杆4在合模时与卸螺纹型芯11的接触亦有复位之作用）。

序号	名称	数量
12	导向螺纹型芯	2
11	卸螺纹型芯	8
10	螺钉	3
9	定模套	1
8	螺钉	3
7	顶动螺母	1
6	推杆	3
5	推杆	8
4	推杆	1
3	复位杆	3
2	推板固定板	1
1	推板	1

卧式压铸机通用母模圆子模

铸件名称：螺母
铸件材料：铝合金

8.2 立式压铸机通用母模

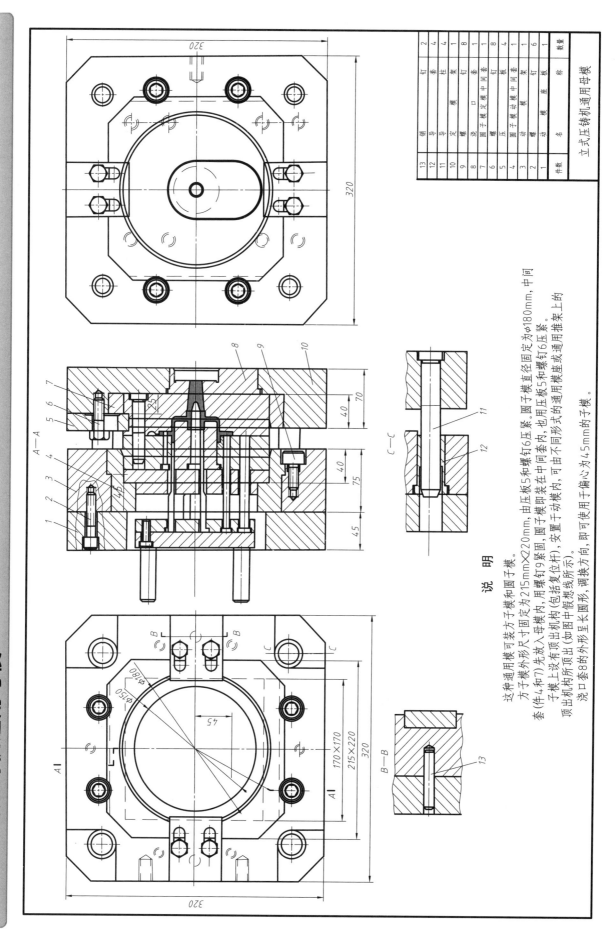

件数		名 称	数量
13		销 钉	2
12		导 套	4
11		定 柱	4
10		螺 钉	1
9		浇口套	8
8		圆子模定模中间套	1
7		螺 钉	8
6		圆子模动模	4
5		螺 钉	1
4		圆子模动模中间套	1
3		螺 钉	6
2		动 模	1
1		座 垫板	1
		立式压铸机通用母模	

说　明

这种通用模可装方子模和圆子模。

方子模外形尺寸定为215mm×220mm，由压板5和螺钉6压紧。圆子模直径定为φ180mm，中间套(件4和7)先放入母模内，用螺钉9紧固，圆子模即装在中间套内，也用压板5和螺钉6压紧。

子模上没有顶出机构(包括复位杆)，安置于动模内，可由不同形式的通用模座或通用推架上的顶出机构所顶出(如图中假想线所示)。

浇口套8的外形呈长圆形，调换方向，即可使用子偏心45mm的子模。

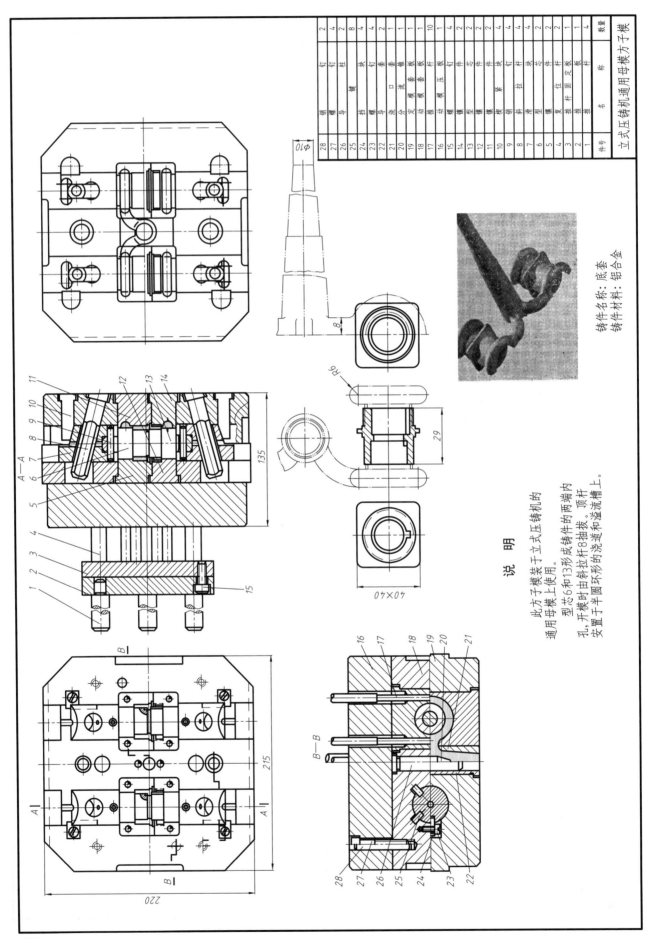

铸件名称:底套
铸件材料:铝合金

立式压铸机通用母模方子模

件号	名称	数量
28	销钉	2
27	螺钉	4
26	导柱	8
25	挡块	4
24	螺钉	2
23	导套	1
22	浇口套	1
21	流道套	10
20	分浇道镶块	1
19	定模套板	4
18	动模套板	2
17	动模压板	2
16	螺钉	4
15	镶型拉杆	4
14	型镶件	4
13	镶块	2
12	斜拉杆	2
11	销钉	1
10	导柱	1
9	滑型镶件	4
8	斜拉杆	4
7	型镶件	4
6	型芯	2
5	复位杆	2
4	推杆固定板	1
3	定模板	1
2	推板	1
1	推杆	4

说 明

此方子模装于立式压铸机的
通用母模上使用。

型芯6和13形成铸件的两端内
孔,开模时由斜拉杆8抽拔。顶杆
安置于半圆环形的浇道和溢流槽上。

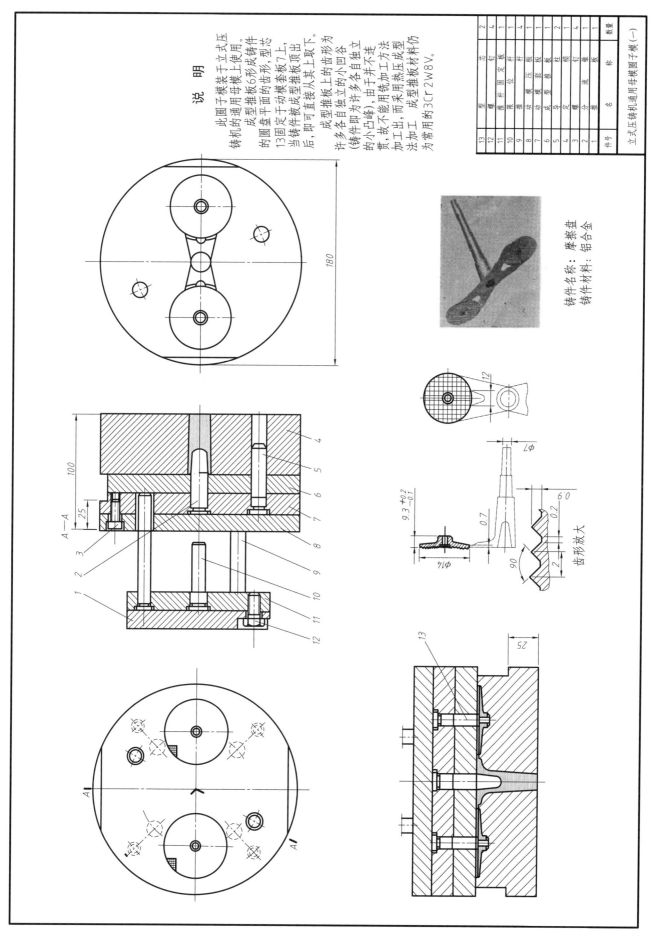

说　明

此圆子模装于立式压铸机的通用型母模上使用。

成型推板 6 形成铸件的圆盘平面的齿形，型芯 13 固定于动模套板 7 上，当铸件被成型推板顶出后，即可直接从其上取下。

成型推板上的齿形为许多各自独立的小凹台（铸件即为许多各自独立的小凸峰），故不能用铣加工方法加工出，而采用热压成型法加工，成型推板材料仍为常用的 3Cr 2W8V。

铸件名称：摩擦盘
铸件材料：铝合金

齿形放大

件号	名　称	数量
13	型　芯	2
12	螺　钉	4
11	推杆固定板	1
10	定位板	4
9	限位杆	1
8	推　杆	4
7	动模套板	1
6	成型推板	2
5	垫　板	2
4	定模套板	1
3	螺　钉	4
2	分流锥	1
1	推　板	1

立式压铸机通用母模圆子模（一）

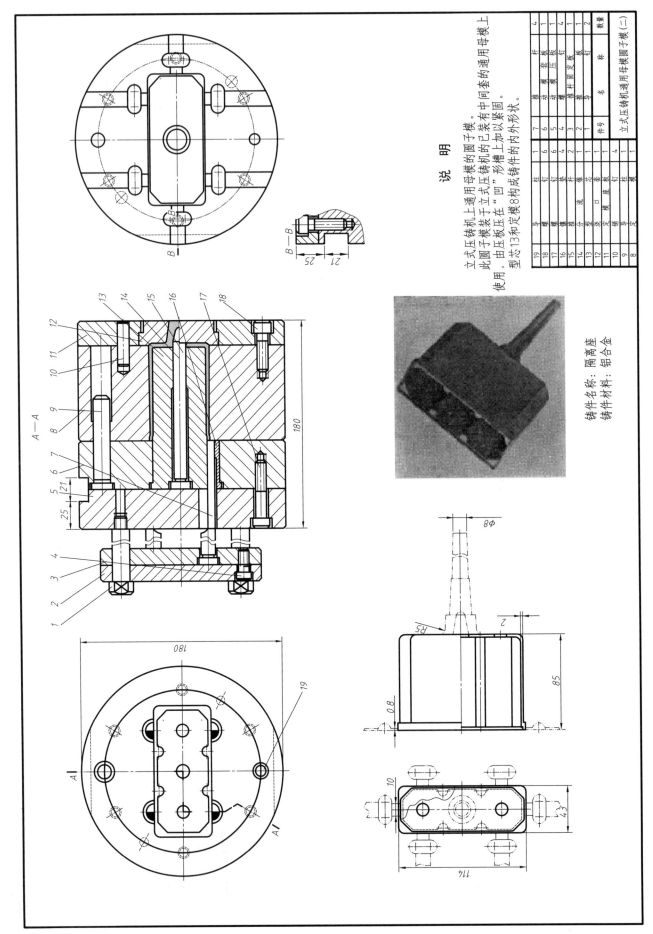

说　明

立式压铸机上通用母模模的圆子模。

此圆子模装于立式压铸机的中间套有中间套形有的通用母模模上使用。由压板压在"凹"形槽上加以紧固。型芯13和定模8构成铸件的内外形状。

铸件名称：隔离座
铸件材料：铝合金

序号	名　称	数量
7	推杆	4
6	动模套板	1
5	动模压板	4
4	推杆固定板	1
3	推杆	1
1	推杆	2

立式压铸机通用母模模圆子模（二）

序号	名　称	数量
19	导套	1
18	螺钉	6
17	螺钉	6
16	推杆	4
15	推杆	2
14	分流锥	1
13	型芯	1
12	浇口套	1
11	定模座	4
10	定模	1
9	导柱	1
8	导套	1

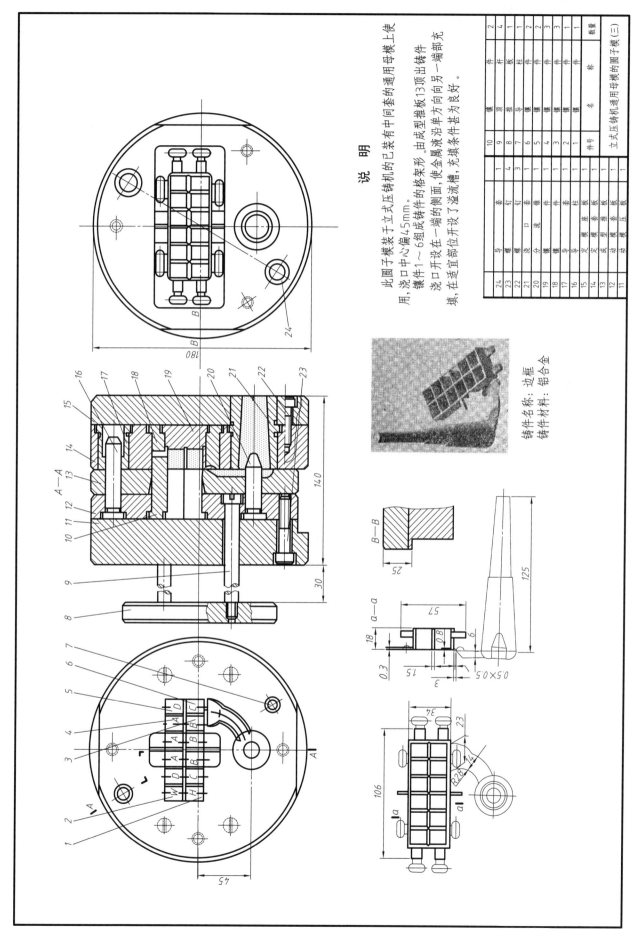

说　明

此圆子模装于立式压铸机的通用母子模上使用，浇口中心偏45mm。

镶件1～6组成铸件的格架形，由成型推板13顶出铸件。

浇口开设在一端铸件的侧面，使金属液沿单方向向另一端部充填，在适宜部位开设了溢流槽，充填条件甚为良好。

铸件名称：边框
铸件材料：铝合金

件号	名　称	数量		件号	名　称	数量
10	镶件	2		24	导套	1
9	顶杆	4		23	螺钉	4
8	推板	1		22	镶钉	3
7	导柱	2		21	导套	1
6	镶件	1		20	浇口	1
5	镶件	3		19	分流镶件	1
4	镶件	3		18	镶件	1
3	镶件	3		17	导柱	1
2	镶件	1		16	定模座板	1
1	镶件	1		15	定模套板	1
				14	成型单推板	1
				13	成型推板	1
				12	动模套板	1
				11	动模座板	1

立式压铸机通用母子模的圆子模（三）

第9章

各类典型压铸件浇注系统图

- 圆筒类压铸件
- 平板类压铸件
- 罩壳类压铸件
- 接插类压铸件
- 框架类压铸件
- 支架类压铸件
- 底座类压铸件
- 其他类压铸件

9.1 圆筒类压铸件

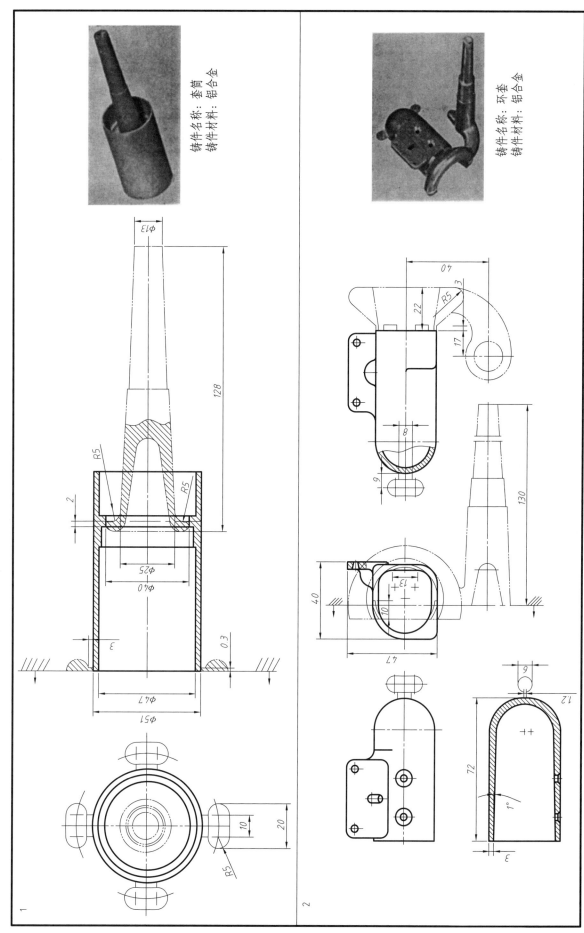

铸件名称：套筒
铸件材料：铝合金

铸件名称：环套
铸件材料：铝合金

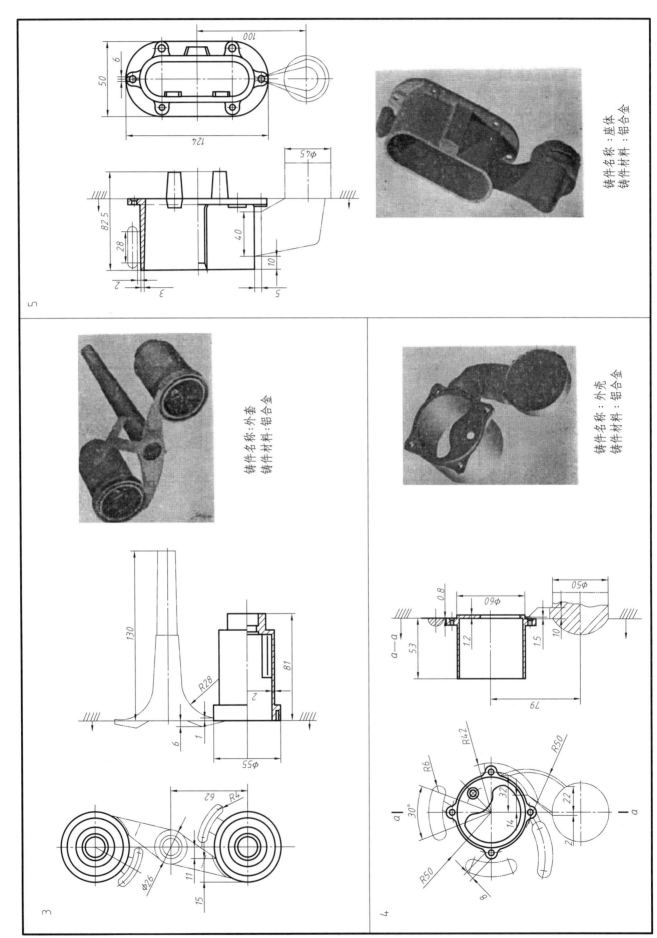

铸件名称：座体　铸件材料：铝合金

铸件名称：外套　铸件材料：铝合金

铸件名称：外壳　铸件材料：铝合金

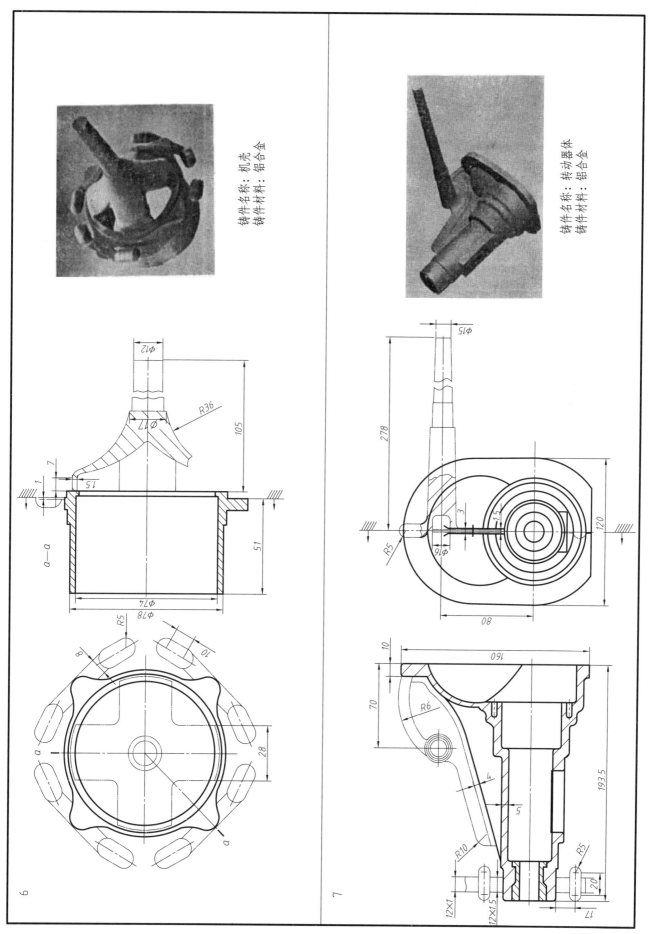

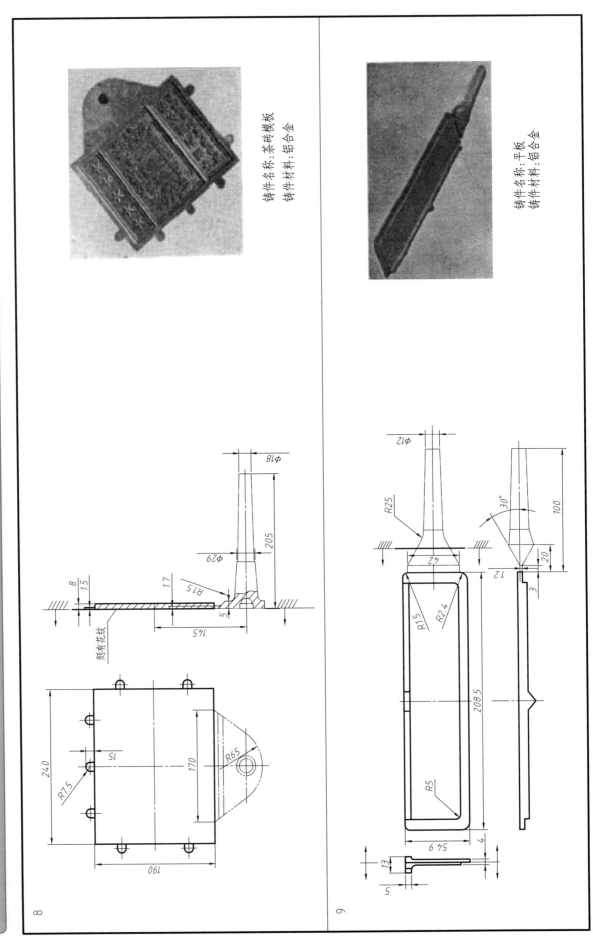

9.2 平板类压铸件

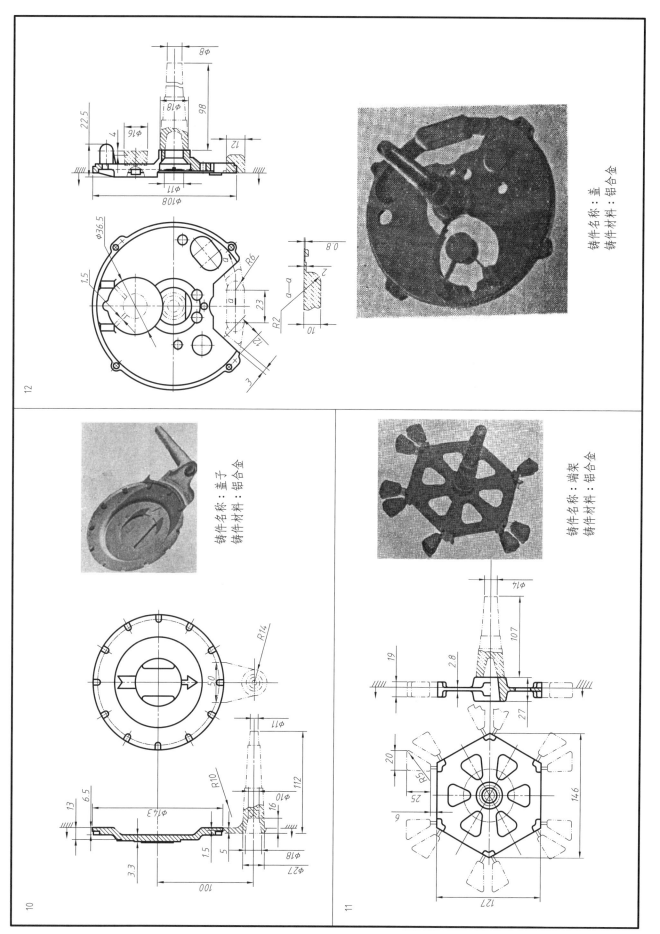

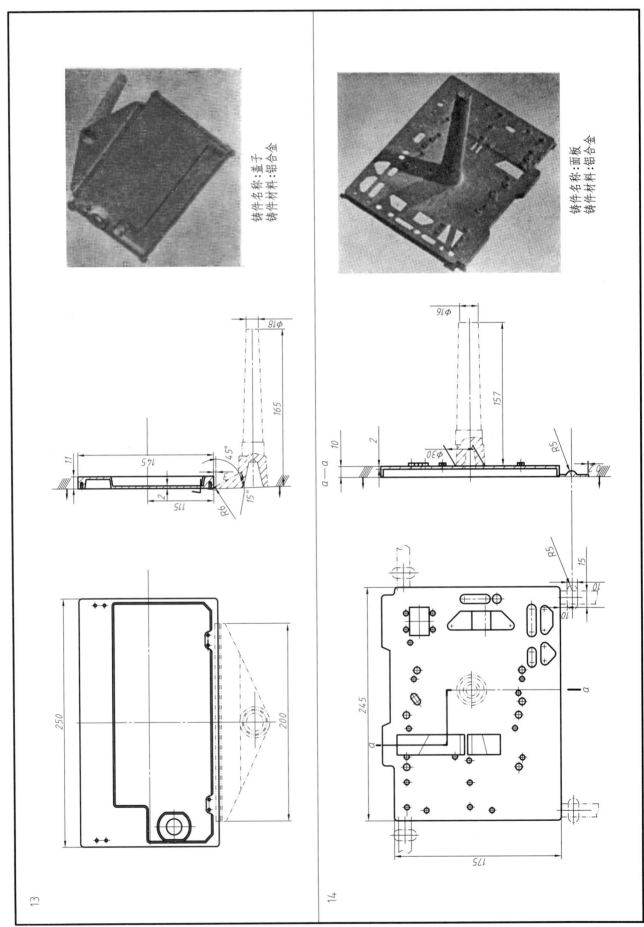

铸件名称：盖子
铸件材料：铝合金

铸件名称：面板
铸件材料：铝合金

13

14

9.3 罩壳类压铸件

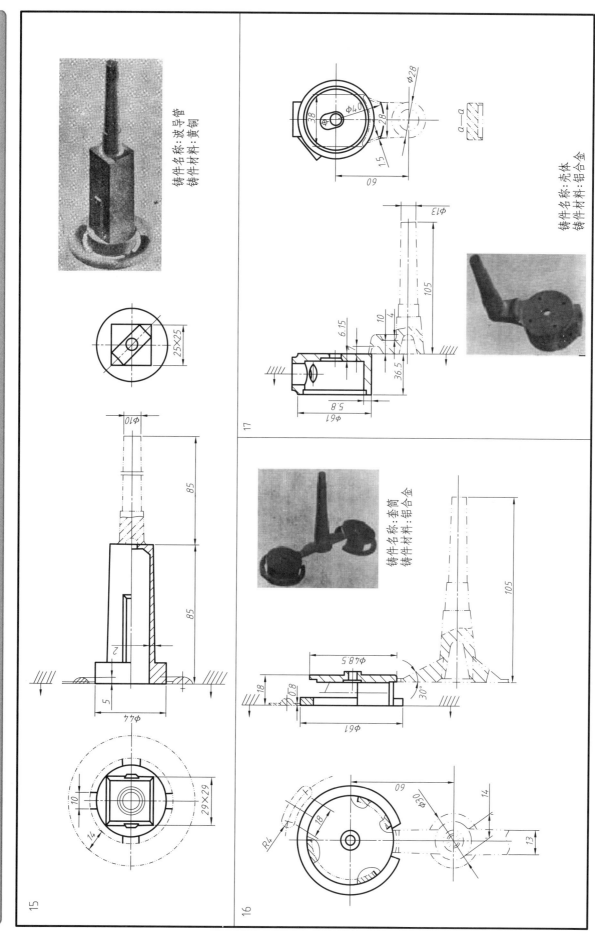

铸件名称：波导管
铸件材料：黄铜

铸件名称：壳体
铸件材料：铝合金

铸件名称：套筒
铸件材料：铝合金

15

16

17

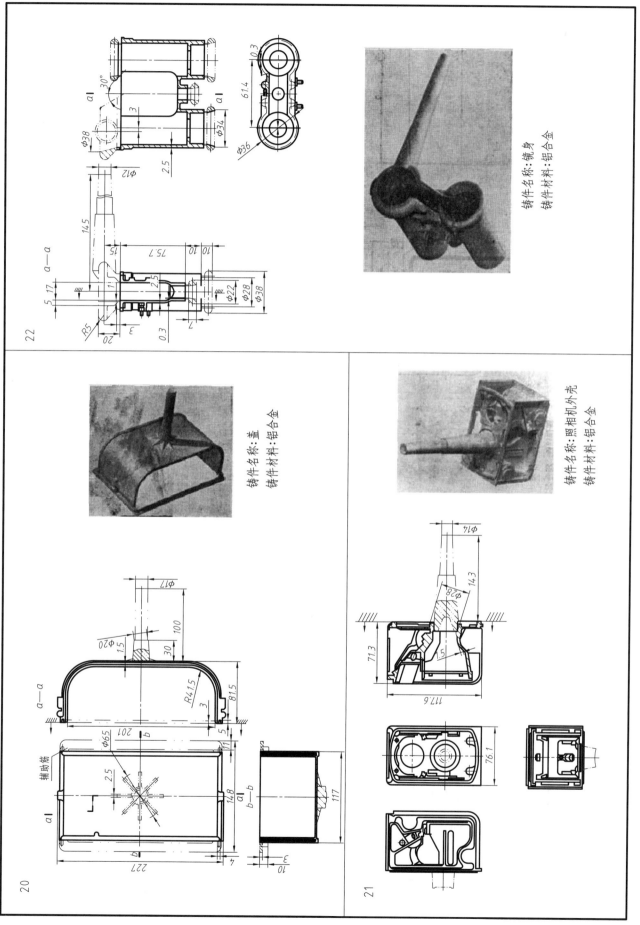

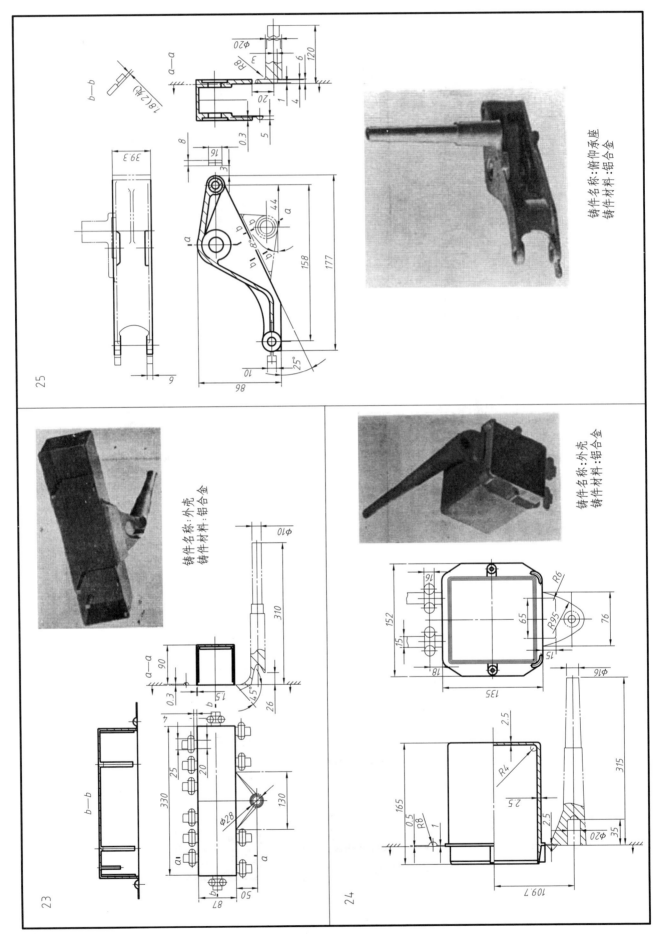

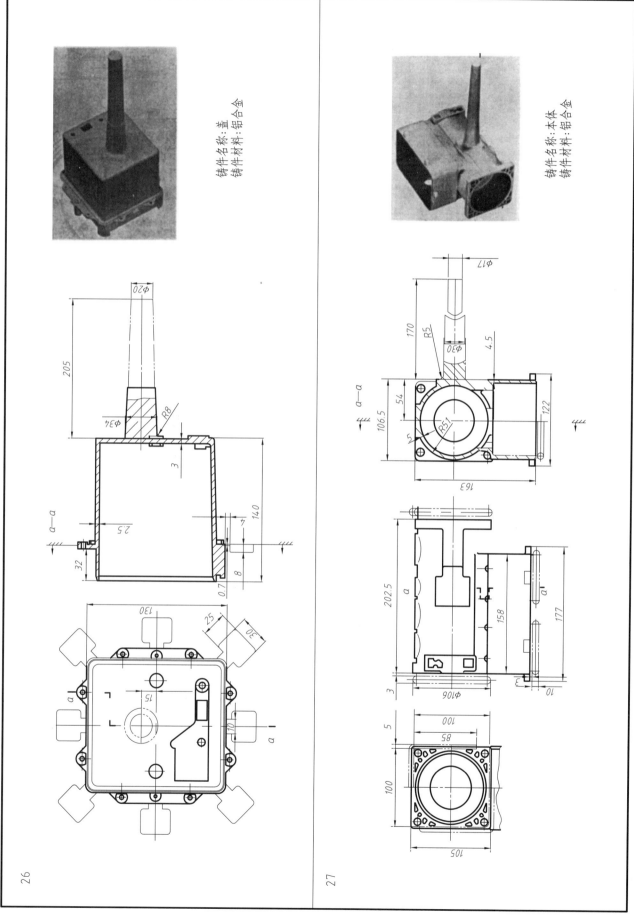

铸件名称：盖
铸件材料：铝合金

铸件名称：本体
铸件材料：铝合金

26

27

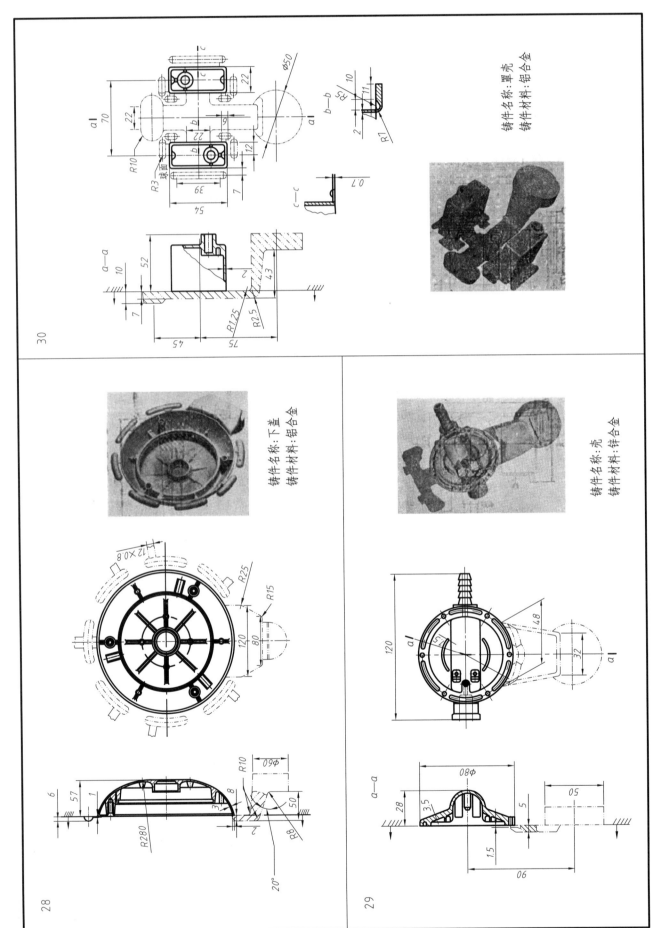

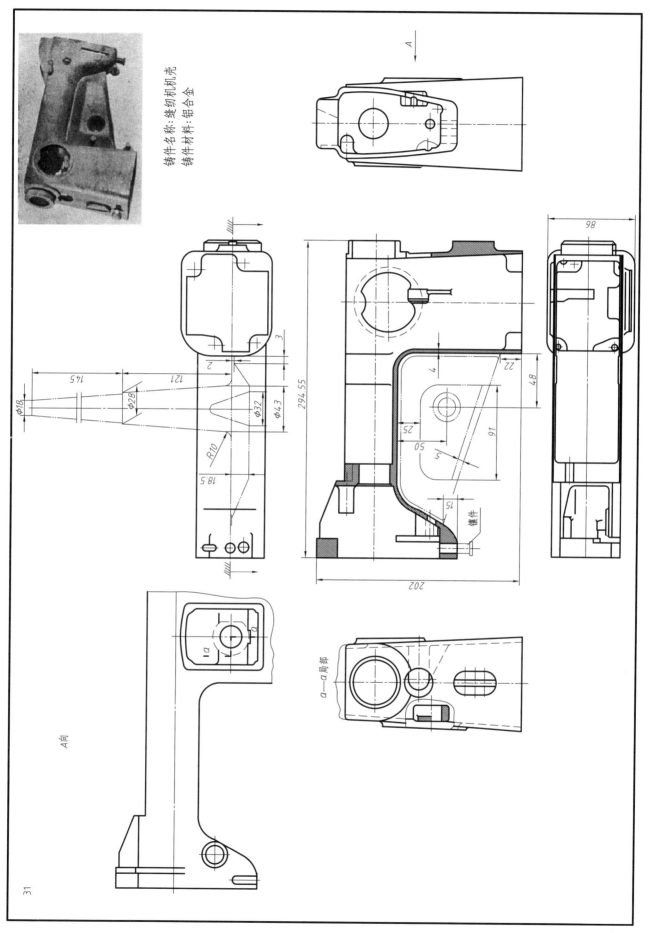

铸件名称:缝纫机机壳

铸件材料:铝合金

9.4 接插类压铸件

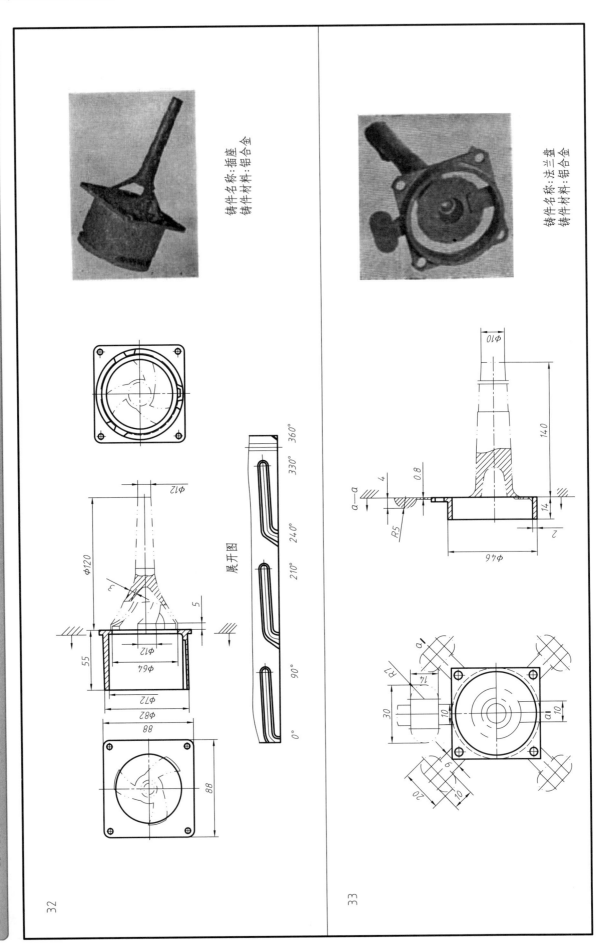

铸件名称:插座
铸件材料:铝合金

铸件名称:法兰盘
铸件材料:铝合金

展开图

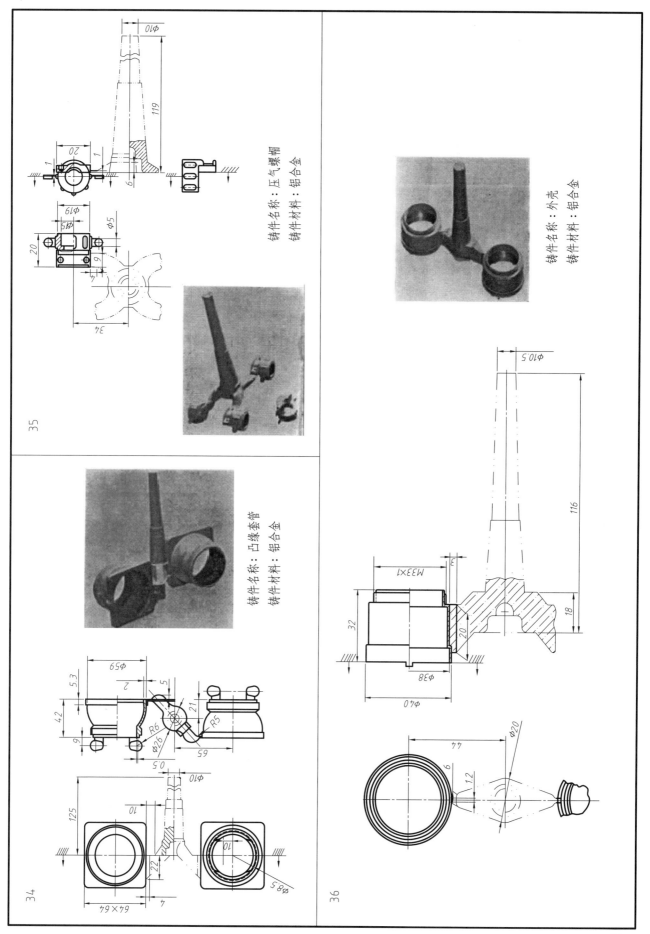

铸件名称：压气螺帽
铸件材料：铝合金

铸件名称：外壳
铸件材料：铝合金

铸件名称：凸缘套管
铸件材料：铝合金

35

34

36

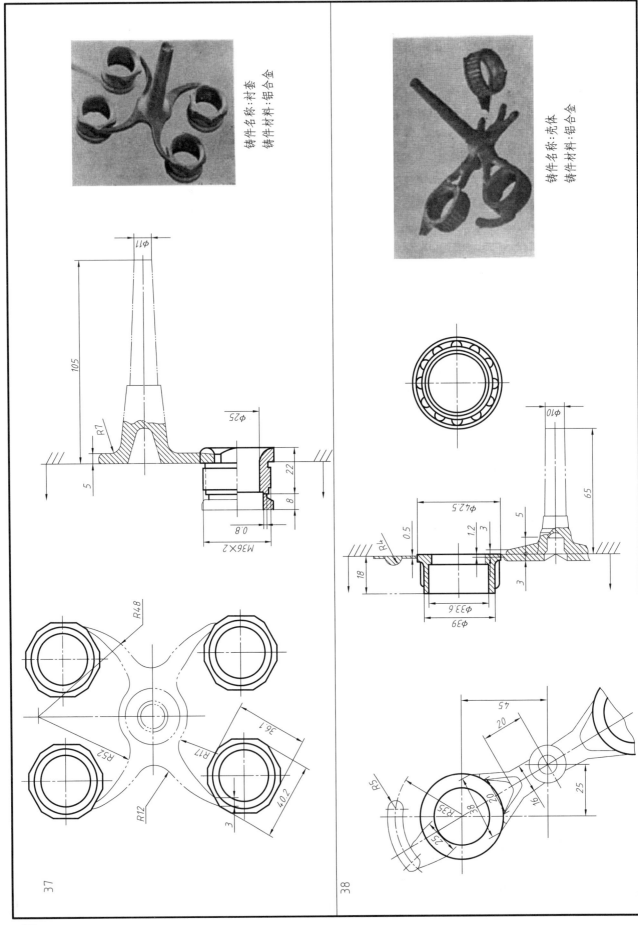

铸件名称：衬套
铸件材料：铝合金

铸件名称：壳体
铸件材料：铝合金

37

38

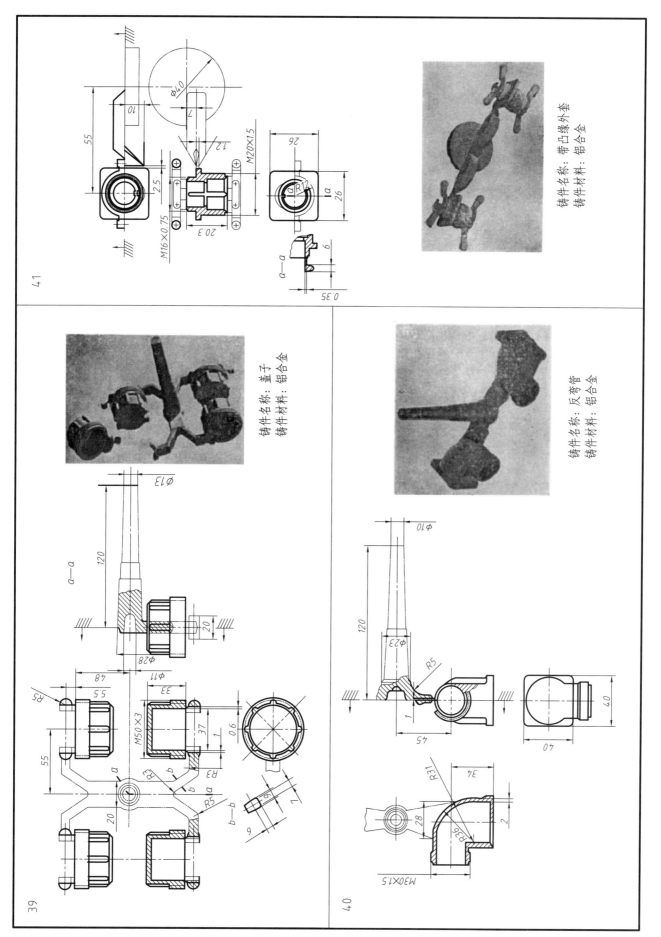

铸件名称：带凸缘外套
铸件材料：铝合金

铸件名称：盖子
铸件材料：铝合金

铸件名称：反弯管
铸件材料：铝合金

41

39

40

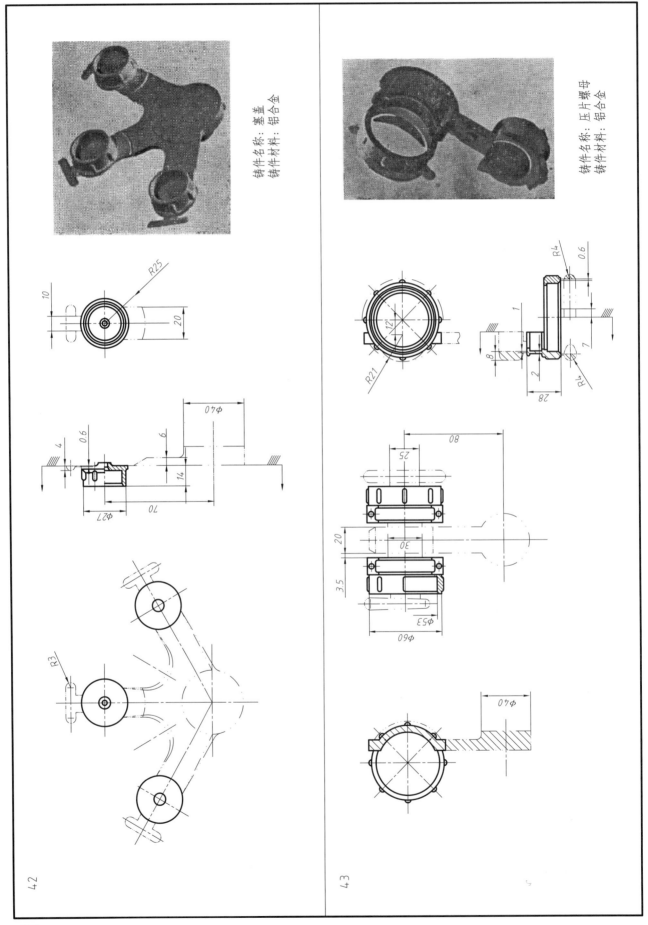

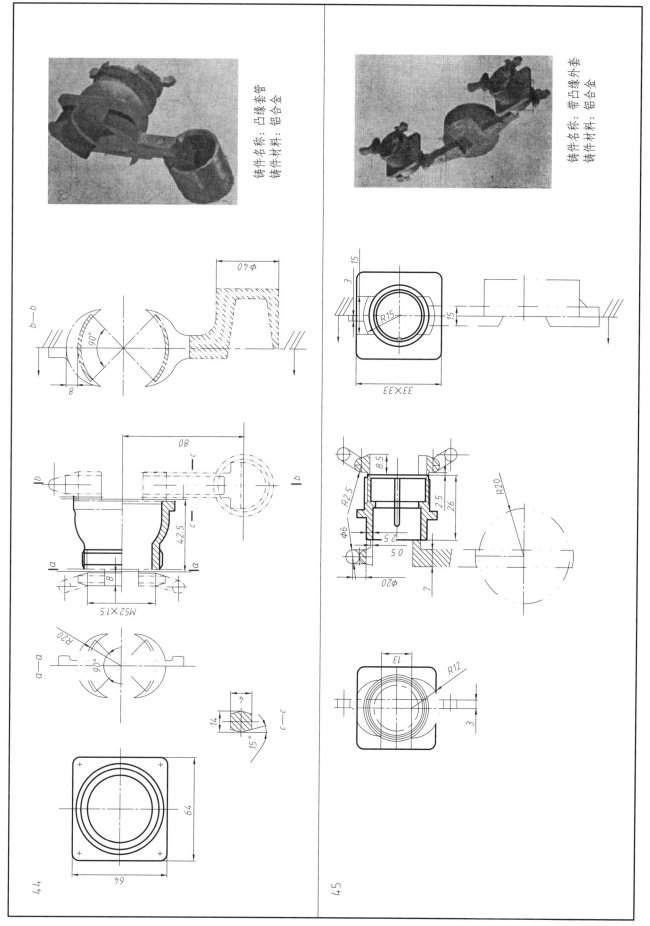

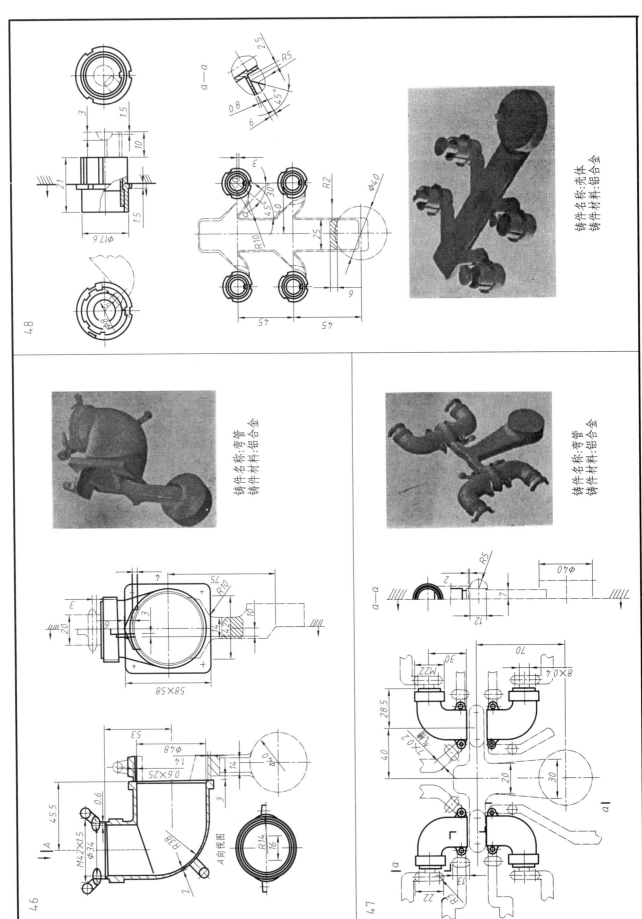

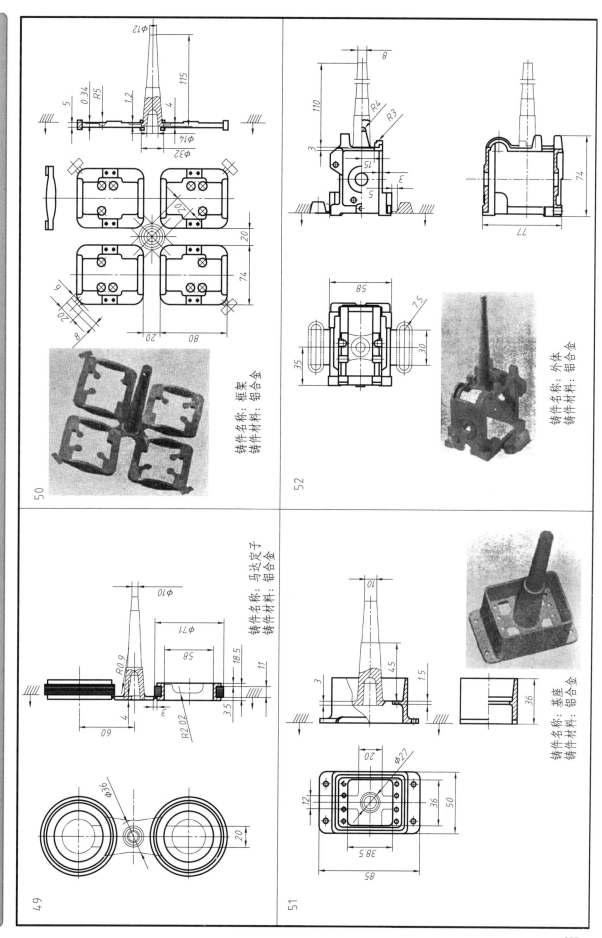

9.5　框架类压铸件

铸件名称：框架
铸件材料：铝合金

50

铸件名称：外体
铸件材料：铝合金

52

铸件名称：马达定子
铸件材料：铝合金

49

铸件名称：基座
铸件材料：铝合金

51

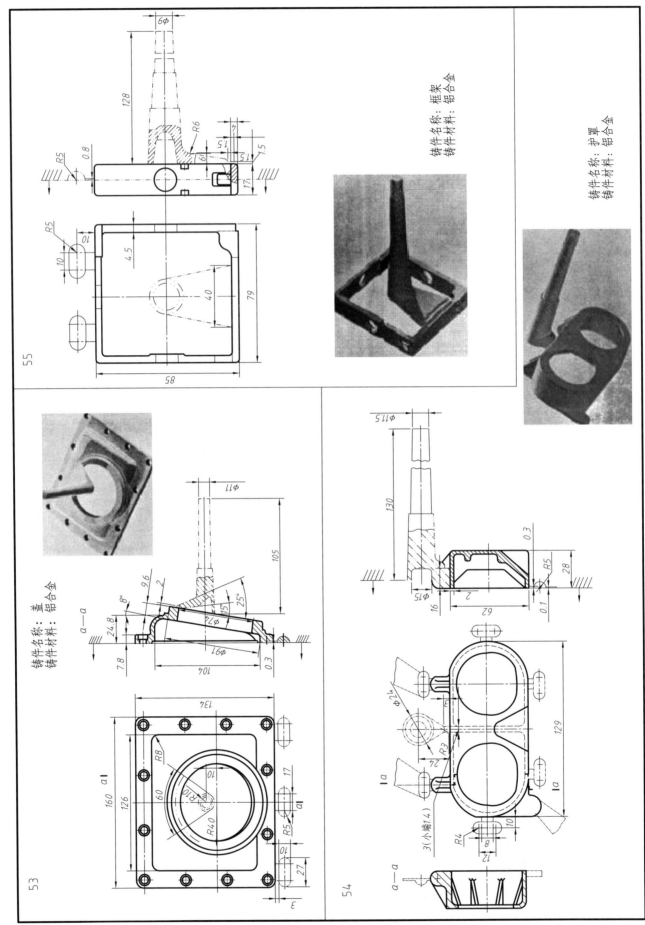

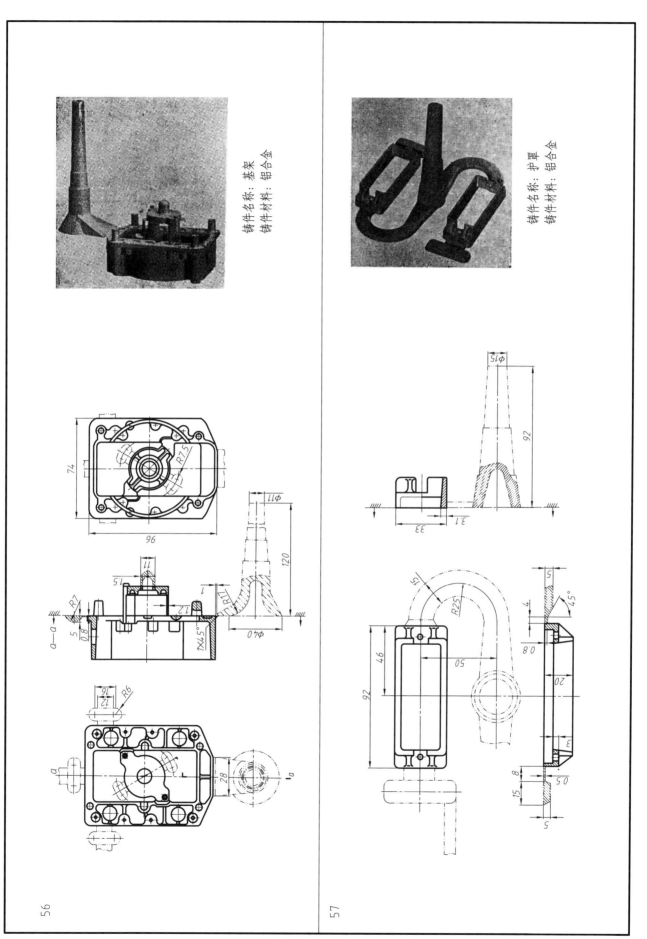

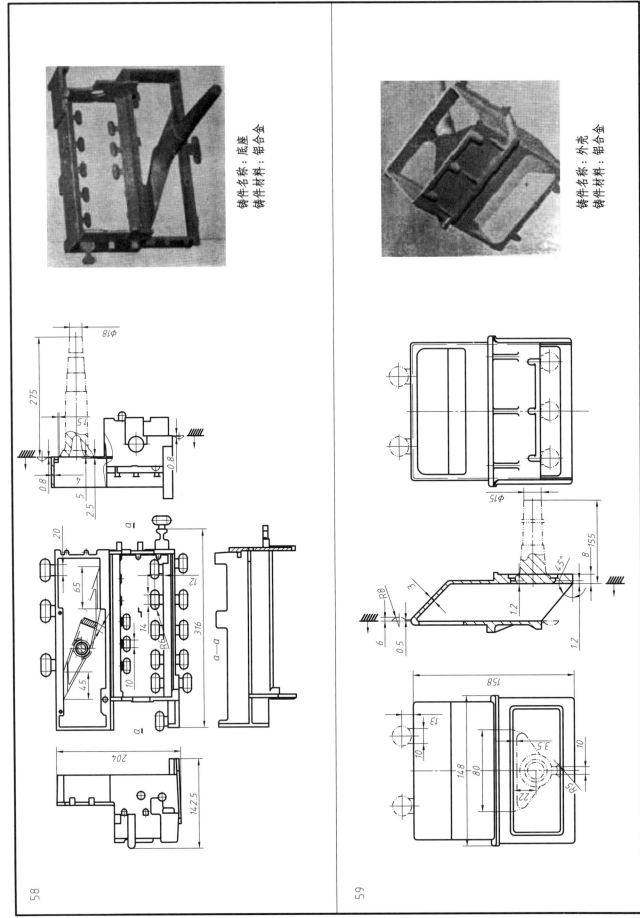

9.6 支架类压铸件

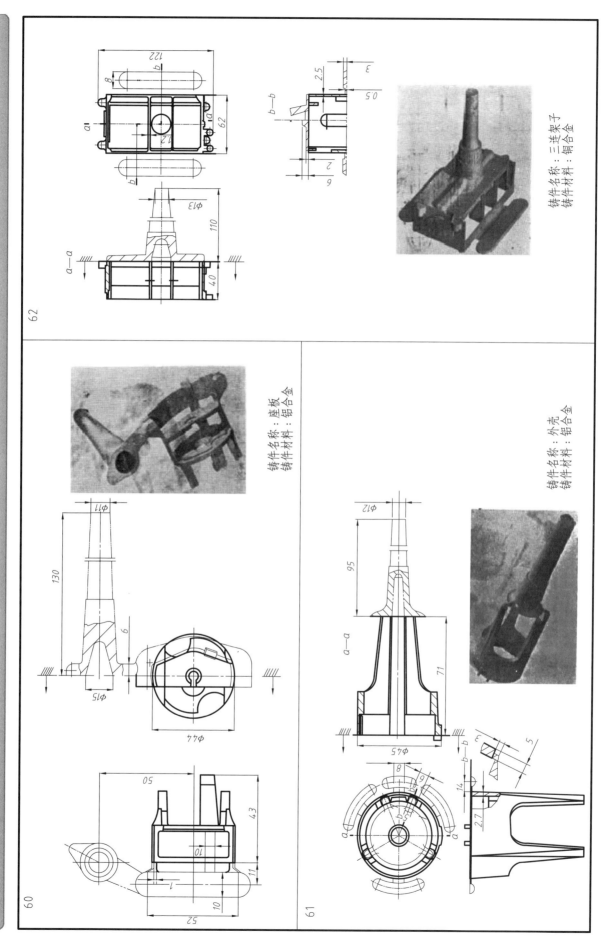

铸件名称：三连架子
铸件材料：铜合金

62

铸件名称：座板
铸件材料：铝合金

铸件名称：外壳
铸件材料：铝合金

60

61

压铸模具典型结构图册

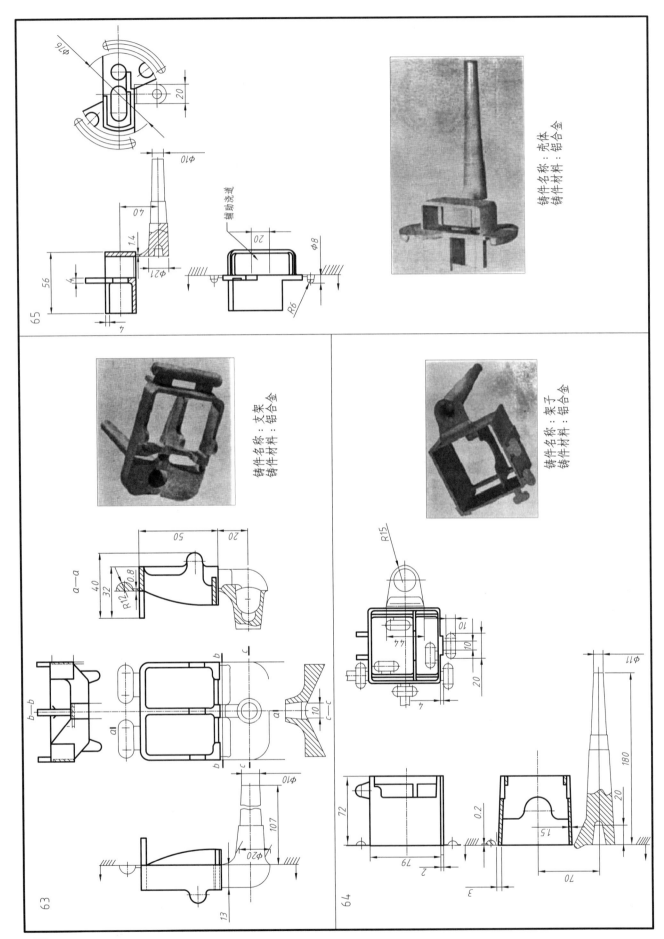

262

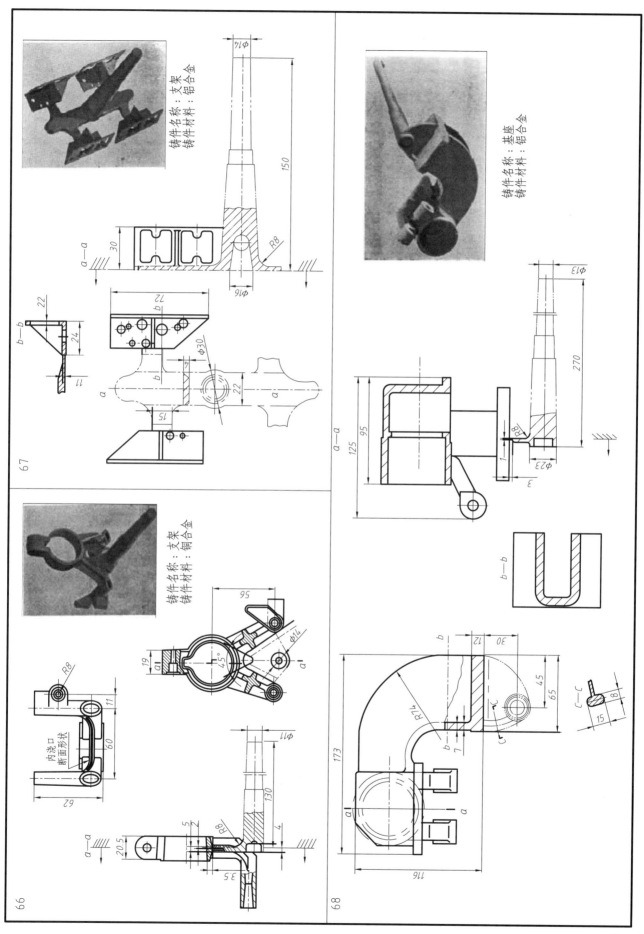

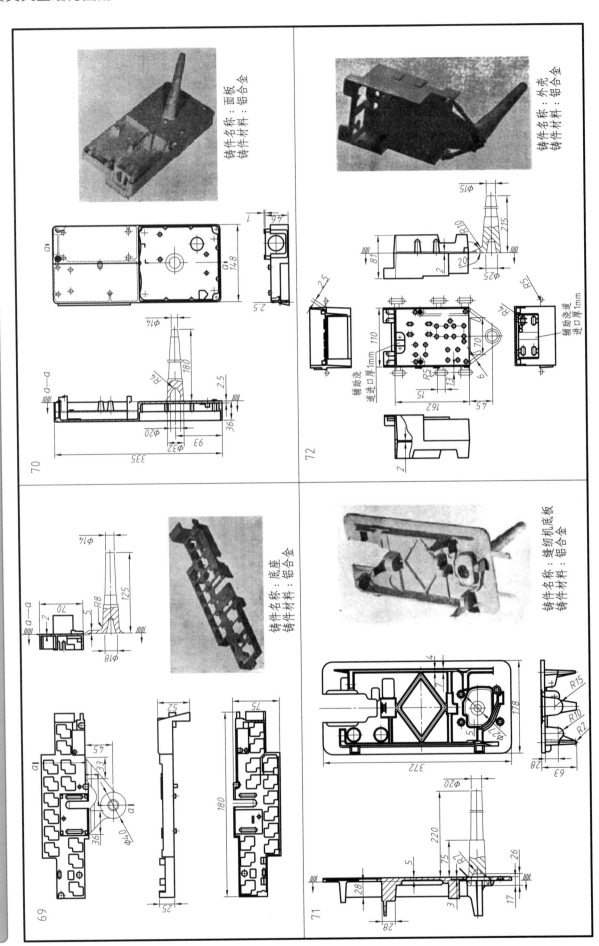

铸件名称：面板
铸件材料：铝合金

铸件名称：外壳
铸件材料：铝合金

铸件名称：底座
铸件材料：铝合金

铸件名称：缝纫机底板
铸件材料：铝合金

9.7 底座类压铸件

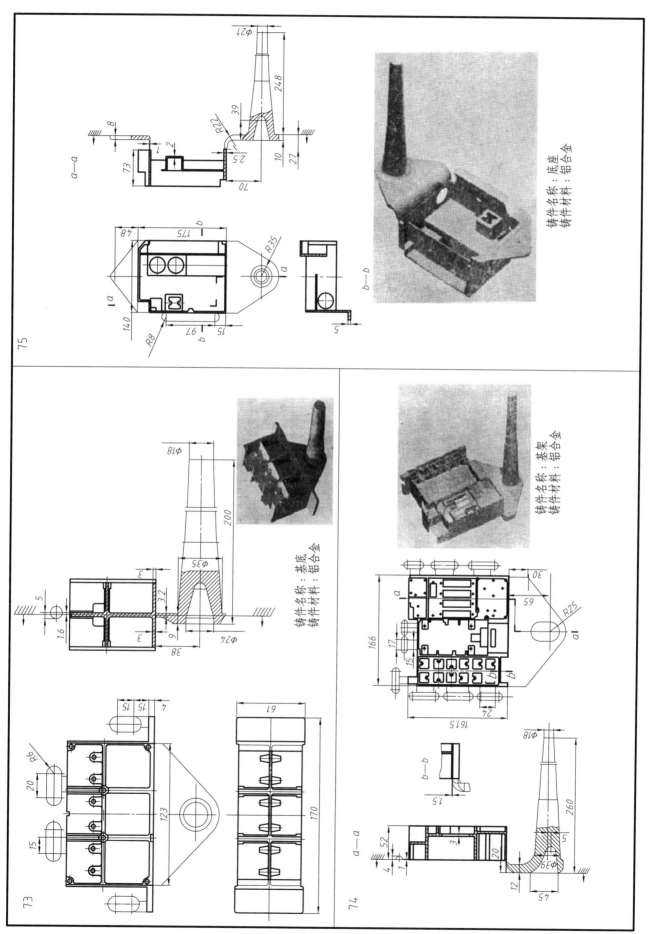

压铸模具典型结构图册

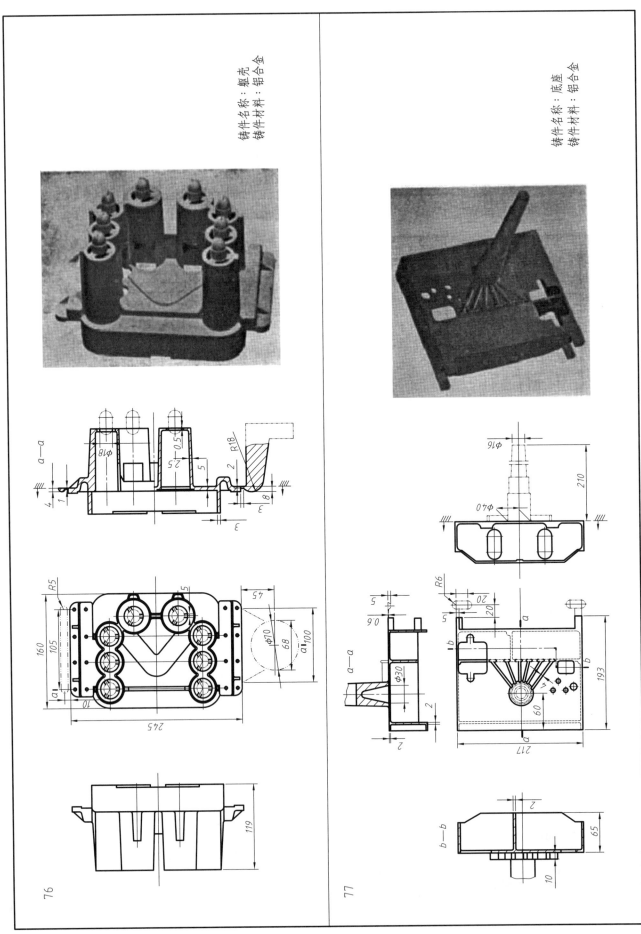

266

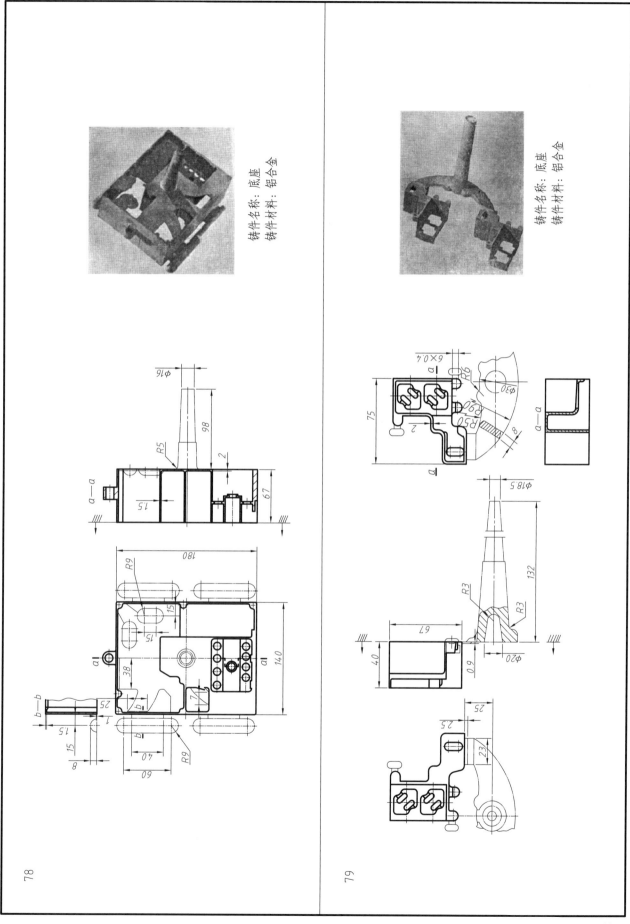

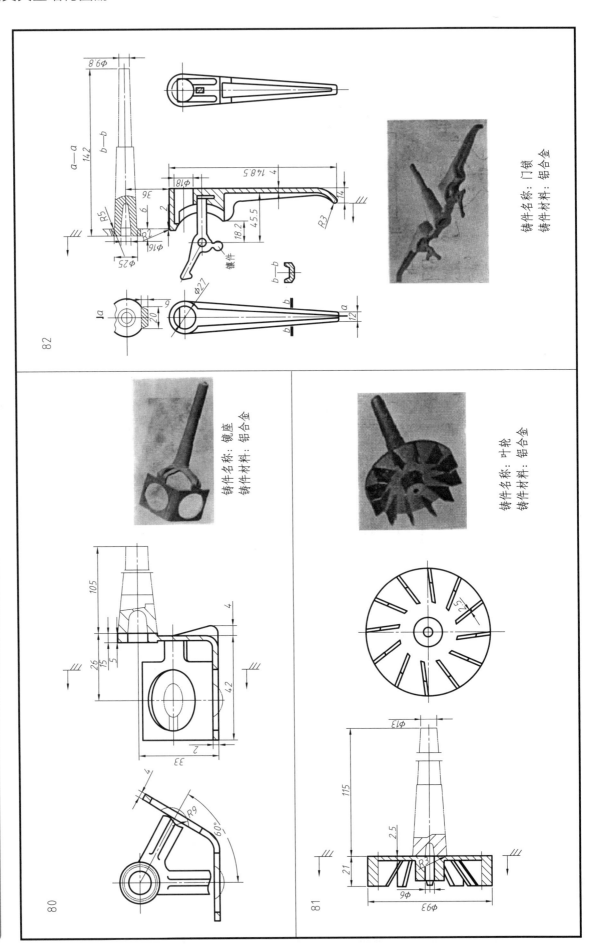

9.8 其他类压铸件

铸件名称：门锁
铸件材料：铝合金

铸件名称：镜座
铸件材料：铝合金

铸件名称：叶轮
铸件材料：铝合金

82

80

81

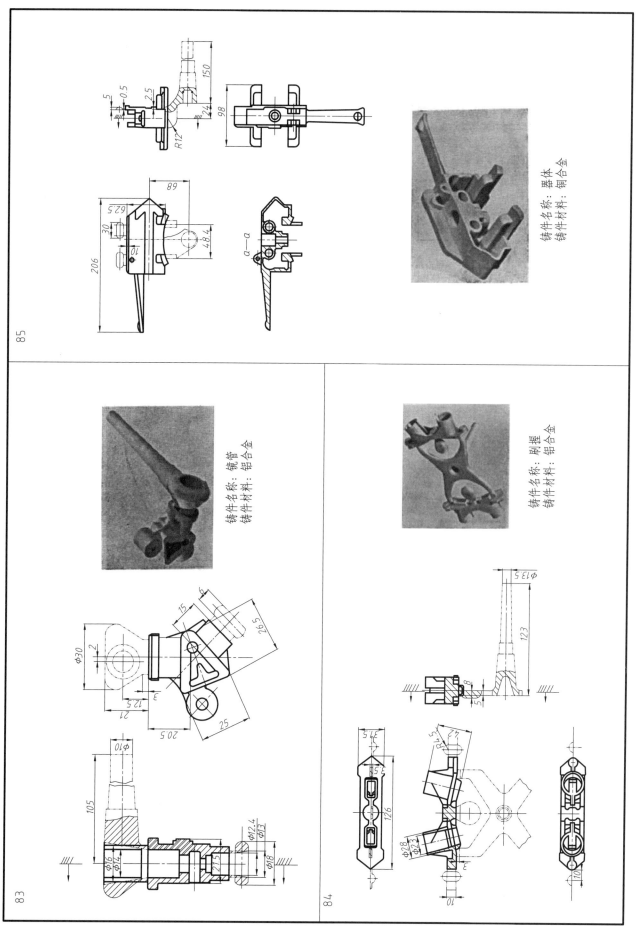

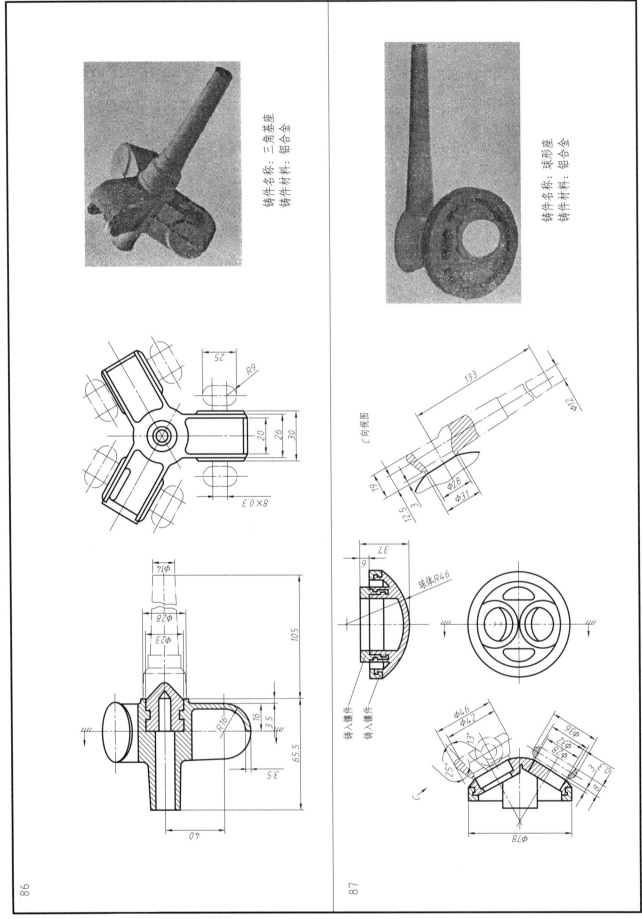

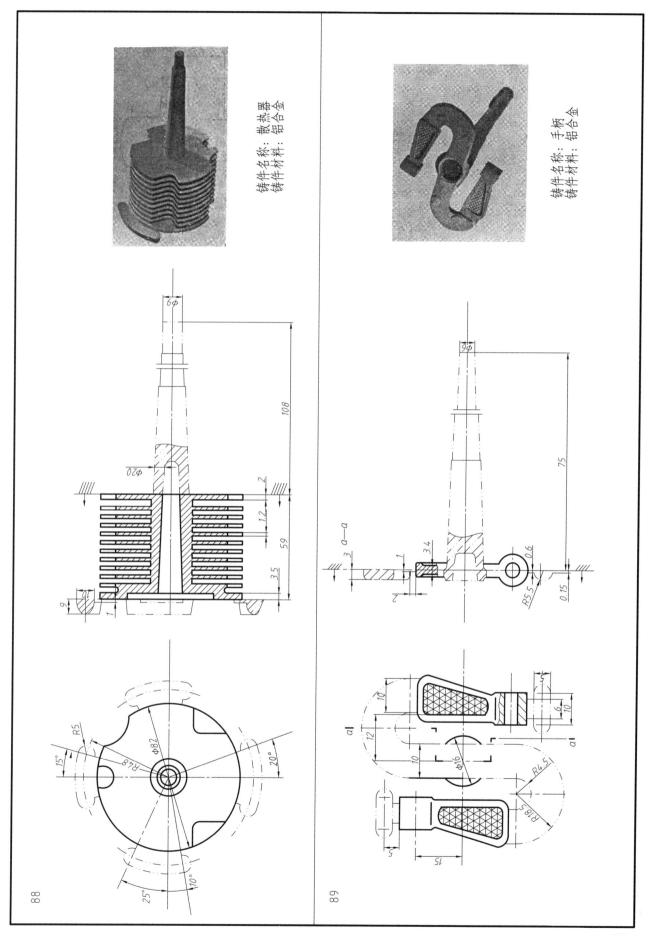

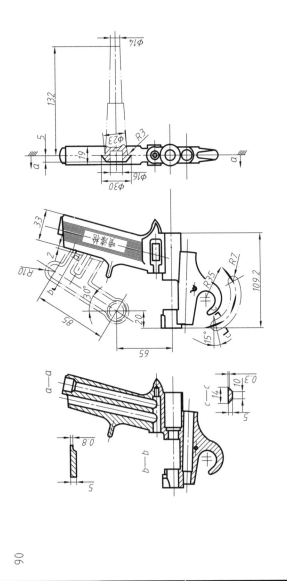

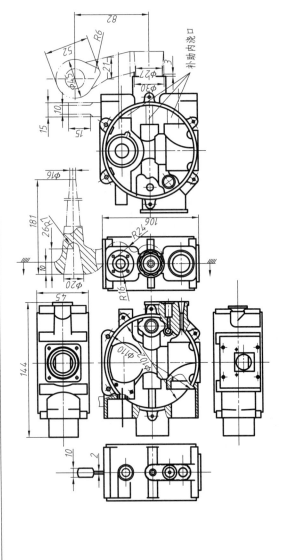

 压铸模具典型结构图册

铸件名称：喷漆枪
铸件材料：铝合金

铸件名称：外壳
铸件材料：铝合金

补助内浇口

90

91

272

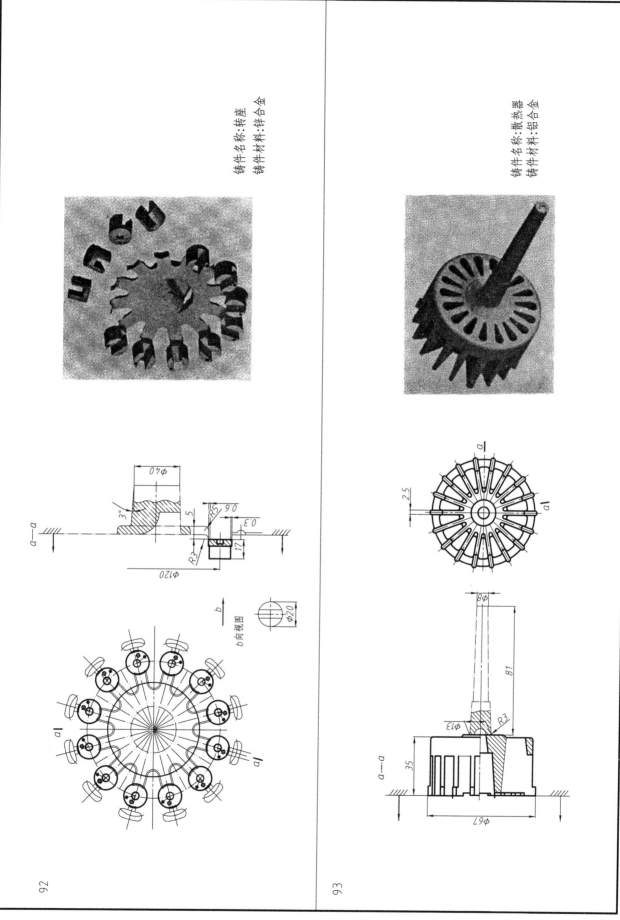

铸件名称:转座
铸件材料:锌合金

铸件名称:散热器
铸件材料:铝合金

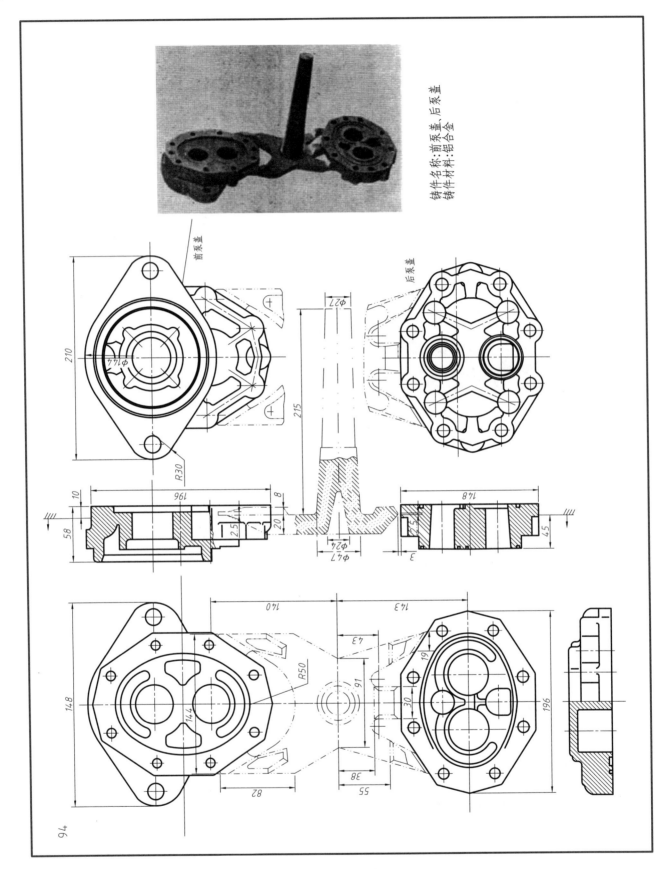

铸件名称：前泵盖、后泵盖
铸件材料：铝合金

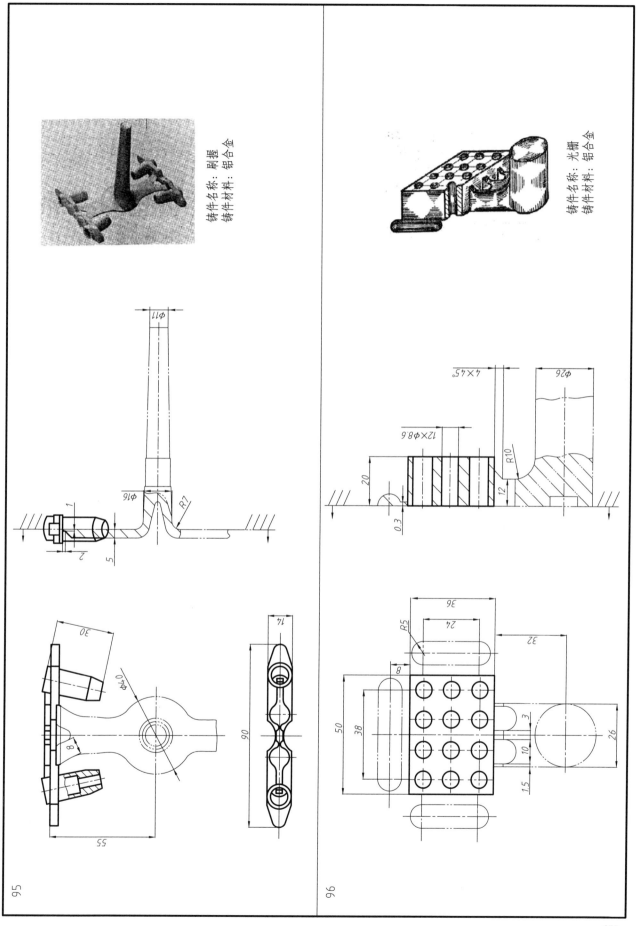

95

96

参 考 文 献

[1] 黄勇. 简明压铸模设计手册 [M]. 北京：化学工业出版社，2010.

[2] 黄勇，黄尧. 压铸模具设计实用教程 [M]. 北京：化学工业出版社，2011.

[3] 潘宪曾. 压铸模设计手册 [M]. 北京：机械工业出版社，2006.

[4] 田雁晨等. 金属压铸模设计技巧与实例 [M]. 北京：化学工业出版社，2006.

[5] 赖华清. 压铸工艺及模具 [M]. 北京：机械工业出版社，2004.

[6] 伍建国，屈华昌. 压铸模设计 [M]. 北京：机械工业出版社，1995.

[7] 夏巨湛，李志刚. 中国模具设计大典：第 5 卷 [M]. 南昌：江西科学技术出版社，2003.

[8] 李仁杰，卓迪仕. 压力铸造技术 [M]. 北京：机械工业出版社，1996.

[9] 黄恢元. 铸造手册：第 3 卷. 铸造非铁合金 [M]. 北京：机械工业出版社，1993.

[10] 毛卫民. 半固态金属成形技术 [M]. 北京：化学工业出版社，2004.

[11] 管仁国，马伟民. 金属半固态成形理论 [M]. 北京：冶金工业出版社，2004.

[12] 李传栻等. 铸造技术数据手册 [M]. 北京：机械工业出版社，1993.

[13] 吴春苗. 压铸实用技术 [M]. 广州：广东科技出版社，2003.

[14] Yifthan Karni. Optimization of Process Variables for Die Casting [J]. T93-061，Cleveland NADCA，153-156.

[15] Koch P. Die Casting [M]. Uzwil：Buhler Brothers Ltd.

[16] 李志刚等. 模具计算机辅助设计 [M]. 武汉：华中理工大学出版社，1990.

[17] 王炽鸿等. 计算机辅助设计 [M]. 北京：机械工业出版社，1996.

[18] 李德群. 现代模具设计方法 [M]. 北京：机械工业出版社，2001.

[19] 压铸技术调查小组. 金属压铸模结构图册 [M]. 北京：国防工业出版社，1970.

[20] 吴晓光. 三维压铸模浇注系统 CAD 软件的研究与开发 [D]. 武汉：华中科技大学，2003.

[21] 姜家吉. 模具 CAD/CAM：模具设计与制造专业 [M]. 北京：机械工业出版社，2002.

[22] 邓昆，杨攀. UG NX4 中文版模具设计专家实例精讲 [M]. 北京：中国青年出版社，2004.

[23] 潭雪松，钟延志，甘露萍. Pro/ENGINEER Wildfire 中文版模具设计与数控加工 [M]. 北京：人民邮电出版社，2006.

[24] 周建新，刘瑞祥，陈立亮等. 华铸 CAE 软件在特种铸造中的应用铸造技术 [J]. 2003（3）：174-175.

[25] Erickeil，Ben Takach. Die Casting Tool-Seminar [M]. Uzwil：Buhler Brothers Ltd.

[26] 俞佐平，陆煜. 传热学 [M]. 第 2 版. 北京：高等教育出版社，1995.

[27] 李日. 铸造工艺仿真 ProCAST 从入门到精通 [M]. 北京：中国水利水电出版社，2010.